全国普通高校电子信息与电气学科规划教材

Information Theory and Coding

信息论与编码技术（MATLAB实现）

朱春华 ◎编著

Zhu Chunhua

清华大学出版社

北京

内 容 简 介

本书系统论述了信息论与纠错编码的基本概念和理论，包括信息和互信息基本定义，信源熵、信道容量和信息率失真函数三个基本概念，香农三定理，以及相应的信源、信道编码方法。

本书在简明阐述基本概念和编码技术原理的基础上，追求对工程实践的指导，力求使读者在较短的时间内掌握信息论与编码技术的知识和技能。本书配有完整的MATLAB实例代码(可在清华大学出版社网站 http://www.tup.com.cn 下载)。

本书可作为高等院校信息与通信工程相关专业的专科生、本科生教材或教学参考书，也可供科研院所从事信息科学理论、技术、方法研究的科研和工程技术人员学习参考。

图书在版编目(CIP)数据

信息论与编码技术：MATLAB实现/朱春华编著. —北京：清华大学出版社，2020(2023.8重印)
全国普通高校电子信息与电气学科规划教材
ISBN 978-7-302-52908-8

Ⅰ. ①信… Ⅱ. ①朱… Ⅲ. ①信息论－高等学校－教材 ②信源编码－高等学校－教材
Ⅳ. ①TN911.2

中国版本图书馆CIP数据核字(2019)第083530号

责任编辑：梁 颖 李 晔
封面设计：傅瑞学
责任校对：梁 毅
责任印制：宋 林

出版发行：清华大学出版社
网 址：http://www.tup.com.cn，http://www.wqbook.com
地 址：北京清华大学学研大厦A座 **邮 编**：100084
社 总 机：010-83470000 **邮 购**：010-62786544
投稿与读者服务：010-62776969，c-service@tup.tsinghua.edu.cn
质量反馈：010-62772015，zhiliang@tup.tsinghua.edu.cn
课件下载：http://www.tup.com.cn，010-83470236
印 装 者：三河市天利华印刷装订有限公司
经 销：全国新华书店
开 本：185mm×260mm **印 张**：13.75 **字 数**：335千字
版 次：2020年6月第1版 **印 次**：2023年8月第5次印刷
印 数：4701～5700
定 价：49.00元

产品编号：082141-01

前言

“通信的基本问题就是在一点重新准确地或近似地再现另一点所选择的消息。”

这是1948年贝尔实验室的数学家香农(Claude E. Shannon)在他的惊世之著《通信的数学理论》中的一句名言。正是沿着这一思路，他应用数理统计的方法来研究通信系统，从而创立了影响深远的信息论。

信息论是一门应用概率论、随机过程、数理统计和近代代数的方法来研究信息传输、提取和处理系统中一般规律的学科。由于信息论涉及广泛的数学基础，众多研究者、本专科学生和读者虽然认识到信息传输的有效性和可靠性的重要性，但面对信息、互信息、信道容量、信息率失真函数、编码效率等计算中的繁杂公式时往往停滞不前，忽略了其物理意义的重要性。针对该情况，作者根据多年的教学经验，在编写过程中强调对基本概念和原理的理解与运用，并附以例题及相应的MATLAB程序和仿真图形，加深读者对公式计算结果以及结论定理的理解和解释。

本书系统论述了信息论与纠错编码的基本概念和理论，并通过MATLAB程序进行了仿真验证。本书共分6章，第1章包括信息论的起源，信息的定义，信息论的基本思路及通信系统模型；第2章包括信息的度量，离散信源和连续信源熵以及信源冗余度的概念；第3章包括平均互信息的定义，信道、信道容量以及信道与信源的匹配；第4章包括平均失真度和信息率失真函数，限失真信源编码定理及常见的限失真信源编码方法；第5章包括编码的定义，无失真编码的条件，即时码的构造，唯一可译码的判断，无失真信源编码定理及常见的最佳编码方法；第6章包括纠错码的种类，纠错编码的译码规则，信道编码定理以及常用的纠错编码方法。

本书可作为高等院校信息与通信工程相关专业的专科生、本科生教材或教学参考书，也可作为科研院所从事信息科学理论、技术、方法研究的科研和工程技术人员的学习参考用书。

感谢郑州大学杨守义教授对本书的支持，感谢他给本书提供的科研资料和所做的校对统稿工作；感谢河南工业大学杨静教授和广东工业大学李艳福硕士对本书的编写提出的建设性意见和建议；感谢姚金魁、陈岳、王姣姣、刘浩、顾雪亮、马玉振等硕士生、本科生在本书的资料整理及校对过程中所付出的辛勤劳动。

本书获得了河南工业大学教材建设基金的资助，在此表示感谢。

限于作者的水平，书中难免有欠妥和错误之处，希望读者提出宝贵意见，以便作者进一步修改完善。

作　者

2018年8月

目 录

第1章 绪　　论

信息论是一门应用概率论、随机过程、数理统计和近代代数的方法来研究信息传输、提取和处理系统中一般规律的学科。

在具体内容之前，有必要首先放宽视野，从一般意义上描述、阐明信息的基本含义。然后再把注意力集中到信息论的特定研究范围中，明确信息论的假设前提以及解决问题的基本思路。这样，就可以在学习、研究这门课程之前，建立起一个正确的思维方式，有一个正确的思路，以便深刻理解、准确把握后续各章节的具体内容。

本章首先阐述信息论的起源及信息的定义，然后讨论信息论研究的基本思路，最后对信息论的研究内容做简单的介绍。

1.1 信息论的起源

“通信的基本问题就是在一点重新准确地或近似地再现另一点所选择的消息。”

这是1948年贝尔实验室的数学家香农(Claude E. Shannon)在他的惊世之著《通信的数学理论》中的一句名言。正是沿着这一思路，他应用数理统计的方法来研究通信系统，从而创立了影响深远的信息论。

信息论回答了通信中的两个基本问题：数据压缩的极限是什么；信息传输率的极限是什么。第一个问题的答案与信源熵有关，第二个问题的答案是信道容量。信息论也给出了获得这些通信极限的思路或方法。

香农信息论的研究规模不仅涉及电子学、计算机、自动控制等方面，而且遍及物理学、化学、生物学、心理学、医学、经济学、人类学、语音学、统计学、管理学等学科。它已远远地突破了香农本人所研究和意料的范畴，即从香农的所谓“狭义信息论”发展到了“广义信息论”。

香农凭借1948年发表的论文，被尊为“信息论之父”。

1.2 信息的定义

信息是一个抽象的概念，看不见摸不着，一般是难以量化的。特别是当评价对象涉及人的主观因素时更是如此。比如，当我们多遍地欣赏梅兰芳大师的同一段表演时，虽然我们对接下来唱的和表演的内容完全知道，但每次带给我们的感受和情绪都可能不同，因为这依赖于我们在那个特定时刻的心情。也就是说，我们可以每次以不同的方式从相同的信息中得到不同的效果。那么，如何度量梅兰芳大师的同一段表演中所包含的信息总量呢？或者说，“信息”到底是什么呢？

信息是信息论中最基本、最重要的概念，既抽象又复杂。在日常生活中，信息常常被认为是“消息”“信号”等。但是信息不同于消息，也不同于信号。消息是具体的，比如在电报、电话、广播、电视等通信系统中传输的是各种各样的消息。这些被传送的消息有着各种不同的形式，如文字、符号、数据、语言、图片等。而从接收到的电报、收听到的电话、广播或看到的电视中可以获得各种信息。可见，消息中包含有信息，但消息又不等同于信息，二者既有联系又有区别。信息也不同于信号，信号是适合信道传输的物理量，如电信号、光信号、声信号等。在各种实际通信系统中，必须对消息进行加工处理变换成信号才能在信道中传输。信号携带着消息，它是消息的载体。所以，信息、消息和信号是既有区别又有联系的三个不同概念。

关于信息，目前尚没有一个统一的定义，众说纷纭，都只是从不同的侧面和层次来揭示信息本质的。

1.2.1 信息的一般含义

从人们对信息众多的应用中，我们大致可以从以下三个方面来理解信息的含义：

(1)“信息”是作为通信的消息来理解的。在这种意义下，“信息”是人们在通信时所要告诉对方的某种内容。

(2)“信息”是作为运算的内容而明确起来的。在这种意义下，“信息”是人们进行运算和处理所需要的条件、内容和结果，并常常表现为数字、数据、图表和曲线等形式。

(3)“信息”是作为人类感知的来源而存在的。

以上，我们从三个不同的侧面叙述了信息的一些含义。显然，这还不是它的全部意义，只能作为对信息的一种初步的理解。

1.2.2 信息的本质

香农在1948年发表的著名论文《通信的数学理论》中，从研究通信系统传输的实质出发，对信息做出了一种定义，并进行了定性和定量的描述，即所谓的“香农信息”。他认为“信息是关于事物运动的状态和规律”，或者说，是关于事物运动的“知识”。

香农信息的定义：“信息是事物运动状态或存在方式的不确定性的描述。”

信息的基本概念在于它的不确定性，任何已确定的事物都不含有信息，其特征包括：

(1) 接收者在收到信息之前，对它的内容是不知道的，所以信息是新知识、新内容；

(2) 信息是能使认识主体对某事物的未知性或不确定性减少的有用知识；

(3) 信息可以产生，也可以消失，同时信息可被携带、存储及处理；

(4) 信息是可以度量的，信息量有多少的区别。

香农信息只涉及信息的客观性(或称为形式)。上面讲到的“梅兰芳大师的一段表演”的例子中反映了信息的主观性，涉及信息的作用、价值等问题，不是本书研究的范畴。

1.3 信息论的基本思路

通信是人类活动中最为普遍的现象之一，信息的传递与交换是时时处处都发生着的事情。在信息的传递与交换中，人们当然希望能够又多、又快、又好、又经济地传递信息。那么很自然地会出现这样一个问题：什么是信息传递的多快好省呢？怎样来衡量这种多快好省呢？怎样来判断某种通信方法的优劣呢？这就需要建立一种合理的定量描述信息传输过程的方法，首先是定量描述和度量信息的方法。

香农在1948年发表的论文《通信的数学理论》(以及差不多与此同时，美国另一位数学家诺伯特·维纳发表的题为《时间序列的内插、外推和平滑化》的论文和题为《控制论》的专著)，解决了按“通信的消息”来理解的信息(狭义信息)的度量问题。香农的论文还给出了信息传输问题的一系列重要结果，建立了比较完整而系统的信息理论，这就是香农信息论，也叫狭义信息论(简称“信息论”)。

香农信息论具有崭新的风貌，是通信科学发展史上的一个转折点，它使通信问题的研究从经验转变为科学。因此，它一出现就在科学界引起了巨大的轰动，许多不同领域的科学工作者对它怀有浓厚的兴趣，并试图应用这一理论来解决各自领域的问题。从此，信息问题的研究，进入了一个新的纪元。

香农信息论的基本思路，大致可归结为以下三个基本观点：非决定论观点、形式化假说和不确定性。

1.3.1 非决定论观点

我们知道，在科学史上，直到20世纪初，拉普拉斯的决定论的观点始终处于统治的地位。这种观点认为，世界上一切事物的运动都严格地遵从一定的机械规律。因此，只要知道了它的原因，就可以唯一地确定它的结果；反过来，只要知道了它的结果，也就可以唯一地确定它的原因。或者，只要知道了某个事物的初始条件和运动规律，就可以唯一地确定它在各个时刻的运动状态。这种观点只承认必然性，排斥、否认偶然性。

根据通信问题研究对象的特点，香农信息论按照非决定论的观点，采用了概率统计的方法，作为分析通信问题的数学工具，因而比以往的研究更切合实际、更科学、更有吸引力。

1.3.2 形式化假说

把同时考虑事物运动状态及其变化方式的外在形式、内在含义和效用价值的认识论层次信息称为“全信息”，而把仅仅计及其中的形式因素的信息部分称为“语法信息”，把计及其中的含义因素的信息部分称为“语义信息”，把计及其中效用因素的信息部分称为“语用信息”。换言之，认识论层次的信息乃是同时计及语法信息、语义信息和语用信息的全信息。语法信息、语义信息以及语用信息是全信息的三个基本层次。全信息的三个层次之中，最基本也是最抽象的层次是语法信息。它是迄今为止在理论上研究最多也是最深入的层次。

可提出如下的假设：虽然信息的语义因素和语用因素对于广义信息来说并不是次要因素，但对于作为“通信的消息”来理解的狭义信息来说是次要因素。因此，在描述和度量作为“通信的消息”来理解的狭义信息时，可以先把语义、语用因素搁置起来，假定各种信息的语义信息量和语用信息量恒定不变，而只单纯考虑信息的形式因素。

1.3.3 不确定性

香农将各种通信系统概括成如图1.3.1所示的框图。在各种通信系统中，形式上传输的是消息。

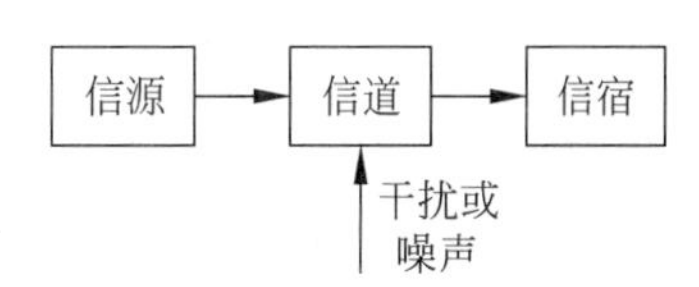

图1.3.1 通信系统模型

但消息传递的一个最基本、最普通却又不十分引人注意的特点是：收信者在收到消息之前是不知道消息的具体内容的。这是由于：

(1) 在接收到消息之前，收信者无法判断发送者将会发来描述何种事物运动状态的具体消息；他也无法判断是描述这种状态还是那种状态。

（2）另外，即使接收到消息，由于干扰的存在，他也不能断定所得到的消息是否正确和可靠。

总之，收信者存在“不确定”“不知”或“疑问”。

通过消息的传递，收信者知道了消息的具体内容，原先的“不确定”“不知”或“疑问”消除或部分消除了。

因此，对收信者来说，消息的传递过程是一个从不知到知的过程，或是从知之甚少到知之甚多的过程，或是从不确定到部分确定或全部确定的过程。

如果不具备这样一个特点，那就根本不需要通信系统了。试想，如果收信者在收到电报或电话之前就已经知道报文或电话的内容，那还要电报、电话干什么呢？

所以，通信过程是一种消除不确定性的过程。不确定性的消除就获得了信息。原先的不确定性消除得越多，获得的信息就越多：

（1）如果原先的不确定性全部消除了，就获得了全部的信息；

（2）如果原先的不确定性部分消除了，就获得了部分的信息；

（3）如果原先的不确定性没有任何消除，就没有获得任何信息。

由此定义了香农信息。

从以上分析可以看出，在通信系统中，形式上传递的是消息，但实质上传递的是信息。消息只是表达信息的工具、载荷信息的客体。

显然，在通信中被利用的（即携带信息的）实际客体是不重要的，而重要的是其携带的内容，即信息。信息较抽象，而消息是具体的，但还不一定是物理性的（信号具有物理性）。通信的结果是消除或部分消除不确定性从而获得信息。接收者收到某一消息后所获得的信息，可以用接收者在通信前后“不确定性”的消除量来度量。

那么，很自然的接着要问这样一个问题：“不确定性”本身是否可度量？是否可用数学方法表示呢？

我们知道，“不确定性”是与多种结果的可能性相联系的，而数学上，这些可能性正是以概率来度量的：概率大，即“可能性”大；概率小，即“可能性”小。

显然，“可能性”大即意味着“不确定性”小；“可能性”小即意味着“不确定性”大。

由此可见，“不确定性”与概率的大小存在着一定联系，“不确定性”应该是概率的某一函数。那么，“不确定性”的消除量（或减少量），也就是狭义的信息量，也一定可以由概率的某一函数表示。这样，就解决了作为“通信的消息”来理解的狭义信息的度量问题。

最早对信息进行科学定义的是哈特莱（Hartley），他在1928年发表的《信息传输》一文中，首先提出“信息”这一概念。他认为，发信者所发出的信息，就是他在通信符号表中选择符号的具体方式，并主张用所选择的自由度来度量信息。Hartley信息公式为

$$I = \log N$$

其中，I 表示确定 N 个等概率事件中的一个出现时提供的信息。如果事件 X 把不确定范围从 N_1 个缩小为 N_2 个，那么信息就等于

$$I = I_1 - I_2 = \log N_1 - \log N_2 = \log(N_1/N_2)$$

这就是哈特莱信息差公式。

哈特莱的理解只考虑了选择的方法，没有考虑各种可能选择方法的统计特性，因此严重地限制了它的使用范围。

香农在此基础上对信息做了科学的定义，并进行了定性和定量的描述。香农定义一个随机事件的自信息量为其出现概率对数的负值，即

$$I(x_i) = -\log p(x_i) = \log \frac{1}{p(x_i)}$$

上式中，自信息量采用的单位取决于对数所选取的底数。若取对数底数为2，则自信息量单位为比特(bit)；若取自然对数e，则信息量的单位为奈特(nat)；若以10为对数底数，则信息量的单位为哈特(Hart)。信息论中一般采用对数底数是2，为了书写简洁，把底数"2"略去不写。

信源发某一符号 x_i，在接收端，对是否选择这个消息(符号)的不确定性大小等于该消息(符号)的自信息量；接收端收到消息(符号) y_j 后，发送端发送的符号是否是 x_i 尚存在的不确定性应是后验概率的函数：

$$I(x_i/y_j) = -\log \mathrm{p}(x_i/y_j)$$

收信者收到消息(符号) y_j 后，已经消除的不确定性为：先验的不确定性减去尚存在的不确定性，这就是收信者获得的信息量，定义为互信息量：

$$I(x_i;y_j) = I(x_i) - I(x_i/y_j) = -\log p(x_j) - [-\log p(x_i/y_j)] = \log \frac{p(x_i/y_j)}{p(x_i)}$$

以上为香农关于信息的定义度量，是从不确定性观点出发对信息进行测度的。

以上的三个观点，可以说是香农信息论的三大理论支柱。信息论的建立，在很大程度上澄清了通信的基本问题。它以概率论为工具，刻画了信源产生信息的数学模型，导出了度量信息的数学公式；同时，描述了信道传输信息的过程，给出了表征信道传输能力的容量公式；此外，它还建立了一组信息传输的编码定理，论证了信息传输的一些基本界限。这些成果的取得，一方面使通信技术从经验走向科学，开辟了通信科学的新纪元；同时，也为整个信息科学的形成和发展奠定了必要的理论基础。但是，也正因为基于这三个基本观点，致使香农信息论只适用于一定的范围，给这个理论带来一定的局限性。

1.4　通信系统的基本模型

在通信系统中，我们试图从一个定点向其他点传送消息，而且常常是在噪声或干扰环境下传送消息。此时我们关注的主要是如何从另一定点可靠地接收信息。

(1) 克服距离上的障碍，迅速而准确传递信息，是通信的任务。

(2) 传递信息所需的一切技术设备的总和称为通信系统。

(3) 各种通信系统的基本任务是相同的，即"在通信的一端准确或近似复现从另一端选择出来的信息"。

由此可见，通信的目的是要把对方不知道的消息及时可靠地(有时还必须秘密地)传送给对方，因此，要求一个通信系统传输消息必须可靠与快速，在数字通信系统中可靠与快速往往是一对矛盾。若要求快速，则必然使得每个数据码元所占的时间缩短、波形变窄、能量减少，从而在受到干扰后产生错误的可能性增加，传送消息的可靠性降低。若要求可靠，则使得传送消息的速度变慢。因此，如何较合理地解决可靠性和速度这一对矛盾，是正确设计一个通信系统的关键问题之一。通信理论本身(包括纠错码)也正是在解决这对矛盾中不断

发展起来的。

香农将各种通信系统中具有共同特性的部分抽取出来，概括成一个统一的理论模型，如图 1.4.1 所示。

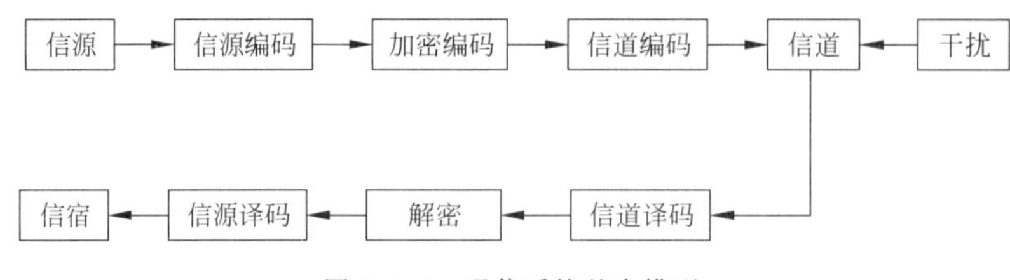

图 1.4.1　通信系统基本模型

利用这种统一的通信系统模型，研究消息传输和处理过程中信息传输和处理的规律，这是信息论研究的对象。

通信系统基本模型主要分为以下五个部分。

1. 信源

信源是产生消息（或消息序列）的源（人或机器），消息通常是符号序列或时间函数。例如，在电报系统中，消息是由文字、符号、数字组成的报文（符号序列），称为离散消息；在电话系统中，消息是语声波形（时间函数），称为连续消息。消息取值服从一定的统计规律，故信源的数学模型是一个在信源符号集中取值的随机变量序列或随机过程。

2. 编码器

编码器的作用是把消息变换成信号，并将信源和信道进行匹配，可分为信源编码器和信道编码器。编码器还应进行换能、调制、发射等各种变换处理。

信源编码器是对信源输出的消息进行适当的变换和处理，以提高信息传输的效率，具体包含两种形式：将信源发出的消息变换为二进制码元或多进制码元组成的代码组（数字序列，通常为二进制数字序列）；通过信源编码压缩信源的冗余度（即剩余度），以提高通信系统的传输效率。本书主要从提高通信效率角度研究信源的压缩编码，可分为适用于离散信源或数字信号的无失真信源编码，以及适用于连续信源或模拟信号的限失真信源编码，分别在第 4 章和第 5 章进行讲述。

从提高通信系统有效性意义上说，信源编码器的主要指标是它的编码效率，即理论上能达到的码率与实际达到的码率之比。

信道编码是为了提高信息传输的可靠性而对消息进行的变换和处理。信道中的干扰常使通信质量下降，对模拟信号，表现为接收信号信噪比下降；对数字信号，表现为接收信号误码率增大。信道编码包括调制/解调和纠错检错编码，后者是本书研究的范畴。信道编码要在信源编码器输出的数据码流中有目的地增加一些监督码元，从而达到在接收端进行检错和纠错的目的，增加通信的可靠性。但这些增加的监督码元就是我们通常所说的开销，会使单位时间内有用数据的传输减少，降低传输效率。这就好像我们运送一批玻璃杯一样，为了保证运送途中不出现打烂玻璃杯的情况，我们通常都用一些泡沫或海绵将玻璃杯包装起来，这种包装使玻璃杯所占的容积变大，原来一部车能装 5000 个玻璃杯的，包装后就只能装 4000 个了，显然包装的代价使运送玻璃杯的有效个数减少了。同样，在带宽固定的信道中，总的传送码率也是固定的，由于信道编码增加了数据量，其结果只能是以降低传送有用信息码率为代价了。将有用比特数除以总比特数就等于编码效率,不同编码方式的编码效率有所不同。

除了信源编码和信道编码,为了解决信息在传输和处理过程中的安全保密问题,还需要进行加密编码,这是密码学所研究的基本问题。

加密编码的研究和应用虽有很长的历史,但在信息论诞生之前,它还没有系统的理论,直到香农发表了信息论的奠基性工作之后,才产生了基于信息论的密码学理论。在密码系统中,信源产生的消息或经信源编码后的数字消息称为明文;加密编码将明文变换为密文(通常是信源符号序列和数字序列间的一一变换)。

加密编码由密钥控制,不同的密钥产生不同的加密编码。密文经信道编码后通过信道传到接收端,同时密钥通过安全信道传到接收端,使接收端可以用同一密钥将密文译为明文,供收信者使用。对这一密码系统的要求主要有两点:①密钥的数量比明文的数量小得多,使它可通过某安全信道传送给接收端而不泄露给任何非收信者;②不拥有密钥的任何人,在规定的时间内,无法将密文译为明文。密码学的研究分两个方面:密码的设计和密码的分析与破译,这两方面是紧密联系的。

3. 信道

在实际的通信系统中,信道是指传输信号的媒质或通道,如架空明线、电线、射频波束、人造卫星等。根据噪声和干扰的统计特性,信道有多种模型。

在信息论的模型里,有时为了研究方便,可以将发送端和接收端的一部分(如调制器和解调器)归入信道,而且将系统各部分的噪声和干扰都归入信道中考虑。这样的信道称为广义信道,如图 1.4.2 所示,是为了研究检、纠错码编/译码器而定义的广义信道。

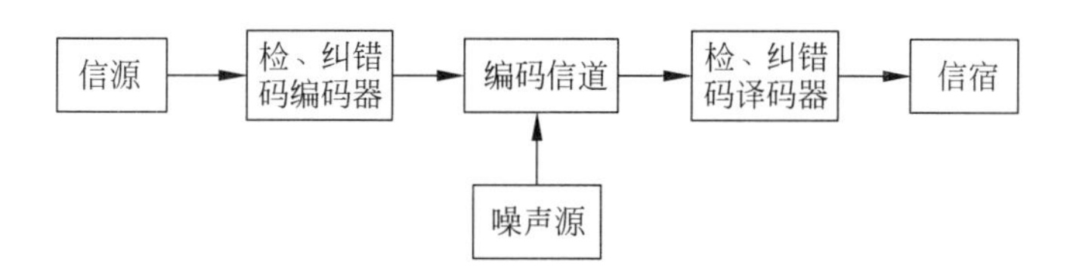

图 1.4.2 研究纠错码编/译码器的广义信道通信系统模型

4. 译码器

译码就是把信道输出的编码信号进行反变换,从编码信号中最大程度地提取有关信源输出的信息。译码器也分为信源译码器、信道译码器和解密器。

信源译码通常是信源编码的简单求逆。信道译码器具有检错与纠错的功能,它能将落在其检错与纠错范围内的错传码元检出或纠正,提高信息传输的可靠性。

5. 信宿

信宿是消息传送的对象,即接收信息的人或机器。

在实际问题中,信源编码、信道编码和加密编码应统一考虑,以提高通信系统的性能。这些编码的目标往往是相互矛盾的。三码合一的设想是当前研究的重要课题。信息论分析的问题是存在性问题,即符合条件的编码是否存在,但并没有给出寻找编码的方法。

通信的任务是传递信息，因此传输信息的有效性和可靠性是通信系统最主要的质量指标。

可靠性、有效性、保密性和认证性体现了现代通信系统对信息传输的全面要求。可靠性指接收信息的准确程度。信息传输的可靠性就是要使信源发出的消息经过信道传输后，尽可能准确、不失真地在接收端复现。有效性是指在给定信道内能传输的信息内容的多少；信息传输的有效性就是用尽可能短的时间和尽可能少的设备来传送一定数量的信息。保密性要求在信息传输系统中，要隐蔽和保护所传送的信息，使它只能被授权接收者获取，而不能被伪授权者接收或理解。认证性指接收者能够判断所接收的信息的正确性，验证消息的完整性，而没有被伪造和篡改。通信系统的优化就是使这些指标达到最佳。除了认证性之外，这些指标正是信息论的研究目的，可以通过各种编码来使通信系统的性能最优化。

1.5 信息论的研究内容及应用

香农信息论（狭义信息论）定义为在信息可以度量的基础上，研究如何有效和可靠地传递信息的科学。它涉及信息度量、信息特性、信息传输速率、信道容量、干扰对信息传输的影响等方面知识。具体内容是香农信息论中的香农三定理（香农 1948 年论文的内容）。香农三定理包括无失真信源编码定理、限失真信源编码定理和信道编码定理。香农在 1948 年的论文中提出了无失真信源编码定理，也给出了简单的香农编码方法。在研究香农信源编码定理的同时，香农 1949 年发表《噪声下的通信》，为信道编码奠定了理论基础；另一部分科学家从事寻求最佳纠错码方法的研究，试图达到或逼近香农信道编码定理性能极限。香农 1959 年发表的《保真度准则下的离散信源编码定理》，提出信息率失真理论，是频带压缩、数据压缩的理论基础。

在以上定理的基础上开展的研究领域包括通信的统计理论研究、信源的统计特性、编码理论与技术的研究、提高信息传输效率的研究、抗干扰理论与技术的研究以及噪声中信号检测理论与技术的研究。

现在，信息论与编码技术不仅在通信、计算机及自动控制等电子学领域中得到直接的应用，还广泛渗透到生物学、医学、管理科学和经济学等各领域。例如，医学是研究人的生命活动的本质，研究疾病发生发展的规律，研究诊断和防止疾病，恢复和保护人的身体健康的科学。信息论在医学上的应用，大大促进了医学的现代化。从信息论的观点看，有机体是不断接收与输出信息，以维持正常的生命活动。在正常的无疾病的有机体系统中，信息的接收、传递、输出均有正常的秩序，各个环节有着正常的对应关系。正常情况下的信息是畅通无阻的。人在生病时，信道发生阻塞、信息产生异常：有内分泌疾病时就会使正常信息缺乏，当有细菌侵入人体时就会受异常信息干扰；当信息代码有错乱或信息通信发生堵塞时，肌体就会失去控制能力。必须查出是哪方面的信息异常（检测指标），确定如何排除干扰，恢复肌体系统的信息的正常流通及接收信息等功能，保证信息通畅无阻。诊断是信息的收集、分析、综合、做出判断后对症下药的过程。在信息论与上述学科互相渗透的基础上，形成了信息科学这一综合性的新兴学科。

习　　题

1．信息、消息和信号的区别与联系是什么？
2．通信系统的组成与各部分的作用是什么？
3．通信系统的指标都有什么？如何提高？
4．通信过程获得的信息量与不确定性、概率之间的关系是什么？

第2章　信源与信源熵

信息的传输是通信的核心问题，它要求发送者必须使接收者尽可能准确地接收信源的输出，而它们之间唯一的通信链路就是信道。设计通信系统的目的就是把信源产生的信息送到目的地。从本章开始的各个章节将从有效而可靠地传输信息的观点出发，对组成信息传输系统的各个部分分别进行讨论。因为数字通信系统是为传输数字形式的信息而设计的，所以无论信源是模拟的还是离散的，如果使用数字通信系统进行信息传输，其输出必须转换为适合数字传输的形式。将信源输出转换为数字形式的过程通常由信源编码器实现，它的输出是一串二进制数字序列。

本章将首先讨论信源，重点研究信源的数学模型，以及离散信源、连续信源、马尔可夫信源的信息测度，并引入信源冗余度评价信源符号分布的非均匀性和信源符号间的相关性，这是后续信源压缩编码的基础。

2.1　离散信源的数学模型与分类

信源是产生消息的人或机器，信源输出以符号形式出现的具体消息。如果符号是确定且已知的，那么该消息就无信息可言，也就没有必要再传输它了。只有当符号的出现是随机的，预先无法确定时，该符号的出现才可能给接收者提供信息。信源输出的随机符号在统计上具有某种规律性，因此可用随机变量或随机向量来表示信源，运用概率论和随机过程的理论来研究信息，这是香农信息论的基本点。

不同的信源输出的消息不同，可以根据消息的性质对信源进行分类。

根据信源输出的消息在时间上和幅度上是离散的或连续的，可把信源分为模拟信源和离散信源。例如，在无线广播中，信源一般是一个声音源（话音或音乐）；在电视广播中，信源是输出图像的视频信号源。这些信源输出的消息在幅度和时间上都是连续的，是模拟信源；相反，计算机和存储设备，如磁盘或光盘，产生的输出是二进制字符，这些信源是离散信源。

另外，根据离散信源发出的符号之间的关系，可把信源分为无记忆信源和有记忆信源。离散无记忆信源所发出的各个符号是相互独立的，各个符号之间没有统计相关性，各个符号出现的概率是其自身的先验概率。离散有记忆信源所发出的各个符号的概率是有关联的，即某一个符号出现的概率可能与前面一个、有限个或无限个符号有关。

2.1.1　离散单符号无记忆信源

最简单的离散信源是发出单个符号的无记忆信源，可以用一个离散型随机变量 X 来描述这个信源输出的消息。这个随机变量 X 的样本空间就是符号集 $A:\{x_1,x_2,\cdots,x_n\}$；而 X 的概率分布 $P=(p(x_1),p(x_2),\cdots,p(x_n))$ 就是各消息出现的先验概率。这个信源的数学模型为

$$\begin{bmatrix} X \\ P \end{bmatrix}=\begin{bmatrix} x_1 & x_2 & \cdots & x_n \\ p(x_1) & p(x_2) & \cdots & p(x_n) \end{bmatrix} \tag{2.1.1}$$

且满足

$$\begin{cases} p(x_i) \geqslant 0 \\ \sum_{i=1}^{n} p(x_i) = 1 \end{cases}$$

式(2.1.1)表明信源的概率空间必定是一个完备集，信源输出的消息只可能是符号集 A 中任何一个元素，而且每次必定选取其中一个。

例 2.1.1 掷一颗正常的骰子，研究其下落后朝上一面的点数，将点数作为这个随机实验的结果，如果将这个随机实验看作一个信源，求该信源的数学模型。

解：该信源的输出为有限个离散数字之一，取自符号集 A：$\{1,2,3,4,5,6\}$，每一个数字代表一个完整的消息，且每一个数字的出现是随机的，前后数字的出现并无关联。可用单符号离散无记忆信源描述这个随机实验。

利用离散型随机变量 X 来描述这个信源输出的消息，其样本空间就是符号集 A。

根据大量实验结果可得，各个消息等概率出现，均为 1/6。因此 X 的概率分布就是信源发出各个不同数字的先验概率，即 $p(x_i)=\frac{1}{6}, i=1,2,\cdots,6$。

由此可得该信源的数学模型：

$$\begin{bmatrix} X \\ P \end{bmatrix} = \begin{bmatrix} x_1 & x_2 & x_3 & x_4 & x_5 & x_6 \\ \frac{1}{6} & \frac{1}{6} & \frac{1}{6} & \frac{1}{6} & \frac{1}{6} & \frac{1}{6} \end{bmatrix}$$

并满足

$$\sum_{i=1}^{6} p(x_i) = 1$$

2.1.2 离散序列无记忆信源

离散单符号无记忆信源是最简单的情况，信源每次只输出一个消息(符号)，所以可用一维随机变量来描述。

然而，很多实际信源输出的消息往往是由一系列符号组成的序列，称为发出符号序列的信源。这类信源输出的消息是按一定概率选取的符号序列，所以可把这种信源输出的消息看作时间上或空间上离散的 N 个随机变量，即随机向量，或称为随机序列。这样，信源的输出可用 N 维随机向量 $\mathbf{X}=(X_1 X_2 \cdots X_N)$来描述。

一般来说，信源输出的随机序列的统计特性比较复杂，分析起来较为困难。为了便于分析，假设信源输出的是平稳的随机序列，也就是序列的统计性质与时间的推移无关。很多实际信源也满足这个假设。

设信源输出的随机符号序列 $X^N=(X_1 X_2 \cdots X_N)$，其中每个随机变量 $X_i \in \{x_1, x_2, \cdots, x_n\}, i=1,2,\cdots,N$，$N$ 为序列长度。若随机序列 X^N 的各维概率分布都与时间起点无关，也就是在任意两个不同时刻随机序列 X^N 的各维概率分布都相同，这样的信源称为离散平稳信源。

最简单的离散平稳信源是离散序列无记忆信源，即信源发出的一个个符号彼此是统计独立的。也就是信源输出的随机序列 $X^N=(X_1 X_2 \cdots X_N)$中，各随机变量 $X_i(i=1,2,\cdots,N)$

之间是统计独立的，则 N 维随机序列的联合概率分布满足

$$p(X^N) = p(X_1X_2\cdots X_N) = p(X_1)(X_2)\cdots p(X_N) = \prod_{i=1}^{N} p(X_i) \tag{2.1.2}$$

因随机变量 $X_i \in \{x_1, x_2, \cdots, x_n\}$，$i=1,2,\cdots,N$，即不同时刻的随机变量取自同一个符号集 A，则有

$$p(\alpha_i) = p(x_{i_1} x_{i_2} \cdots x_{i_n}) = \prod_{i_k=1}^{n} p(x_{i_k}), \quad i_k = 1,2,\cdots,n \tag{2.1.3}$$

式中，$p(\alpha_i)$为 N 维随机序列的中的任一序列，$\alpha_i = (x_{i_1} x_{i_2} \cdots x_{i_k} \cdots x_{i_N})$；$p(x_{i_k})$为符号集 A 的一维概率分布。由符号集 A：$\{x_1, x_2, \cdots, x_n\}$与概率 $p(x_{i_k})(i_k=1,\ 2,\cdots,n)$构成一个概率空间，即

$$\begin{bmatrix} X \\ P \end{bmatrix} = \begin{bmatrix} x_1 & x_2 & \cdots & x_n \\ p(x_1) & p(x_2) & \cdots & p(x_n) \end{bmatrix} \tag{2.1.4}$$

该信源概率空间[X,P]即为前述的离散单符号无记忆信源。离散序列信源 X^N 称为离散无记忆信源 X 的 N 次扩展信源，也可表示为 X^N，其数学模型是信源 X 概率空间的 N 重空间：

$$\begin{bmatrix} X^N \\ P \end{bmatrix} = \begin{bmatrix} \alpha_1 & \alpha_2 & \cdots & \alpha_{n^N} \\ p(\alpha_1) & p(\alpha_2) & \cdots & p(\alpha_{n^N}) \end{bmatrix} \tag{2.1.5}$$

其中，

$$\sum_{i=1}^{n^N} p(\alpha_i) = 1 \tag{2.1.6}$$

例 2.1.2 例 2.1.1 中，如果把掷两次正常骰子的点数作为这个随机实验的结果，并将这个随机实验看作一个信源，求该信源的数学模型。

解：该信源输出两个数字是一个完整的消息，这两个数字是一个长度为 2 的数字序列，每一个数字的出现是随机的，且前后两个数字的出现并无关联。则可用例 2.1.1 中的单符号离散无记忆信源 X 的二次扩展信源 X^2 来描述这个随机实验。

长度为 2 的离散无记忆序列信源 X^2 输出有限个符号序列，组成了符号序列集：{11,12,13,14,15,16,21,22,23,24,25,26,…,61,62,63,64,65,66}。利用离散型随机变量 X^2 描述这个信源输出的消息：

$$X^2 \in \{x_1x_1, x_1x_2, \cdots x_1x_6, \cdots, x_6x_1, x_6x_2, \cdots, x_6x_6\} = \{\alpha_1, \alpha_2, \cdots, \alpha_{36}\}$$

根据大量实验结果可得，各个符号序列出现的概率相等，均为 1/36。因此信源发出各个不同数字序列的先验概率 $p(\alpha_i)=\frac{1}{36}$，$i=1,2,\cdots,36$。

由此可得该信源的数学模型：

$$\begin{bmatrix} X^2 \\ P \end{bmatrix} = \begin{bmatrix} \alpha_1 & \alpha_2 & \cdots & \alpha_{36} \\ \frac{1}{36} & \frac{1}{36} & \cdots & \frac{1}{36} \end{bmatrix}$$

并满足

$$\sum_{i=1}^{36} p(\alpha_i) = 1$$

2.1.3 离散序列有记忆信源

一般情况下，信源在不同时刻发出的符号之间是相互关联的。也就是信源输出的平稳随机序列 X^N 中，各随机变量 X_i 之间是相关联的。这种信源称为有记忆信源。

最简单的有记忆信源是 $N=2$ 的情况，此时信源序列表示为 X_1X_2 或 X^2，其中 $X_1, X_2 \in \{x_1, x_2, \cdots, x_n\}$。信源发出符号 X_2 的概率只与前面一个符号有关，而与更前面的符号无关，这种概率关联性可用两种方式表示，一种是用信源发出的符号序列的联合概率反映有记忆信源的特征。其信源的概率空间为

$$\begin{bmatrix} X^2 \\ P \end{bmatrix} = \begin{bmatrix} x_1x_1 & x_1x_2 & \cdots & x_1x_n & x_2x_1 & \cdots & x_2x_n & \cdots & x_nx_n \\ p(x_1x_1) & p(x_1x_2) & \cdots & p(x_1x_n) & p(x_2x_1) & \cdots & p(x_2x_n) & \cdots & p(x_nx_n) \end{bmatrix} \tag{2.1.7}$$

另一种是用信源发出符号序列内各个符号之间的条件概率来反映记忆特征。上述 $N=2$ 符号序列信源的概率空间为

$$\begin{bmatrix} X^2 \\ P \end{bmatrix} = \begin{bmatrix} x_1 & x_2 & \cdots & x_n \\ & p(x_n/x_{n-1}) & & \end{bmatrix} \tag{2.1.8}$$

这种信源也可称为发出符号序列的马尔可夫信源。因为信源发出的符号只与前面的一个符号有关，而与更前面的符号无关，所以该马尔可夫信源又称为一阶马尔可夫信源。

更一般地，当信源发出的符号只与前面的 m 个符号有关，而与更前面的符号无关时，称为 m 阶马尔可夫信源。对于 m 阶马尔可夫信源，有

$$p(x_i/x_{i-1}x_{i-2}\cdots x_{i-m}\cdots x_1) = p(x_i/x_{i-1}x_{i-2}\cdots x_{i-m}) \tag{2.1.9}$$

其数学模型为

$$\begin{bmatrix} X \\ P \end{bmatrix} = \begin{bmatrix} x_1 & x_2 & \cdots & x_n \\ & p(x_i/x_{i-1}x_{i-2}\cdots x_{i-m}) & & \end{bmatrix} \tag{2.1.10}$$

实际上信源发出的符号往往只与前面若干个符号的相关程度强，而与更前面的符号相关程度弱。因此，对于有记忆信源，可以限制随机序列的记忆长度，近似为马尔可夫信源来进行分析研究。

例 2.1.3 在一个布袋内放 100 个球，其中 80 个球是红色的，20 个球是白色的。若随机摸取一个球，看它的颜色，则摸到的球要么是红色，要么是白色。若将这样的实验看成一种信源，则该信源称为单符号无记忆离散信源。用随机变量 X 表示该信源，x_1 表示摸到红球，x_2 表示摸到白球。该信源数学模型为

$$\begin{bmatrix} X \\ P \end{bmatrix} = \begin{bmatrix} x_1 & x_2 \\ 0.8 & 0.2 \end{bmatrix}$$

若随机摸取两次，第一次摸取的球不放回，则第二次摸取到的球的概率与第一次的结果有关联。该信源称为长度为 2 的离散序列有记忆信源 X^2。x_1x_1 表示先后摸到红球，x_1x_2 表示先后摸到红球和白球，x_2x_1 表示先后摸到白球和红球，x_2x_2 表示先后摸到白球。每次实验结果的概率分别为 $p(x_ix_j)=p(x_i)p(x_j/x_i)$，则该离散序列有记忆信源 X^2 的数学模型为

$$\begin{bmatrix} X^2 \\ P \end{bmatrix} = \begin{bmatrix} x_1x_1 & x_1x_2 & x_2x_1 & x_2x_2 \\ \frac{80}{100}\times\frac{79}{99} & \frac{80}{100}\times\frac{20}{99} & \frac{20}{100}\times\frac{80}{99} & \frac{20}{100}\times\frac{19}{99} \end{bmatrix}$$

2.1.4 离散无记忆信源的 MATLAB 建模

```
%%% 单符号离散无记忆二元信源,p(0) = 0.3,p(1) = 0.7,长度为 N = 10;
P0 = 0.3;
P1 = 0.7;
N = 10;
x = randsrc(1,N,[0 1;p0 p1])                    % 二元离散信源
N0 = length(find(x == 0));
 P0x = N0/N                                     %% 输出的数据流中符号 0 的概率;
 P1x = 1 - P0x                                  %% 输出的数据流中符号 1 的概率;
```

程序输出结果为

```
x = 1  0  0  0  0  1  1  1  1  0
P0x  =  0.5000
P1x  =  0.5000
```

若 $N=10000$,则输出结果为

```
P0x  =  0.2977
P1x  =  0.7023
```

```
%%% 单符号离散无记忆信源,输出符号数为 4; p(0) = 0.4,p(1) = 0.3,p(2) = 0.2,p(3) = 0.1,长度为
N = 10000;
    p0 = 0.4;
    p1 = 0.3;
    p2 = 0.2;
    p3 = 0.1;
    N = 10000;
    x = randsrc(1,N,[0 1 2 3; p0 p1 p2 p3]); % 符号数为 4 的单符号离散信源
     N0 = length(find(x == 0));
     P0x = N0/N;                             %% 输出的数据流中符号 0 的概率;
     N1 = length(find(x == 1));
     P1x = N1/N;                             %% 输出的数据流中符号 1 的概率;
     N2 = length(find(x == 2));
     P2x = N2/N;                             %% 输出的数据流中符号 2 的概率;
     N3 = length(find(x == 3));
     P3x = N3/N;                             %% 输出的数据流中符号 3 的概率;
```

运行程序,输出结果为

```
P0x  =  0.4065
P1x  =  0.2924
P2x  =  0.2014
P3x  =  0.0997
```

上例说明,随着信源输出数据流的长度增加,每个符号的出现频率逐渐接近其统计意义上的先验概率。

2.2 离散信源的信息熵

由 2.1 节讨论可知,信源所发出的消息是随机的。这样的消息通过信道传输,接收者才能获得信息。但究竟信源能输出多少信息？每个消息的出现又携带多少信息量？接收者能

获得多少信息量？信息量如何度量呢？

2.2.1 自信息

信源发出什么消息(符号)是不确定的,但各符号出现的概率是确定的。如果某符号的出现概率为1,则该信源为确定性信源。符号出现的概率不同,它的不确定性就不同。概率越大,不确定性越小;反之,概率越小,不确定性就越大。由此可见,不确定性与概率的大小存在一定关系,应该是概率的某一函数;那么,不确定性的消除量(减小量),也就是狭义的信息量,也一定是概率的某一函数。

香农定义一个随机事件的自信息量为其出现概率对数的负值,即

$$I(x_i)=\log\frac{1}{p(x_i)}=-\log p(x_i) \tag{2.2.1}$$

自信息量采用的单位取决于对数所选取的底数。若取对数底数为2,则自信息量单位为比特(bit);若取自然对数e,则信息量的单位为奈特(nat);若以10为对数底数,则信息量的单位为哈特(Hart)。这3个信息量单位之间的关系如下:

$$1\text{ 奈特}=1.433\text{ 比特}$$

$$1\text{ 哈特}=3.322\text{ 比特}$$

信息论中一般采用的对数底数是2,为了书写简洁,把底数“2”略去不写。

根据式(2.2.1),对于确定性消息,即该消息发生的概率 $p(x_i)=1$,则该消息所携带的自信息量为

$$I(x_i)=-\log p(x_i)=0(\text{bit})$$

即自信息量为零。如果消息 x_i 发生,接收者将不会得到任何信息。

反之,若消息 x_i 发生的概率很小,即接收者对该消息的不确定性很大,一旦 x_i 发生,接收者将会觉得意外和惊讶,获得的信息量很大。把 $p(x_i)\ll 1$ 代入式(2.2.1),得

$$I(x_i)=\log\frac{1}{p(x_i)}\approx\infty$$

例 2.2.1 已知二元离散信源只有“0”“1”两种符号,若“0”出现的概率为1/3,求出现“1”的信息量。

解: 由于全概率为1,因此出现“1”的概率为2/3。由信息量定义式(2.2.1)可知,出现“1”的信息量为

$$I(1)=-\log\frac{2}{3}=0.585(\text{bit})$$

以上是单一符号出现时的信息量。对于一串符号构成的消息,若各符号的出现互相统计独立,可根据信息相加性概念计算整个消息的信息量。

比如,某离散信源的数学模型如式(2.1.1)所示,该信源输出 N 个符号组成的符号串,其中符号 x_i 出现的次数为 n_i,$i=1,2,\cdots,n$,则该符号串携带的总信息量为

$$I=-\sum_{i=1}^{n}n_i\log p(x_i) \tag{2.2.2}$$

式中,$p(x_i)$为符号 x_i 出现的概率。

例 2.2.2 某离散信源由0,1,2,3四种符号组成,其概率空间为

$$\begin{bmatrix} X \\ P \end{bmatrix} = \begin{bmatrix} 0 & 1 & 2 & 3 \\ 3/8 & 1/4 & 1/4 & 1/8 \end{bmatrix}$$

该信源发出的消息符号序列为(201 020 130 213 001 203 210 100 321 010 023 102 002 010 312 032 100 120 210)，求：

(1) 此消息的自信息量为多少？

(2) 在此消息中平均每个符号携带的信息量是多少？

解：分析：此消息总长为57个符号，其中0出现23次，1出现14次，2出现13次，3出现7次。

(1) 由式(2.2.2)可求得此消息符号序列的信息量：

$$I = -\sum_{i=1}^{n} n_i \log p(x_i) = -23\log\frac{3}{8} - 14\log\frac{1}{4} - 13\log\frac{1}{4} - 7\log\frac{1}{8}$$
$$= 32.55 + 28 + 26 + 21 = 108.55(\text{bit})$$

(2) 该消息符号序列长度为 $N=57$，则平均每个符号携带的信息量为

$$\frac{I}{N} = \frac{108.55}{57} = 1.904(\text{bit/符号})$$

以上讨论的是单个离散信源 X 所产生的信息量。若存在两个离散信源 X 和 Y 时，它们所出现的符号分别为 x_i 和 y_j，则定义这两个信源的联合信息量

$$I(x_i y_j) = -\log p(x_i y_j) \tag{2.2.3}$$

式中，$p(x_i y_j)$ 为信源 X 出现符号 x_i 而信源 Y 出现符号 y_j 的联合概率。

由式(2.2.3)可知，当 X 和 Y 统计独立时，有

$$p(x_i y_j) = p(x_i)p(y_j) \tag{2.2.4}$$

那么就有

$$I(x_i y_j) = I(x_i) + I(y_j) \tag{2.2.5}$$

这表明，当 X 和 Y 相互独立时，联合信息量等于 X 和 Y 自信息量之和。

若 X 和 Y 不相互独立，这时可用条件概率 $p(x_i/y_j)$ 或 $p(y_j/x_i)$ 表示两者的关联程度。在符号 y_j 出现的条件下，符号 x_i 出现所能提供的信息量定义为条件自信息量，可表示为

$$I(x_i/y_j) = -\log p(x_i/y_j) \tag{2.2.6}$$

在数字通信系统中，发送端信源发出的消息和接收端所接收到的消息可以分别看成是离散符号集合 X 和 Y，X 为发送的符号集合，通常它的概率空间是已知的，$p(x_i)$ 称为先验概率。由于信道中存在干扰，接收端接收到离散信源 Y 中的一个符号 y_j，y_j 可能与 x_i 相同，也可能有差异。通常把条件概率 $p(x_i/y_j)$ 称为后验概率，它是接收端接收到符号 y_j 而发送端发送的是 x_i 的概率。那么，接收端获得的信息量等于接收端原先对符号 x_i 出现的不确定性减去接收端收到符号 y_j 后对符号 x_i 尚存在的不确定性，即通信前后不确定性的消除量或减少量，定义为互信息量：

$$I(x_i;\ y_j) = \log\frac{1}{p(x_i)} - \log\frac{1}{p(x_i/y_j)} = \log\frac{p(x_i/y_j)}{p(x_i)} \tag{2.2.7}$$

如果信道没有干扰，信道的统计特性使符号 x_i 以概率1传送到接收端，这时，接收端接收到符号后尚存在的不确定性等于零，即

$$p(x_i/y_j) = 1$$

$$I(x_i/y_i)=0$$

由此可得互信息量

$$I(x_i;y_j)=\log\frac{1}{p(x_i)}=I(x_i) \tag{2.2.8}$$

即接收端获得了符号 x_i 携带的全部信息量。

2.2.2 信息熵

由式(2.2.2)可知，当消息很长时，用符号出现概率来计算消息的信息量比较麻烦，此时可以用平均信息量的概念来计算。平均信息量是指每个符号所含信息量的统计平均值，即平均信息量是自信息量的数学期望。因此，n 个符号的离散无记忆信源 X 的平均信息量为

$$H(X)=E[I(X)]=\sum_{i=1}^{n}p(x_i)I(x_i)=-\sum_{i=1}^{n}p(x_i)\log p(x_i) \tag{2.2.9}$$

一般式中对数底数为 2，熵的单位以比特/符号或比特/符号序列。如果对数底数为 b，则熵用 $H_b(X)$表示，且有 $H_b(X)=(\log_b a)H_a(X)$(因为$\log_b p(x_i)=\log_b a\ \log_a p(x_i)$)。式(2.2.9)也可用熵函数 $H(p_1,p_2,\cdots,p_n)$的形式表示，其中 $p_i=p(x_i)$，$i=1,2,\cdots,n$。这也表明熵是随机变量 X 概率分布的函数，它不依赖于随机变量 X 的实际取值，而只与其概率有关。

在式(2.2.9)中，当某一符号 x_i 的概率 $p(x_i)$为零时，$p(x_i)\log p(x_i)$在熵公式中无意义，为此规定这时的 $p(x_i)\log p(x_i)$也为零。数学上，因为当 $x\to 0$ 时，$x\log x\to 0$，因此约定 $0\log 0=0$。也就是说，熵的表达式中增加零概率项，熵值不会改变。

上述平均信息量计算公式与热力学和统计力学中关于系统熵的公式一样，因此也把信源输出信息的平均信息量称为信源熵。信源熵是从平均意义上表征信源的总体特征，可以表征信源的平均不确定性；信源熵也是描述一个随机变量所需要的平均比特数。

比如抛硬币实验的熵为 1bit。

例 2.2.3 有两个信源，其概率空间分别为

$$\begin{bmatrix}X\\P\end{bmatrix}=\begin{bmatrix}x_1 & x_2\\0.99 & 0.01\end{bmatrix}\quad\begin{bmatrix}Y\\P\end{bmatrix}=\begin{bmatrix}y_1 & y_2\\0.5 & 0.5\end{bmatrix}$$

比较信源 X 和信源 Y 的平均不确定性。

解： 信源 X 和信源 Y 的信源熵分别为

$$H(X)=-\sum_{i=1}^{2}p(x_i)\log p(x_i)=-0.99\log 0.99-0.01\log 0.01=0.08(\text{bit/ 符号})$$

$$H(Y)=-\sum_{i=1}^{2}p(y_i)\log p(y_i)=-0.5\log 0.5-0.5\log 0.5=1(\text{bit/ 符号})$$

可见，$H(Y)>H(X)$。这说明信源 Y 比信源 X 的平均不确定性要大。这是因为信源 Y 的两个输出消息是等概率的，所以在信源没有输出消息以前，事先猜测哪一个消息出现的不确定性要大。而信源 X 的两个输出消息不是等概率的，事先猜测 x_1 和 x_2 哪一个出现，虽具有不确定性，但因为 x_1 出现的概率大，可以猜测 x_1 会出现，所以信源 X 的不确定性要小。因而，信源熵反映了信源输出消息前，接收者对信源存在的平均不确定性的大小。

信源熵是信源的平均不确定性的描述，一般情况下，它并不等于接收者平均获得的信息量。只有在信道中没有噪声的情况下，接收者才能正确无误地接收到信源发出的消息，全部

消除信源 X 的平均不确定性，大小为 $H(X)$，此时接收者获得的平均信息量就等于 $H(X)$。

例 2.2.4 计算例 2.2.2 中信源的平均信息量

解：由式(2.2.9)，得

$$H(X)=-\sum_{i=1}^{4}p(x_i)\log p(x_i)=-\frac{3}{8}\log\frac{3}{8}-\frac{1}{4}\log\frac{1}{4}-\frac{1}{4}\log\frac{1}{4}-\frac{1}{8}\log\frac{1}{8}$$
$$=1.9056(\text{bit/ 符号})$$

用式(2.2.9)的平均信息量公式也可以计算例 2.2.2 中消息序列的信息量：

$$I=1.9056(\text{bit/ 符号})\times 57(\text{符号})=108.62(\text{bit})$$

这里用平均信息量算得的总信息量与例 2.2.2 算得的结果不完全相同，其原因是例 2.2.2 中的消息序列还不够长，各符号在给定消息符号序列中出现的频率与概率空间中给出的概率并不相等。随着序列长度的增大，其误差将趋于零。

例 2.2.5 设某独立同分布离散随机变量 X 有 32 个可能取值，从 32 个可能值中选择一个输出作为标签，需要采用 5bit(位)长度的标签。

上述随机变量的熵

$$H(X)=-\sum_{i=1}^{32}p(x_i)\log p(x_i)=-\sum_{i=1}^{32}\frac{1}{32}\log\frac{1}{32}=5(\text{bit/ 符号})$$

与描述离散随机变量 X 所需要的位数一致。此时，所有的可能取值可用等长的位数描述。

例 2.2.6 赌马比赛中有 8 匹马参加，假设每匹马取胜的概率分别为$\left(\frac{1}{2},\frac{1}{4},\frac{1}{8},\frac{1}{16},\frac{1}{64},\frac{1}{64},\frac{1}{64},\frac{1}{64}\right)$，把赌马比赛看作一个信源，则该信源的数学模型为

$$\begin{bmatrix}X\\P\end{bmatrix}=\begin{bmatrix}x_1 & x_2 & x_3 & x_4 & x_5 & x_6 & x_7 & x_8\\ 1/2 & 1/4 & 1/8 & 1/16 & 1/64 & 1/64 & 1/64 & 1/64\end{bmatrix}$$

信源熵

$$H(X)=-\sum_{i=1}^{8}p(x_i)\log p(x_i)$$
$$=-\frac{1}{2}\log\frac{1}{2}-\frac{1}{4}\log\frac{1}{4}-\frac{1}{8}\log\frac{1}{8}-\frac{1}{16}\log\frac{1}{16}-4\times\frac{1}{64}\log\frac{1}{64}=2(\text{bit/ 符号})$$

假设给某个人发信息告知他哪匹马能够取胜，一个简单的方法是发送该匹马的索引号。该索引号需要 3bit 代表每一匹马。然而，当每匹马取胜的概率不相等时，用较短的索引号描述取胜概率大的马，用较长的索引号描述取胜概率小的马更有意义。这样表示一匹马的平均描述长度会缩短。比如，描述上例 8 匹马的字符集——0，10，110，1110，111100，111101，111110，111111。平均描述长度为 2bit，与信源熵相等。第 5 章将指出，描述一个随机变量的平均长度的下界是该变量的熵。

2.2.3 联合熵和条件熵

如果信源 X 的概率分布为$(p_1,p_2,\cdots,p_n)$，信源 Y 的概率分布$(q_1,q_2,\cdots,q_m)$，信源 X 和信源 Y 之间的关联用条件概率

$$p(Y=y_j/X=x_i)=p_{ij},\quad 0\leqslant p_{ij}\leqslant 1,\quad i=1,2,\cdots,n,j=1,2,\cdots,m \tag{2.2.10}$$

表示，则定义条件熵为 X、Y 集合上条件信息量的数学期望

$$H(Y/X)=E_{X,Y}[I(y_j/x_i)]=E_X\{E_Y[I(y_j/x_i)]\}=E_X[H(Y/x_i)] \quad (2.2.11)$$

即

$$H(Y/X)=\sum_{i=1}^{n}p(x_i)H(Y/X=x_i)=\sum_{i=1}^{n}p(x_i)\left[-\sum_{j=1}^{m}p(y_j/x_i)\log p(y_j/x_i)\right]$$
$$=-\sum_{i=1}^{n}\sum_{j=1}^{m}p(x_iy_j)\log p(y_j/x_i) \quad (2.2.12)$$

定义联合熵函数为 X、Y 集合上联合信息量的数学期望

$$H(XY)=E_{X,Y}[I(x_iy_j)] \quad (2.2.13)$$

即

$$H(XY)=\sum_{i=1}^{n}\sum_{j=1}^{m}p(x_iy_j)I(x_iy_j)=-\sum_{i=1}^{n}\sum_{j=1}^{m}p(x_iy_j)\log p(x_iy_j) \quad (2.2.14)$$

如果考虑用两步显示一对随机变量 X 和 Y 的输出：首先是 X 的输出，然后是 Y 的输出，显示输出 X 和 Y 所消除的不确定性总量，等于第一步显示 X 所消除的不确定性，加上第二步已知 X 显示 Y 所消除的不确定性。

因此，可得结论

$$H(XY)=H(X)+H(Y/X) \quad (2.2.15)$$
$$H(XY)=H(Y)+H(X/Y) \quad (2.2.16)$$

证明：

$$H(XY)=-\sum_{i=1}^{n}\sum_{j=1}^{m}p(x_iy_j)\log p(x_iy_j)=-\sum_{i=1}^{n}\sum_{j=1}^{m}p(x_i)p(y_j/x_i)\log p(x_i)p(y_j/x_i)$$
$$=-\sum_{i=1}^{n}\sum_{j=1}^{m}p_ip_{ij}\log p_ip_{ij}=-\sum_{i=1}^{n}\sum_{j=1}^{m}p_ip_{ij}\log p_i-\sum_{i=1}^{n}\sum_{j=1}^{m}p_ip_{ij}\log p_{ij}$$
$$=\sum_{j=1}^{m}p_{ij}\left[-\sum_{i=1}^{n}p_i\log p_i\right]+\sum_{i=1}^{n}p_i\left[-\sum_{j=1}^{m}p_{ij}\log p_{ij}\right]$$
$$=-\sum_{i=1}^{n}p_i\log p_i-\sum_{i=1}^{n}\sum_{j=1}^{m}p_ip_{ij}\log p_{ij}=H(X)+H(Y/X)$$

式中，

$$p(x_iy_j)=p(x_i)p(y_j/x_i)=p_ip_{ij}$$
$$\log p_ip_{ij}=\log p_i+\log p_{ij}$$
$$\sum_{j=1}^{m}p_{ij}=1$$

这样就证明了式(2.2.15)，由对称性可知式(2.2.16)成立。

2.2.4 熵的性质

信源熵描述了信源的平均不确定性，其大小显然与信源的消息数及消息的概率分布有关。对于包含 n 个消息的信源，信源熵就是概率分布$(p(x_1),p(x_2),\cdots,p(x_n))$的函数。可用概率向量 $\boldsymbol{P}$ 来表示概率分布 $P(x)$，即

$$\boldsymbol{P}=\{p_1,p_2,\cdots,p_n\} \quad (2.2.17)$$

其中，$p_i=p(x_i)(i=1,2,\cdots,n)$表示符号 $x_i(i=1,2,\cdots,n)$的概率，它们满足

$$\sum_{i=1}^{n}p_i=1$$

$$p_i \geqslant 0 \quad (i=1,2,\cdots,n) \tag{2.2.18}$$

这样，式(2.2.9)可写成

$$\begin{aligned} H(X) &= -\sum_{i=1}^{n} p(x_i)\log p(x_i) = -\sum_{i=1}^{n} p_i \log p_i \\ &= H(p_1,p_2,\cdots,p_n) = H(\boldsymbol{P}) \end{aligned} \tag{2.2.19}$$

$H(\boldsymbol{P})$是概率向量$\boldsymbol{P}$的函数，称为熵函数。对于二元离散信源，$n=2$，因为$p_1+p_2=1$，其熵函数$H(\boldsymbol{P})=H(p_1,p_2)=H(p_1,1-p_1)=H(p_1)$。

熵函数$H(\boldsymbol{P})$具有下列性质：

1. 非负性

因为随机变量X的所有可能取值的概率分布满足$0\leqslant p_i\leqslant 1(i=1,2,\cdots,n)$，当概率分布中的一个概率为1时，其他概率必定全为0，那么

$$H(\boldsymbol{P}) = -\sum_{i=1}^{n} p_i \log p_i = 0 \tag{2.2.20}$$

当概率分布中的概率$0<p_i<1(i=1,2,\cdots,n)$，如果对数的底大于1，那么$\log p_i<0$，而

$$H(\boldsymbol{P}) = -\sum_{i=1}^{n} p_i \log p_i > 0$$

因此可得结论

$$H(\boldsymbol{P}) \geqslant 0$$

2. 对称性

当概率向量$\boldsymbol{P}=(p_1,p_2,\cdots,p_n)$中$p_1,p_2,\cdots,p_n$的顺序任意互换时，熵函数$H(\boldsymbol{P})$的值不变，即

$$H(p_1,p_2,\cdots,p_n) = H(p_2,p_1,\cdots,p_n) = \cdots = H(p_n,p_1,p_2,\cdots,p_{n-1}) \tag{2.2.21}$$

该性质表明信源熵仅与信源总体的统计特性(含有的消息数和概率分布)有关。如果不同信源总体的统计特性相同，那么这些信源的熵就相同。比如

$$\begin{bmatrix} X \\ P \end{bmatrix} = \begin{bmatrix} 0 & 1 \\ \frac{1}{3} & \frac{2}{3} \end{bmatrix} \qquad \begin{bmatrix} Y \\ P \end{bmatrix} = \begin{bmatrix} 0 & 1 \\ \frac{2}{3} & \frac{1}{3} \end{bmatrix}$$

很容易得到结论

$$H(X) = H\left(\frac{1}{3},\frac{2}{3}\right) = H\left(\frac{2}{3},\frac{1}{3}\right) = H(Y)$$

该性质进一步表明熵表征的是信源总体的统计特性，即总体的平均不确定性。

3. 确定性

概率向量$\boldsymbol{P}=(p_1,p_2,\cdots,p_n)$中的任一概率分量$p_i=1$时，其余概率分量必全部为零，即$p_j=0,j\neq i$。这是由概率的完备性决定的。因此有

$$p_i \log p_i = 0$$

$$\lim_{p_j \to 0} p_j \log p_j = 0$$

因此信源熵

$$H(p_1,p_2,\cdots,p_n) = -\sum_{i=1}^{n} p_i \log p_i = 0 \tag{2.2.22}$$

对于不同的 n，有

$$H(1,0)=H(1,0,0)\cdots=H(1,0,0,\cdots,0)=0$$

上式表明，如果信源发出某个消息或符号的概率为 1，发出其他消息或符号的概率为 0，则信源熵为零。这样的信源被称为确定信源，其熵等于零。

4. 可扩展性

$$\lim_{\varepsilon\to 0}H(p_1,p_2,\cdots,p_n-\varepsilon,\varepsilon)=H(p_1,p_2,\cdots,p_n) \tag{2.2.23}$$

这是因为

$$\begin{aligned}&\lim_{\varepsilon\to 0}H(p_1,p_2,\cdots,p_n-\varepsilon,\varepsilon)\\&=H(p_1,p_2,\cdots,p_{n-1})-\lim_{\varepsilon\to 0}(p_n-\varepsilon)\log(p_n-\varepsilon)-\lim_{\varepsilon\to 0}\varepsilon\log\varepsilon\\&=H(p_1,p_2,\cdots,p_{n-1})-p_n\log p_n\\&=H(p_1,p_2,\cdots,p_n)\end{aligned}$$

该性质说明，信源消息集中增加的小概率消息不会影响信源的熵。这些小概率消息的信息量很大，或者说其不确定性很大，但从总体来考虑时，它在熵的计算中起的作用很小。这也进一步说明熵是信源总体平均不确定性的体现，它由信源中所有符号的概率和不确定性共同决定。

5. 强可加性和可加性

$$H(XY)=H(X)+H(Y/X) \tag{2.2.24}$$

该式表示两个信源 X 和 Y 的联合熵等于信源 X 的熵加上 X 已知条件下信源 Y 的条件熵。证明见 2.2.3 节。

同理，可以证明

$$H(XY)=H(Y)+H(X/Y) \tag{2.2.25}$$

式(2.2.24)和式(2.2.25)均表示熵的强可加性。

可加性是强可加性的特殊情况，适用于信源 X 和信源 Y 统计独立的条件。随机变量 X 和 Y 统计独立时，

$$P(Y=y_j/X=x_i)=p(y_j)=p_j,\quad i=1,2,\cdots,n;\ j=1,2,\cdots,m$$

有

$$H(Y/X)=H(Y)$$
$$H(X/Y)=H(X)$$

因此，可加性可表示为

$$H(XY)=H(X)+H(Y) \tag{2.2.26}$$

该式表明统计独立信源 X 和 Y 的联合信源的熵等于信源 X 的熵与信源 Y 的熵之和。

6. 递增性

$$H(p_1,p_2,\cdots,p_{n-1},q_1,q_2,\cdots,q_m)=H(p_1,p_2,\cdots,p_n)+p_nH\left(\frac{q_1}{p_n},\frac{q_2}{p_n},\cdots,\frac{q_m}{p_n}\right) \tag{2.2.27}$$

式中，

$$\sum_{i=1}^{n}p_i=1,\quad \sum_{j=1}^{m}q_j=p_n$$

该性质表明，若信源 X 中有一元素或符号分割成 m 个元素或符号，而这 m 个符号的概率之和等于原符号的概率，则新信源的熵增加。增加的熵值等于分割后的 m 个符号的平均不确定性。

7. **上凸性**

熵函数 $H(\boldsymbol{P})$ 是概率向量 $\boldsymbol{P}=(p_1,p_2,\cdots,p_n)$ 的严格∩形凸函数，也称为上凸函数。即对于任意概率向量 $\boldsymbol{P}_1=(p_1,p_2,\cdots,p_n)$ 和 $\boldsymbol{P}_2=(p_1',p_2',\cdots,p_n')$，以及任意常数 $0<\theta<1$，根据凸函数的定义，有

$$H[\theta\boldsymbol{P}_1+(1-\theta)\boldsymbol{P}_2]>\theta H(\boldsymbol{P}_1)+(1-\theta)H(\boldsymbol{P}_2) \tag{2.2.28}$$

因为熵函数具有上凸性，所以熵函数具有极大值。

8. **极值性**

$$H(p_1,p_2,\cdots,p_n)\leqslant H\left(\frac{1}{n},\frac{1}{n},\cdots,\frac{1}{n}\right) \tag{2.2.29}$$

上式表明，离散信源 n 个符号等概率分布时熵最大。

最大离散熵定理：对于具有 n 个符号的离散无记忆信源，只有在 n 个信源符号等概率出现的情况下，信源熵才能达到最大值。即

$$H(X)\leqslant H\left(\frac{1}{n},\frac{1}{n},\cdots,\frac{1}{n}\right)=\log n(\text{bit/ 符号})$$

这也表明等概率分布信源的平均不确定性最大。

2.2.5 离散信源最大熵定理的 MATLAB 实现

例 2.2.1 中的二元信源是离散信源的一个特例。该信源 X 输出符号只有两个，即 0 和 1。输出符号发生的概率分别为 p 和 q，$p+q=1$。即信源的概率空间为

$$\begin{bmatrix}X\\P\end{bmatrix}=\begin{bmatrix}0 & 1\\p & q\end{bmatrix}$$

根据式(2.2.9)可得二元离散信源熵为

$$H(X)=-p\log p-q\log q=-p\log p-(1-p)\log(1-p)=H(p)$$

信源熵 $H(X)$ 是概率 p 的函数，通常用 $H(p)$ 表示，$p\in[0,1]$。$H(p)$ 函数的曲线如图 2.2.1 所示。从图中可以看出，如果二元信源的输出符号是确定的，即 $p=1$ 或 $q=1$，则 $H(p)=0$，即该信源不提供任何信息。反之，当二元信源的输出符号等概率，即 $p=q=\frac{1}{2}$，则 $H(p)=1$，信源熵达到极大值。

图 2.2.1 对应的 MATLAB 程序如下：

```
clear all;
clc;
p = 0:0.001:1;
H = - p * log2(p) - (1 - p) * log2(1 - p);
figure;
plot(p,H);
xlabel('p');
ylabel('H(p)');
```

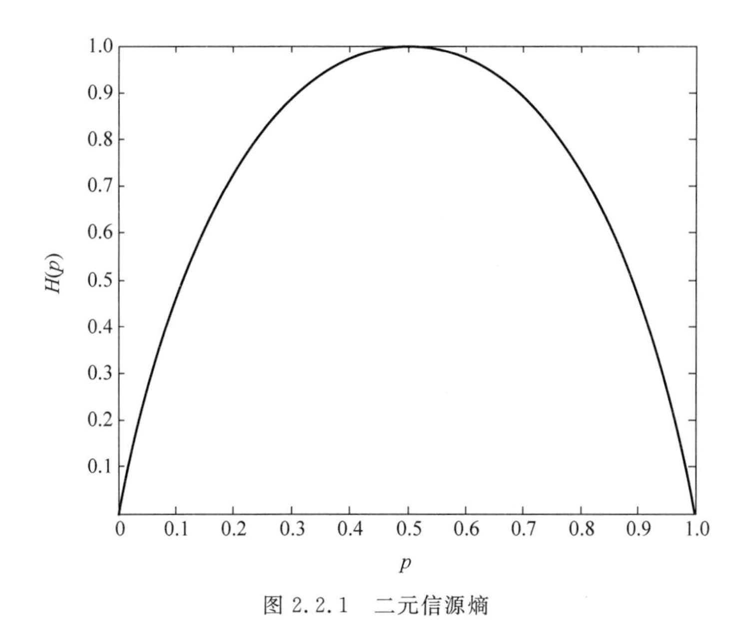

图 2.2.1　二元信源熵

对于例 2.2.1 所示的二元离散信源，当 $p=q=\frac{1}{2}$时，信源熵达到最大值。最大熵为 $H(X)=H\left(\frac{1}{2},\frac{1}{2}\right)=1$(bit/符号)，满足二元离散信源最大熵定理。

二元离散信源最大熵定理证明：

假设二元符号 0 和 1 发生的概率分别为 p 和 q，$p+q=1$。则

$$H(X)=-p\log p-q\log q$$

代入 $q=1-p$，则信源熵 $H(X)$可表示为熵函数的形式，即

$$H(p)=-p\log p-(1-p)\log(1-p)$$

因为 $H(p)$是 p 的连续函数，其极大值可通过求解 $H(p)$的一阶导数得到。假设 $p=p_0$，使

$$\left.\frac{\partial H(p)}{\partial p}\right|_{p=p_0}=0$$

则 $H(p_0)$为二元离散信源的最大熵。由

$$\left.\frac{\partial H(p)}{\partial p}\right|_{p=p_0}=-\log_2 p_0+\log_2(1-p_0)=0$$

可得

$$p_0=\frac{1}{2}$$

$$H(p_0)=1(\text{bit/ 符号})$$

证明完毕。

2.3　离散序列信源熵

2.2.2 节讨论了单符号离散无记忆信源的熵，然而实际信源的输出往往是离散随机序列，包括离散无记忆信源序列和离散有记忆信源序列。本节将讨论离散无记忆序列信源和

离散有记忆平稳序列信源的熵。

2.3.1　离散无记忆信源的序列熵

设信源输出的随机序列为 $X^N=(X_1X_2\cdots X_N)$，序列中的每个符号变量 $X_i\in\{x_1,x_2,\cdots,x_n\}$，$i=1,2,\cdots,N$，即序列长为 N。X_i 与 X^N 的概率空间分别如式(2.1.4)和式(2.1.5)所示。根据信源熵的定义，离散无记忆信源的序列熵

$$H(X^N)=-\sum_{i=1}^{n^N}p(\alpha_i)\log p(\alpha_i) \tag{2.3.1}$$

式中，n^N 为符号序列集中不同符号序列的个数。

把式(2.1.3)代入式 (2.3.1)中，可得

$$H(X^N)=\sum_{i=1}^{N}H(X_i) \tag{2.3.2}$$

若满足平稳特性，即信源序列发出每个符号的概率与时间推移无关，则有 $H(X_1)=H(X_2)=\cdots=H(X_N)$，这时，离散无记忆信源的序列熵又可表示为

$$H(X^N)=NH(X) \tag{2.3.3}$$

即单符号离散无记忆信源 X 的 N 次扩展信源的熵等于信源 X 的熵的 N 倍。

定义长度为 N 的信源符号序列中平均每个信源符号所携带的信息量为平均符号熵，即

$$H_N(X^N)=\frac{1}{N}H(X^N)=H(X) \tag{2.3.4}$$

可见，离散无记忆信源序列平均每个符号的符号熵 $H_N(X^N)$等于单符号信源的符号熵 $H(X)$。

例 2.3.1　有一离散无记忆信源

$$\begin{bmatrix}X\\P\end{bmatrix}=\begin{bmatrix}x_1 & x_2 & x_3\\ \frac{1}{2} & \frac{1}{4} & \frac{1}{4}\end{bmatrix}\quad 且\quad \sum_{i=1}^{3}p(x_i)=1$$

求这个离散无记忆信源的二次扩展信源的熵。

解：离散无记忆信源的二次扩展信源的输出是信源 X 的输出长度为 2 的符号序列。因为信源 X 共有 3 个不同符号，所以由信源 X 中每两个符号组成的长度为 2 的不同符号序列共有 $3^2=9$ 个，即二次扩展信源 X^2 共有 9 个不同的符号序列。因为信源 X 是无记忆的，则有 $p(\alpha_i)=p(x_{i1}x_{i2})=p(x_{i1})p(x_{i2})$，$i_1,i_2=1,2,3$，于是可得信源序列 X^2 的概率空间为

$$\begin{bmatrix}X^2\\P(\alpha_i)\end{bmatrix}=\begin{bmatrix}x_1x_1 & x_1x_2 & x_1x_3 & x_2x_1 & x_2x_2 & x_2x_3 & x_3x_1 & x_3x_2 & x_3x_3\\ \frac{1}{4} & \frac{1}{8} & \frac{1}{8} & \frac{1}{8} & \frac{1}{16} & \frac{1}{16} & \frac{1}{8} & \frac{1}{16} & \frac{1}{16}\end{bmatrix}$$

可以算得

$$H(X)=-\sum_{i=1}^{3}p(x_i)\log p(x_i)=1.5(\text{bit/ 符号})$$

$$H(X^2)=-\sum_{i=1}^{9}p(\alpha_i)\log p(\alpha_i)=3(\text{bit/ 序列})$$

所以可得

$$H(X^2)=2H(X)$$

上例中，因为每个信源符号含有的平均信息量为 $H(X)$，那么，N 个信源符号组成的离散平稳无记忆序列含有的平均信息量就为 $NH(X)$，因此信源 X^N 每个输出符号序列含有的平均信息量为 $NH(X)$。

2.3.2 离散有记忆平稳信源的序列熵

对于有记忆信源，必须引入条件熵的概念。本书只针对平稳的有记忆信源进行讨论。对于平稳信源，其条件概率均与时间起点无关，只与记忆长度 N 有关。

若信源输出一个长度为 N 的序列 $X^N=(X_1X_2\cdots X_N)$，则平稳有记忆信源的序列熵为

$$\begin{aligned}H(X^N)&=H(X_1X_2\cdots X_N)\\&=H(X_1)+H(X_2/X_1)+\cdots+H(X_N/X_1X_2\cdots X_{N-1})\\&=\sum_{i=1}^{N}H(X_i/X^{i-1})\end{aligned}\tag{2.3.5}$$

式(2.3.5)也称作**熵的链式法则**。

对于由两个符号组成的平稳有记忆信源，即 $N=2$ 时熵的链式法则为

$$\begin{aligned}H(X^2)=H(X_1X_2)&=H(X_1)+H(X_2/X_1)\\&=H(X_2)+H(X_1/X_2)\end{aligned}\tag{2.3.6}$$

上式表明，联合熵等于前一个符号出现的熵加上前一个符号已知时信源发出下一个符号的条件熵。

另外，还可以求得条件熵与无条件熵的关系为

$$\begin{aligned}H(X_2)&\geqslant H(X_2/X_1)\\H(X_1)&\geqslant H(X_1/X_2)\end{aligned}\tag{2.3.7}$$

当前后符号相互独立，即信源退化为无记忆时，有

$$\begin{aligned}&H(X_1X_2)=H(X_1)+H(X_2)\\&H(X_2/X_1)=H(X_2)\quad H(X_1/X_2)=H(X_1)\end{aligned}\tag{2.3.8}$$

例 2.3.2 某离散有记忆信源的概率空间为

$$\begin{bmatrix}X\\P\end{bmatrix}=\begin{bmatrix}x_1 & x_2 & x_3\\ \dfrac{11}{36} & \dfrac{4}{9} & \dfrac{1}{4}\end{bmatrix},\quad \sum_{i=1}^{3}p(x_i)=1$$

假设信源发出 $N=2$ 的符号序列消息 $X^2=(x_ix_j)$，$i,j=1,2,3$，信源发出的符号只与前一个符号有关，x_i 与 x_j 的概率关联性用条件概率 $p(x_j/x_i)$表示，如表 2.3.1 所示。

表 2.3.1 条件概率 $p(x_j/x_i)$

x_j	x_i		
	x_1	x_2	x_3
x_1	$\frac{9}{11}$	$\frac{1}{8}$	0
x_2	$\frac{2}{11}$	$\frac{3}{4}$	$\frac{2}{9}$
x_3	0	$\frac{1}{8}$	$\frac{7}{9}$

由表 2.3.1 可知

$$\sum_{j=1}^{3} p(x_j/x_i) = 1$$

即表中每一列之和为 1；但每一行之和 $\sum_{i=1}^{3} p(x_j/x_i)$ 不一定等于 1。这表明当已知信源前面发出的一个符号为 x_i 的条件下，其后面发生的符号一定是 x_1，x_2，x_3 中的一个。

根据条件概率与联合概率的关系式

$$p(x_i x_j) = p(x_j/x_i)p(x_i)$$

可计算联合概率 $p(x_i x_j)$，如表 2.3.2 所示。

表 2.3.2　联合概率 $p(x_i x_j)$

x_j	x_i		
	x_1	x_2	x_3
x_1	$\frac{1}{4}$	$\frac{1}{18}$	0
x_2	$\frac{1}{18}$	$\frac{1}{3}$	$\frac{1}{18}$
x_3	0	$\frac{1}{18}$	$\frac{7}{36}$

条件熵：

$$H(X_2/X_1) = -\sum_{i=1}^{3}\sum_{j=1}^{3} p(x_i x_j)\log p(x_j/x_i) = 0.872(\text{bit/ 符号})$$

单符号信源熵：

$$H(X) = -\sum_{i=1}^{3} p(x_i)\log p(x_i) = 1.543(\text{bit/ 符号})$$

X^2 信源的序列熵：

$$H(X^2) = H(X_1 X_2) = H(X_1) + H(X_2/X_1) = 2.415(\text{bit/ 序列})$$

平均符号熵：

$$H_2(X^2) = \frac{1}{2}H(X^2) = 1.205(\text{bit/ 符号})$$

可见，$H_2(X^2) < H(X)$。即 $N=2$ 的有记忆信源序列的平均符号熵小于单符号无记忆信源的熵，这是由于符号之间存在的相关性造成的。

2.3.3　离散平稳信源极限熵

由式(2.3.5)，长度为 N 的信源符号序列中平均符号熵为

$$\begin{aligned} H_N(X^N) &= \frac{1}{N}H(X_1 X_2 \cdots X_N) \\ &= \frac{1}{N}\sum_{i=1}^{N} H(X_i/X^{i-1}) \end{aligned} \tag{2.3.9}$$

对于离散平稳信源，有下列结论：

(1) $H(X_N/X^{N-1})$随 N 的增加而递减。

$$\begin{aligned}H(X_N/X_1X_2\cdots X_{N-1}) &\leqslant H(X_N/X_2\cdots X_{N-1}) = H(X_{N-1}/X_1X_2\cdots X_{N-2})\\ &\leqslant H(X_{N-1}/X_2\cdots X_{N-2}) = H(X_{N-2}/X_1X_2\cdots X_{N-3})\\ &\quad\vdots\\ &\leqslant H(X_2/X_1)\end{aligned} \tag{2.3.10}$$

式(2.3.10)表明信源输出符号序列中符号之间前后依赖关系越长,前面若干个符号发生后,其后发生什么符号的不确定性越小,条件熵越小。

(2) N 给定时,平均符号熵大于等于条件熵,即

$$H_N(X^N) \geqslant H(X_N/X^{N-1})$$

$$H_N(X^N) = \frac{1}{N}[H(X_1) + H(X_2/X_1) + \cdots + H(X_N/X_1X_2\cdots X_{N-1})]$$

由结论(1)得

$$H(X_2/X_1) \geqslant H(X_3/X_1X_2)\cdots \geqslant H(X_N/X_1X_2\cdots X_{N-1})$$

所以

$$H_N(X^N) \geqslant \frac{1}{N}[NH(X_N/X_1X_2\cdots X_{N-1})] = H(X_N/X^{N-1}) \tag{2.3.11}$$

(3) 平均符号熵 $H_N(X^N)$随 N 增加而递减。

$$\begin{aligned}NH_N(X^N) &= H(X_1X_2\cdots X_N)\\ &= H(X_1X_2\cdots X_{N-1}) + H(X_N/X_1X_2\cdots X_{N-1})\\ &= (N-1)H_{N-1}(X^{N-1}) + H(X_N/X^{N-1})\end{aligned}$$

由结论(2),$H_N(X^N)\geqslant H(X_N/X^{N-1})$,则

$$H_N(X^N) \leqslant H_{N-1}(X^{N-1}) \tag{2.3.12}$$

该式说明随着 N 的增大,增加的熵值 $H(X_N/X^{N-1})$越来越小,导致平均符号熵随 N 的增大而减小。

(4) $H_\infty = \lim\limits_{N\to\infty} H_N(X^N)$存在,并且

$$H_\infty = \lim_{N\to\infty} H_N(X^N) = \lim_{N\to\infty} H_N(X_N/X^{N-1}) \tag{2.3.13}$$

称 H_∞为离散平稳信源的极限熵。则结论(3)可表示为

$$0 \leqslant H_\infty \leqslant H_N(X^N) \leqslant H_{N-1}(X^{N-1}) \leqslant \cdots \leqslant H_2(X^2) \leqslant H(X) \leqslant H_0(X) \tag{2.3.14}$$

式中,$H_0(X)$为等概率无记忆信源单个符号的熵;$H(X)$为一般无记忆信源单个符号的熵;$H_2(X^2)$为两个符号组成的序列平均符号熵,依此类推。

结论(1)表明,在信源输出序列中符号之间前后依赖关系越长,前面若干个符号发生后,其后发生什么符号的平均不确定性就越弱。也就是说,条件越多的熵必小于或等于条件较少的熵,而条件熵必小于等于无条件的熵。

而另几个结论表明,对于离散平稳信源,当考虑依赖关系为无限长时,平均符号熵和条件熵都非递增地一致趋于平稳信源的信息熵(极限熵)。所以可以用条件熵或者平均符号熵来近似描述平稳信源。

结论(4)从理论上定义了平稳离散有记忆信源的极限熵,极限熵为平均符号熵的极限,对于一般的离散平稳信源,实际上求此极限值是相当困难的。但对于一般的离散平稳信源,由于取 N 不很大时就能得出非常接近 H_∞的 $H_N(X^N)$或者 $H_N(X_N/X_1X_2\cdots X_{N-1})$,一般把

它作为 H_∞ 的近似值。

当平稳信源的记忆长度有限时，设记忆长度为 m，即某时刻发什么符号只与前面 m 个符号有关，则得此离散平稳信源的极限熵为

$$H_\infty = \lim_{N\to\infty} H_N(X^N) = \lim_{N\to\infty} H(X_N/X_1X_2\cdots X_{N-1})$$
$$= H(X_{m+1}/X_1X_2\cdots X_m) \tag{2.3.15}$$

等于有限记忆长度 m 的条件熵。所以，对于有限记忆长度的平稳信源可用有限记忆长度的条件熵来对平稳信源进行信息测度。这种记忆长度为 m 的离散平稳信源与下一节要讲的 m 阶马尔可夫信源不同，后者是非平稳的离散信源，只有 m 阶马尔可夫信源满足时齐、遍历特性，且时间 N 足够长以后，信源所处的状态链达到稳定，此时 m 个符号组成的各种可能的状态达到一种稳定分布后，才可将时齐、遍历的 m 阶马尔可夫信源作为记忆长度为 m 的离散平稳信源。2.3.4 节将对这类特殊的有记忆信源——马尔可夫信源的定义和数学描述、马尔可夫信源的熵进行讨论。

2.3.4 马尔可夫信源的熵

马尔可夫信源是一类有限长度记忆的非平稳离散信源，信源输出的消息是非平稳的随机序列，它们的各维概率分布可能会随时间的推移而改变。

设一般信源所处的状态 $S\in\{s_1,s_2,\cdots,s_Q\}$，在每一状态下可能输出的符号 $X\in\{x_1,x_2,\cdots,x_n\}$。则记忆长度为 m 的信源所处的状态 $s_i=(X_1X_2\cdots X_i\cdots X_m)$，$X_i\in\{x_1,x_2,\cdots,x_n\}$。

定义：若信源输出的符号序列和信源所处的状态满足以下两个条件：

(1) 某一时刻信源符号的输出只与此时刻信源所处的状态有关，而与以前的状态及以前的输出符号都无关，即

$$p(X_n/X_{n-1}\cdots X_2X_1) = p(X_n/X_{n-1}X_{n-2}\cdots X_{n-m}) = p(X_{m+1}/X_mX_{m-1}\cdots X_1)$$
$$= p(X_{m+1}/s_i) = p(s_j/s_i) = p_{ij}(m,m+1)$$

式中，$s_j=(X_2\cdots X_i\cdots X_mX_{m+1})$，$p_{ij}(m,m+1)$表示时刻 m 信源处于状态 s_i，时刻 $m+1$ 信源处于状态 s_j 的条件概率，也称为状态转移概率。

当具有齐次性时，有

$$p_{ij}(m,m+1) = p_{ij}$$

即转移概率具有推移不变性，只与状态有关，与时刻无关。

(2) 信源某 $m+1$ 时刻所处的状态由当前的输出符号和前一时刻 m 信源的状态唯一决定，即

$$p(s_j/X_{m+1},s_i) = 1$$

则此信源称为马尔可夫信源。

若上述两条件与时刻 m 无关，则具有时齐性(齐次性)，称为齐次马尔可夫信源。

上述定义描述的是一般的马尔可夫信源。但常见的是 m 阶马尔可夫信源，它在任何时刻，符号发生的概率只与前面 m 个符号有关，这时可以把这 m 个符号看作信源在此时刻所处的状态。因为信源符号集共有 n 个符号，则信源可以有 n^m 个不同的状态，它们对应于 n^m 个长度为 m 的不同的符号序列。

因此，m 阶马尔可夫信源的数学模型可由一组信源符号集和一组条件概率确定：

$$\begin{bmatrix} X \\ P \end{bmatrix} = \begin{bmatrix} x_1, x_2, \cdots, x_n \\ p(x_{i_{m+1}} / x_{i_m} x_{i_{m-1}} \cdots x_{i_2} x_{i_1}) \end{bmatrix}, \quad i_1, i_2, \cdots, i_{m+1} = 1, 2, \cdots, n$$

并满足

$$\sum_{i_{m+1}=1}^{n} p(x_{i_{m+1}} / x_{i_m} x_{i_{m-1}} \cdots x_{i_2} x_{i_1}) = 1$$

m 阶马尔可夫信源在任何时刻,符号发生的概率只与前 m 个符号有关,所以可设状态 $s_i=(x_{i_1} x_{i_2} \cdots x_{i_{m-1}} x_{i_m})$。由于 $i_1, i_2, \cdots, i_{m+1}$ 均可取 $1,2,\cdots,n$,可得信源的状态集 $S\in\{s_1, s_2, \cdots, s_Q\}$,$Q=n^m$。这样一来,条件概率可变换成

$$p(x_{i_{m+1}} / x_{i_m} x_{i_{m-1}} \cdots x_{i_2} x_{i_1}) = p(x_{i_{m+1}} / s_i) = p(x_j / s_i), \quad j = 1,2,\cdots,n, \quad i = 1,2,\cdots,Q$$

条件概率 $p(x_{i_{m+1}}/s_i)$ 表示任何时刻信源处在 s_i 状态时,发出符号 $x_{i_{m+1}}$ 的概率。而 $x_{i_{m+1}}$ 可任取 $x_1, x_2, \cdots, x_n$ 之一,所以可以简化成 x_j 表示。而在信源发出符号 $x_{i_{m+1}}$ 后,由符号 $(x_{i_2} \cdots x_{i_{m-1}} x_{i_m} x_{i_{m+1}})$ 组成了新的信源状态 $s_j=(x_{i_2} \cdots x_{i_{m-1}} x_{i_m} x_{i_{m+1}})$,即信源所处的状态也由 s_i 转移到 s_j,它们之间的转移概率称为一步转移概率 $p(s_j/s_i)$,即 $p_{ij}(m, m+1)$,它可由条件概率 $p(x_{i_{m+1}}/s_i)$ 来确定,表示在 s_i 状态下,经一步转移到状态 s_j 的概率。也可理解为在已知时刻 m 系统处于状态 i 的条件下,在时刻 $m+1$ 系统处于状态 j 的条件概率。

对于齐次马尔可夫链,其转移概率具有推移不变性,因此,$p_{ij}(m, m+1)$ 可简写为 p_{ij}。推广可得 $p_{ij}(m,n)=p_{ij}^{(n-m)}=p_{ij}^{(k)}$,它表示系统在时刻 m 处于状态 s_i,经 $n-m$ 步转移后在时刻 n 处于状态 s_j 的概率,也称为 k 步转移概率。它具有以下性质:

$$p_{ij}(m,n) \geqslant 0, \quad i,j \in \{1,2,\cdots,Q\}$$

$$\sum_j p_{ij}(m,n) = 1, \quad i,j \in \{1,2,\cdots,Q\}$$

由于有 $Q=n^m$ 个状态,所以状态转移概率是一个矩阵,记为

$$\boldsymbol{P} = (p_{ij}^{(k)}), \quad i,j = 1,2,\cdots,Q$$

由一步转移矩阵 p_{ij} 写出的转移矩阵为

$$\boldsymbol{P} = (p_{ij}), \quad i,j = 1,2,\cdots,Q$$

或

$$\boldsymbol{P} = (p(s_j/s_i)) = \begin{bmatrix} p_{11} & p_{12} & \cdots & p_{1Q} \\ p_{21} & p_{22} & \cdots & p_{2Q} \\ \vdots & \vdots & & \vdots \\ p_{Q1} & p_{Q2} & \cdots & p_{QQ} \end{bmatrix}, \quad i,j = 1,2,\cdots,Q$$

矩阵 $\boldsymbol{P}$ 中第 i 行元素对应于从某一个状态 s_i 转移到所有状态 s_j 的转移概率,显然矩阵中每一个元素都是非负的,并且每行元素之和均为 $1\left(\sum_{j=1}^{Q} p_{ij} = 1\right)$;第 j 列元素对应于从所有状态 s_i 转移到同一个状态 s_j 的转移概率,列元素之和不一定为 $1\left(\sum_{i=1}^{Q} p_{ij} \neq 1\right)$。

必须注意的是,马尔可夫信源的状态转移概率 $p(s_j/s_i)$ 与条件概率 $p(x_j/s_i)$ 是不同的。马尔可夫信源的状态转移概率有 k 步转移概率和一步转移概率之分。k 步转移概率可由一步转移概率计算得到。具体过程如下:

$$p_{ij}^{(k)} = \sum_r p_{ir}^{(l)} p_{rj}^{(k-l)}$$

这就是切普曼-柯尔莫哥洛夫方程。

当 $l=1$ 时，有

$$p_{ij}^{(k)} = \sum_{r} p_{ir} p_{rj}^{(k-1)}$$

用矩阵表示为

$$\boldsymbol{P}^{(k)} = \boldsymbol{P}\boldsymbol{P}^{(k-1)} = \boldsymbol{P}\boldsymbol{P}\boldsymbol{P}^{(k-2)} = \cdots = \boldsymbol{P}^{k}$$

从上述的递推关系可知，对于齐次马尔可夫链，一步转移概率完全决定了 k 步转移概率。

已知一步转移概率和初始状态概率，就可以计算马尔可夫信源的状态概率，或称为无条件状态概率，即 $p(s_j)$。$p(s_j)$就是从初始状态经 k 步转移后，停留在某一个状态 s_j 的概率。为了计算这个概率，需要知道初始状态概率，设为 s_i，这时，

$$p(s_j) = \sum_{i} p(s_i s_j) = \sum_{i} p(s_i) p(s_j/s_i) = \sum_{i} p(s_i) p_{ij}$$

上式中的关键问题是，m 阶马尔可夫信源稳定后($t \to \infty$)后，其状态极限概率 $p(s_j)$是否存在，即要判断由 m 个符号组成的状态所构成的马尔可夫链是否具有各态遍历性。此外，该极限如果存在，其值是多少。

首先回答第一个问题，马尔可夫链是否具有各态历经性。

为了使马尔可夫链最后达到稳定，成为遍历的马尔可夫链，必须有不可约性和非周期性。

(1) 不可约性：对任意一对 i 和 j，都存在至少一个 k，使得 $p_{ij}^{(k)}>0$，即从状态 s_i 开始，总有可能到达 s_j。

(2) 非周期性：所有 $p_{ij}^{(k)}>0$ 的 k 中没有比 1 大的公因子。

如果马尔可夫链满足各态遍历性，那么其状态极限概率 $p(s_j)$存在，且等于一个与起始状态 i 无关的称为平稳分布的 $W_j=p(s_j)$，则不论起始状态是什么，此马尔可夫链可以达到最后的稳定，即所有状态的概率分布均不变。在这种情况下，就可以用矩阵 $\boldsymbol{P}$ 来充分描述稳定的马尔可夫链，起始状态只使前面有限个变量的分布改变，如同电路中的暂态一样。

平稳分布 W_j 只要存在，则

$$\begin{cases} W_j = \sum_{i} W_i P_{ij} \\ \sum_{i} W_i = 1 \end{cases} \tag{2.3.16}$$

式中，W_i 与 W_j 均为稳态分布概率。两式联立求解，就可以求出稳态分布概率 W_j。

例 2.3.3 有一个二阶马尔可夫链 $X\in\{0,1\}$，其符号概率如表 2.3.3 所示，状态变量 $S\in\{00,01,10,11\}$，求其状态转移概率表，画出其状态转移图，并求出各状态的平稳分布概率。

求出的状态转移概率表如表 2.3.4 所示。方法是：比如在状态 01 时，出现符号 0，则将 0 加到状态 01 后，再将第一位符号 0 挤出，转移到状态 10，概率为 1/3。依此类推。状态转移图如图 2.3.1 所示。

表 2.3.3 符号条件概率表

起始状态	符号	
	0	1
00	1/2	1/2
01	1/3	2/3
10	1/4	3/4
11	1/5	4/5

表 2.3.4 状态转移概率表

起始状态	终止状态			
	(00)	(01)	(10)	(11)
00	1/2	1/2	0	0
01	0	0	1/3	2/3
10	1/4	3/4	0	0
11	0	0	1/5	4/5

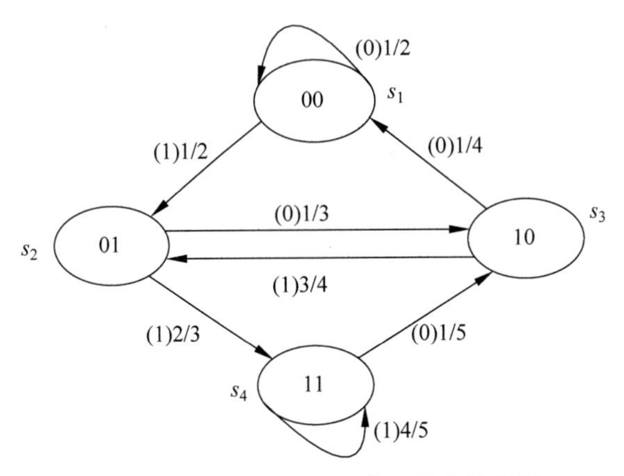

图 2.3.1 二阶马尔可夫信源状态转移图

根据式(2.3.16)求状态平稳分布概率。把状态转移概率代入式(2.3.16)得

$$\frac{1}{2}W_1+\frac{1}{4}W_3=W_1,\quad \frac{1}{2}W_1+\frac{3}{4}W_3=W_2$$

$$\frac{2}{3}W_2+\frac{4}{5}W_4=W_4,\quad \frac{1}{3}W_2+\frac{1}{5}W_4=W_3$$

$$W_1+W_2+W_3+W_4=1$$

解之得

$$W_1=\frac{3}{35},\quad W_2=\frac{6}{35},\quad W_3=\frac{6}{35},\quad W_4=\frac{4}{7}$$

可以看出,状态转移矩阵与条件概率矩阵是不同的。

例 2.3.4 一个二阶马尔可夫信源的状态转移矩阵为

$$\boldsymbol{P}=(p(s_j/s_i))=\begin{bmatrix}0 & \frac{3}{4} & \frac{1}{4}\\ 0 & \frac{1}{2} & \frac{1}{2}\\ 1 & 0 & 0\end{bmatrix},\quad i,j=1,2,3$$

其香农线图(状态转移图)如图 2.3.2 所示。求其稳态状态概率分布和符号概率分布。

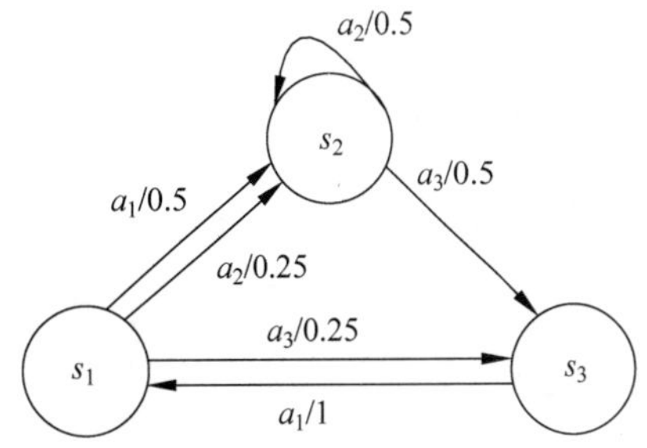

图 2.3.2 三态马尔可夫信源状态转移图

解:根据式(2.3.16)得

$$W_1=W_3$$

$$W_2=\frac{3}{4}W_1+\frac{1}{2}W_2$$

$$W_3 = \frac{1}{4}W_1 + \frac{1}{2}W_2$$

$$W_1 + W_2 + W_3 = 1$$

解得各状态平稳分布概率为

$$p(s_1) = W_1 = \frac{2}{7}, \quad p(s_2) = W_2 = \frac{3}{7}, \quad p(s_3) = W_3 = \frac{2}{7}$$

根据

$$p(a_j) = \sum_i p(s_i)p(a_j/s_i)$$

可计算各符号概率分布为

$$p(a_1) = \frac{2}{7} \times \frac{1}{2} + \frac{2}{7} \times 1 = \frac{3}{7}$$

$$p(a_2) = \frac{2}{7} \times \frac{1}{4} + \frac{3}{7} \times \frac{1}{2} = \frac{2}{7}$$

$$p(a_3) = \frac{2}{7} \times \frac{1}{4} + \frac{3}{7} \times \frac{1}{2} = \frac{2}{7}$$

可以看出，状态平稳分布概率与符号概率是不同的。

例 2.3.4 对应的 MATLAB 程序如下：

```
clear all;
clc;
state = 's1';
N = 20;
seq = zeros(N,2);
fori = 1:N;
switch state
case's1'
out = randsrc(1,1,[1 2 3;1/2 1/4 1/4]);
if out == 3
state =  's3';
else
state =  's2';
end
case's2',
out = randsrc(1,1,[2 3;1/2 1/2]);
if out == 3
state =  's3';
else
state =  's2';
end
otherwise
out = 1;
state = 's1';
end
if out == 1;
```

```
seq(i,:) = 'a1';
elseif out == 2;
seq(i,:) = 'a2';
else
seq(i,:) = 'a3';
end
end
x = char(seq)
```

输出：

```
x = a1a3a1a2a3a1a1a3a1a1a3a1a1a3a1a1a2a3a1a3
```

对于能够进入平稳状态的马尔可夫信源，或者说当平稳信源满足马尔可夫性质时，满足时齐、遍历性的 m 阶马尔可夫信源的符号熵或极限熵可由式(2.3.15)给出。

在马尔可夫信源输出的符号序列中，符号之间是有依赖关系的，信源所处的起始状态不同，信源发出的符号序列也不相同。对 m 阶马尔可夫信源，能够提供的平均信息量，即信源的极限熵 H_∞，根据式(2.3.15)，

$$H_\infty(X)=\lim_{L\to\infty}H(H_L/X_1X_2\cdots X_{L-1})=H(X_{m+1}/X_1X_2\cdots X_m)=H_{m+1}(X)$$

就等于 H_{m+1}。

对于齐次、遍历的马尔可夫链，其状态 s_i 由 $x_{i_1}x_{i_2}\cdots x_{i_{m-1}}x_{i_m}$ 唯一决定，因此有

$$p(x_{i_{m+1}}/x_{i_m}x_{i_{m-1}}\cdots x_{i_2}x_{i_1})=p(x_{i_{m+1}}/s_i)$$

而

$$\begin{aligned}H_{m+1}&=H(x_{i_{m+1}}/x_{i_m}x_{i_{m-1}}\cdots x_{i_2}x_{i_1})\\&=-\sum_{i_{m+1},i_m,\cdots,i_1}p(x_{i_{m+1}},x_{i_m},x_{i_{m-1}},\cdots x_{i_2},x_{i_1})\log p(x_{i_{m+1}}/x_{i_m}x_{i_{m-1}}\cdots x_{i_2}x_{i_1})\\&=-\sum_{i_{m+1},i}p(x_{i_{m+1}},s_i)\log p(x_{i_{m+1}}/s_i)\end{aligned}$$

即

$$\begin{aligned}H_{m+1}&=-\sum_i\sum_{i_{m+1}}p(x_{i_{m+1}},s_i)\log p(x_{i_{m+1}}/s_i)\\&=-\sum_i p(s_i)\sum_{i_{m+1}}p(x_{i_{m+1}}/s_i)\log p(x_{i_{m+1}}/s_i)\\&=-\sum_i p(s_i)\sum_j p(x_j/s_i)\log p(x_j/s_i)\\&=\sum_i p(s_i)H(X/s_i)\end{aligned}$$

因此

$$H_{m+1}=\sum_i p(s_i)H(X/s_i)\qquad(2.3.17)$$

式中，$p(s_i)$为马尔可夫链的平稳分布概率；熵函数 $H(X/s_i)$表示信源处于某一状态 s_i 时发出一个符号的平均不确定性。

$$H(X/s_i)=-\sum_j p(x_j/s_i)\log p(x_j/s_i)\qquad(2.3.18)$$

也就是说，马尔可夫信源的平均符号熵 H_{m+1} 是信源处于某一个状态 s_i 时发出一个符号的平均符号熵 $H(X/s_i)$ 在全部状态空间的统计平均值。

例 2.3.5 图 2.3.3 所示的三态马尔可夫信源，写出其状态转移矩阵，求出稳态概率分布，并求其极限熵。

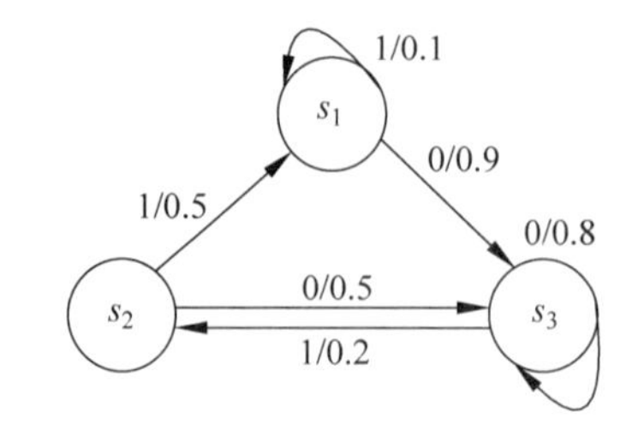

图 2.3.3 三态马尔可夫信源的状态转移图

解：由图 2.3.3 可以写出其状态转移矩阵为

$$\boldsymbol{P} = [p(s_j/s_i)] = \begin{bmatrix} 0.1 & 0 & 0.9 \\ 0.5 & 0 & 0.5 \\ 0 & 0.2 & 0.8 \end{bmatrix}$$

设稳态概率分布 $W=(W_1, W_2, W_3)$，则

$$0.1W_1 + 0.5W_2 = W_1, \quad 0.2W_3 = W_2$$
$$0.9W_1 + 0.5W_2 + 0.8W_3 = W_3, \quad W_1 + W_2 + W_3 = 1$$

解得

$$W_1 = \frac{5}{59}, \quad W_2 = \frac{9}{59}, \quad W_3 = \frac{45}{59}$$

在 s_i 状态下每输出一个符号的平均信息量为

$$H(X/s_1) = 0.1\log_2 \frac{1}{0.1} + 0.9\log_2 \frac{1}{0.9} = 0.468\,996(\text{bit/ 符号})$$

$$H(X/s_2) = 0.5\log_2 \frac{1}{0.5} + 0.5\log_2 \frac{1}{0.5} = 1(\text{bit/ 符号})$$

$$H(X/s_3) = 0.2\log_2 \frac{1}{0.2} + 0.8\log_2 \frac{1}{0.8} = 0.721\,928(\text{bit/ 符号})$$

对 3 个状态取统计平均后得到信源平均输出一个符号的信息量，即马尔可夫信源的熵为

$$H_\infty = \sum_{i=1}^{3} W_i H(X/s_i) = 0.742\,910(\text{bit/ 符号})$$

可见，求解马尔可夫信源熵的步骤为：

(1) 根据题意画出状态转移图，判断是否是齐次遍历马尔可夫信源；

(2) 根据状态转移图写出一步转移概率矩阵，计算信源的平稳分布概率；

(3) 根据一步转移概率和稳态分布概率，计算信源熵（极限熵）。

2.4 连续信源熵

前面各节对离散信源作了详细的讨论。离散信源输出的消息属于时间离散、取值有限或可数的随机序列，其统计特性可以用联合概率分布描述。实际上，很多信源的输出常常是时间和取值都连续的消息。例如，语音信号 $x(t)$、电视信号 $x(x_0, y_0, t)$ 等都是时间连续的波形信号，一般称为模拟信号。而且它们的取值是连续的又是随机的，这样的信源称为随机波形信源或随机模拟信源。随机波形信源输出的消息可以用随机过程 $\{x(t)\}$ 来描述。也就是说波形信源输出的消息是时间上和幅度取值上均连续的波形信号。所以其消息数是无限的,每一个可能的消息是随机过程的一个样本函数,可以用有限维概率密度函数来描述。为了对随机波形信源进行数学分析,通常通过采样、量化等处理把波形信源的取值时间上或幅度上离散化,变为时间离散、取值连续的连续信源或时间、取值均离散的离散信源。在允许一定的误差和失真条件下,就可用采样、量化后的离散信源的信源熵计算方法近似计算随机波形信源的熵,从而简化波形信源熵的数学计算过程。根据信源输出的取值在时间上和幅度上的不同,信源的分类如表 2.4.1 所示。

表 2.4.1 信源的分类

时间(空间)	取 值	信源种类	举 例	数学描述
离散	离散	离散信源 (数字信源)	文字、数据、离散化图像	离散随机变量序列
离散	连续	连续信源	跳远比赛的结果、语音信号采样以后	连续随机变量序列
连续	连续	波形信源 (模拟信源)	语音、音乐、热噪声、图形、图像	随机过程
连续	离散	—	不常见	—

2.4.1 连续信源的差熵

基本连续信源的输出是取值连续的单个随机变量 X,可用变量的概率密度 $p_X(x)$来描述。此时,连续信源的数学模型为

$$\begin{bmatrix} \mathbf{R} \\ p_X(x) \end{bmatrix}$$

并满足

$$\int_{\mathbf{R}} p_X(x)\mathrm{d}x = 1$$

式中,$\mathbf{R}$ 为全实数集,是变量 X 的取值范围。

对这个连续变量,可以用离散变量来逼近,即连续变量可以认为是离散变量的极限情况。量化单位越小,则所得的离散变量和连续变量越接近。因此,连续变量的信息度量可以用离散变量的信息度量来逼近。主要步骤为:

(1) 对连续信源的输出进行采样。根据采样定理,如果一个连续信号的频带限制在$[0,W]$Hz 内,那么它可以用间隔为 $T=1/2W$s 的采样序列无失真地表示。

(2) 求每个采样点所包含的信息量,以与离散消息中每个符号所携带的信息量相对应;可以把连续消息看成是离散消息的极限情况。

如果把连续信源概率密度的取值区间$[a,b]$分割成 n 个小区间,各小区间设有相同的间隔 $\Delta x=(b-a)/n$,那么,X 处于第 i 区间的概率是

$$p_i = p\{a+(i-1)\Delta x \leqslant x \leqslant a+i\Delta x\} = \int_{a+(i-1)\Delta x}^{a+i\Delta x} p_X(x)\mathrm{d}x = p_X(x_i)\Delta x \quad (2.4.1)$$

式中,x_i 为 $a+(i-1)\Delta x \sim a+i\Delta x$ 之间的某一值。当 $p_X(x)$是 x 的连续函数时,由积分中值定理可知,必存在一个 x_i 值使式(2.4.1)成立。

此时,连续变量 X 就可以用取值为 $x_i(i=1,2,\cdots,n)$的离散变量 X_n 来近似。连续信源

X 被量化为离散信源 X_n，其数学模型为

$$\begin{bmatrix} X_n \\ P \end{bmatrix} = \begin{bmatrix} x_1 & x_2 & \cdots & x_n \\ p_X(x_1)\Delta x & p_X(x_2)\Delta x & \cdots & p_X(x_n)\Delta x \end{bmatrix}$$

且满足概率的完备性

$$\sum_{i=1}^{n} p_X(x_i)\Delta x = \sum_{i=1}^{n} \int_{a+(i-1)\Delta x}^{a+i\Delta x} p_X(x)\mathrm{d}x = \int_a^b p_X(x)\mathrm{d}x = 1$$

这时离散信源 X_n 的熵是

$$\begin{aligned} H(X_n) &= -\sum_i p_i \log p_i = -\sum_i p_X(x_i)\Delta x \log[p_X(x_i)\Delta x] \\ &= -\sum_i p_X(x_i)\Delta x \log p_X(x_i) - \sum_i p_X(x_i)\Delta x \log \Delta x \end{aligned}$$

当 $n\to\infty$，$\Delta x\to 0$ 时，离散随机变量 X_n 趋于连续随机变量 X，而离散信源 X_n 的熵 $H(X_n)$ 的极限值就是连续信源的信息熵。

$$\begin{aligned} H(X) &= \lim_{n\to\infty} H(X_n) \\ &= \lim_{n\to\infty}\left[-\sum_i p_X(x_i)\Delta x \log p_X(x_i)\right] - \lim_{n\to\infty,\Delta x\to 0} \sum_i p_X(x_i)\Delta x \log \Delta x \\ &= -\int_a^b p_X(x)\log p_X(x)\mathrm{d}x - \lim_{\Delta x\to 0}\log\Delta x \int_a^b p_X(x)\mathrm{d}x \\ &= -\int_a^b p_X(x)\log p_X(x)\mathrm{d}x + \lim_{\Delta x\to 0}\log\frac{1}{\Delta x} \end{aligned} \tag{2.4.2}$$

一般情况下，上式的第一项是定值，而当 $\Delta x\to 0$ 时，第二项是趋于无限大的常数。所以避开第二项，定义连续信源的差熵为

$$h(X) = -\int_{\mathbf{R}} p_X(x)\log p_X(x)\mathrm{d}x \tag{2.4.3}$$

由式(2.4.3)可知，所定义的连续信源的熵并不是实际信源输出的绝对熵，连续信源的绝对熵应该还要加上一项无限大的常数项。这是因为连续信源输出的可能取值数是无限多个。既然如此，那么为什么还要用差熵来定义连续信源的熵呢？一方面，因为这样定义可与离散信源的熵在形式上统一起来(这里用积分代替了求和)；另一方面，因为在实际问题中，常常讨论的是熵之间的差值，如平均互信息等。在讨论差熵时，只要两者离散逼近时所取的间隔一致，无限大常数项将互相抵消掉。由此可见，用连续信源的差熵 $h(X)$ 来度量连续信源是有意义的。

同理，可以定义两个连续变量 X、Y 的联合熵和条件熵，即

$$h(XY) = -\iint_{\mathbf{R}} p_{XY}(xy)\log p_{XY}(xy)\mathrm{d}x\mathrm{d}y$$

$$h(Y/X) = -\iint_{\mathbf{R}} p_{XY}(xy)\log p_{Y/X}(y/x)\mathrm{d}x\mathrm{d}y$$

$$h(X/Y) = -\iint_{\mathbf{R}} p_{XY}(xy)\log p_{X/Y}(x/y)\mathrm{d}x\mathrm{d}y$$

它们之间也有与离散信源一样的相互关系，并且可以得到有信息特征的互信息：

$$h(XY) = h(X) + h(Y/X) = h(Y) + h(X/Y)$$

$$I(X;Y) = I(Y;X) = h(X) - h(X/Y) = h(Y) - h(Y/X)$$

这样定义的熵虽然形式上和离散信源的熵相似，但在概念上不能把它作为信息熵来理解。

连续信源的差熵值具有熵的部分含义和性质,而丧失了某些重要的特性和含义。

与离散信源的信息熵相同之处在于,连续信源的差熵也具有可加性、上凸性。但是非负性对离散信源的熵是合适的,对连续信源来说这一性质并不存在,其差熵可能出现负值。这是由于差熵的定义中去掉了一项无穷大的常数项。由此性质可以看出,差熵不能表达连续信源所包含的所有信息量。

例 2.4.1 在$[a,b]$区间内均匀分布的连续信源,其差熵为

$$h(X)=\log(b-a)$$

当$b-a<1$时,则得$h(X)<0$。

由连续信源熵的定义式(2.4.2)可知,其实际熵

$$H(X)=h(X)+\lim_{\Delta x\to 0}\log\frac{1}{\Delta x}=\log(b-a)+\infty$$

可见,连续信源的实际熵为无穷大,这与连续信源输出取值的概率分布无关。这一点在连续信源传输时尤为重要。

除了非负性与离散信源不同,连续信源的差熵的变换性和极值性也不同。

连续信源输出的随机变量通过确定的意义对应变换或映射,其差熵会发生变化;而离散信源中若有确定的一一对应变换关系,则变换后信源的熵是不变的。

例 2.4.2 离散信源$X\in\{x_1,x_2,\cdots,x_n\}$通过一一对应变换为新信源$Y\in\{y_1,y_2,\cdots,y_N\}$,变换关系为

$$X\xrightarrow[Y=f(X)]{\text{确定的对应关系}}Y$$

则

$$p(Y)=p(X)$$

即

$$\{p(y_1),p(y_2),\cdots p(y_n)\}=\{p(x_1),p(x_2),\cdots,p(x_n)\}$$

也就是说,离散信源Y与离散信源X的符号数和概率分布相同,根据离散信源熵的对称性,可得

$$H[p(y_1),p(y_2),\cdots p(y_n)]=H[p(x_1),p(x_2),\cdots,p(x_n)]$$

即

$$H(Y)=H(X) \tag{2.4.4}$$

可见,通过一一对应变换后,离散信源X的熵与离散信源Y的熵相等,离散信源的熵具有变换的不变性。

如果连续随机变量X通过一一对应变换为新连续随机变量Y,变换关系为$X\xrightarrow[Y=f(X)]{\text{确定的对应关系}}Y$,则变换后连续信源$Y$的差熵与连续信源$X$的差熵的关系为

$$h(Y)=h(X)-E_X\left[\log\left|J\left(\frac{X}{Y}\right)\right|\right] \tag{2.4.5}$$

式中,$E[\cdot]$表示在其概率空间中求统计平均值;$J(\cdot)$为多重积分的变量变换中的雅可比行列式,有

$$\left|J\left(\frac{X}{Y}\right)\right|=\frac{\partial X}{\partial Y}=\left|\frac{\partial x}{\partial y}\right|=\left|\frac{\partial x}{\partial f}\right| \tag{2.4.6}$$

例 2.4.3 设连续信源输出符号 X 是方差为 σ^2，均值为 0 的正态分布随机变量。经过线性变换 $y=kx+b$，将连续随机变量 X 变换为新连续随机变量 Y。把 $x=\frac{1}{k}y-\frac{b}{k}$ 代入式(2.4.6)得

$$\left|J\left(\frac{X}{Y}\right)\right|=\left|\frac{\partial x}{\partial y}\right|=\frac{1}{k}$$

又由式(2.4.5)得

$$\begin{aligned}h(Y)&=h(X)-E_X\left[\log\frac{1}{k}\right]=h(X)-\int_{-\infty}^{\infty}p_X(x)\log\frac{1}{k}\mathrm{d}x\\&=h(X)+\log k=\frac{1}{2}\log 2\pi e\sigma^2+\log k=\frac{1}{2}\log 2\pi e\sigma^2k^2\end{aligned}$$

可见，均值为零、方差为 σ^2 的正态分布随机变量经过 $y=kx+b$ 的线性变换后，其输出为均值为 b、方差为 $k^2\sigma^2$ 的正态分布随机变量。

2.4.2 连续信源的最大熵定理

在离散信源中，当信源符号等概率分布时信源的熵取最大值。在连续信源中，差熵也具有极大值，但其情况有所不同。除存在完备集条件

$$\int_{\mathbf{R}}p_X(x)\mathrm{d}x=1$$

以外，还有其他约束条件。当各约束条件不同时，信源的最大熵值不同。一般情况，在不同约束条件下，求连续信源的差熵的最大值，就是在下述若干约束条件下

$$\int_{-\infty}^{\infty}p_X(x)\mathrm{d}x=1$$

$$\int_{-\infty}^{\infty}xp_X(x)\mathrm{d}x=K_1$$

$$\int_{-\infty}^{\infty}(x-m)^2p_X(x)\mathrm{d}x=K_2$$

$$\vdots$$

求泛函 $h(X)=-\int_{-\infty}^{\infty}p_X(x)\log p_X(x)\mathrm{d}x$ 的极值。

通常研究的是两种情况：一种是信源的输出值受限；另一种是信源的输出平均功率受限。下面分别加以讨论。

1. 峰值功率受限条件下信源的最大熵

定理：若信源输出的幅度被限定在$[a,b]$区域内，则当输出信号的概率密度是均匀分布时，信源具有最大熵。其值等于 $\log(b-a)$。

此时，

$$p_X(x)=\begin{cases}\dfrac{1}{b-a}, & a\leqslant x\leqslant b\\ 0, & \text{其他}\end{cases}$$

证明：为简单起见，令 $p_X(x)$为一维分布，x 的取值范围为$[a,b]$，即

$$\int_a^b p_X(x)\mathrm{d}x=1 \tag{2.4.7}$$

在上述约束条件下，求

$$h(X)=-\int_{-\infty}^{\infty} p_X(x)\log p_X(x)\mathrm{d}x \tag{2.4.8}$$

为最大值的概率密度函数 $p_X(x)$。这是一个泛函求极值问题，可用变分法中的拉格朗日乘数法求解，要使 $h(X)$ 最大，则要求

$$F(X)=\int_a^b -p_X(x)\log p_X(x)\mathrm{d}x+\lambda\left[\int_a^b p_X(x)\mathrm{d}x-1\right] \tag{2.4.9}$$

最大。式中，λ 为待定系数。由 $\frac{\partial F(X)}{\partial p_X(x)}=0$，可得

$$-1-\log_e p_X(x)+\lambda=0 \tag{2.4.10}$$

则

$$p_X(x)=\mathrm{e}^{\lambda-1} \tag{2.4.11}$$

代入式(2.4.7)，可得

$$\mathrm{e}^{\lambda-1}=\frac{1}{b-a}$$

将 λ 代入式(2.4.11)，即得峰值功率受限时的最佳概率密度函数：

$$p_X(x)=\frac{1}{b-a}$$

这是取值范围为[a,b]区间上的均匀分布。连续信源均匀分布时的最大熵为

$$h(X)=-\int_a^b \frac{1}{b-a}\log\frac{1}{b-a}\mathrm{d}x=\log(b-a)$$

证毕。

2. 平均功率受限条件下信源的最大熵

定理：若一个连续信源输出符号的平均功率被限定为 P(这里指的是交流功率，即方差 σ^2)，则其输出信号幅度的概率密度是高斯分布时，信源有最大的熵，其值为 $\frac{1}{2}\log 2\pi\mathrm{e}\sigma^2$。

此时，有

$$p_X(x)=\frac{1}{\sqrt{2\pi\sigma^2}}\mathrm{e}^{-\frac{(x-m)^2}{2\sigma^2}}$$

式中，m 为数学期望；σ^2 为方差。

在限制信号平均功率的条件下，正态分布的信源有最大差熵，其值随平均功率的增加而增加。

上述定理说明，连续信源在不同的限制条件下有不同的最大熵，在无限制条件时，最大熵不存在。

根据最大熵定理可知，噪声是正态分布时，噪声熵最大，因此高斯白噪声获得最大噪声熵。也就是说，高斯白噪声是最有害的干扰，在一定平均功率下，造成最大数量的有害信息。在通信系统中，往往各种设计都将高斯白噪声作为标准，并不完全是为了简化分析，而是根据最坏的条件进行设计获得可靠性。

证明：均值为零，平均功率受限的条件可描述为约束条件

$$E(x^2)=\int_{-\infty}^{\infty} x^2 p_X(x)\mathrm{d}x=\sigma^2 \tag{2.4.12}$$

$$\int_{-\infty}^{\infty} p_X(x)\mathrm{d}x = 1 \tag{2.4.13}$$

在上述约束条件下，求

$$h(X) = -\int_{-\infty}^{\infty} p_X(x)\log p_X(x)\mathrm{d}x \tag{2.4.14}$$

为最大值的概率密度函数 $p_X(x)$。这是一个泛函求极值问题，可用变分法中的拉格朗日乘数法求解，要使 $h(X)$最大，则要求

$$F(X) = \int [-p_X(x)\log p_X(x) + \lambda p_X(x)x^2 + \mu p_X(x)]\mathrm{d}x \tag{2.4.15}$$

最大。式中，λ,μ 为待定系数。由$\dfrac{\partial F(X)}{\partial p_X(x)}=0$，可得

$$-1 - \ln p_X(x) + \lambda x^2 + \mu = 0 \tag{2.4.16}$$

则

$$p_X(x) = \mathrm{e}^{\mu-1}\mathrm{e}^{\lambda x^2} \tag{2.4.17}$$

代入式(2.4.13)，利用$\int_{-\infty}^{\infty} \mathrm{e}^{-\frac{t^2}{2}}\mathrm{d}t = \sqrt{2\pi}$，得

$$1 = \int_{-\infty}^{\infty} p_X(x)\mathrm{d}x = \int_{-\infty}^{\infty} \mathrm{e}^{\mu-1}\mathrm{e}^{\lambda x^2}\mathrm{d}x \xrightarrow{\text{令 } x=\frac{t}{\sqrt{-2\lambda}}} = \mathrm{e}^{\mu-1}\int_{-\infty}^{\infty}\mathrm{e}^{-\frac{t^2}{2}}\mathrm{d}\frac{t}{\sqrt{-2\lambda}}$$

$$= \frac{\mathrm{e}^{\mu-1}}{\sqrt{-2\lambda}}\int_{-\infty}^{\infty}\mathrm{e}^{-\frac{t^2}{2}}\mathrm{d}t = \frac{\mathrm{e}^{\mu-1}}{\sqrt{-\lambda/\pi}}$$

化简得

$$\mathrm{e}^{\mu-1} = \sqrt{-\lambda/\pi} \tag{2.4.18}$$

将式(2.4.18)代入式(2.4.17)，再代入式(2.4.12)，利用

$$\Gamma(t) = \int_0^{\infty} x^{t-1}\mathrm{e}^{-x}\mathrm{d}x$$

$$\Gamma(t) = (t-1)\Gamma(t-1)$$

$$\Gamma\left(\frac{1}{2}\right) = \sqrt{\pi}$$

得

$$E(x^2) = \sigma^2 = \int_{-\infty}^{\infty} x^2 p_X(x)\mathrm{d}x = \int_{-\infty}^{\infty} x^2\sqrt{\frac{-\lambda}{\pi}}\mathrm{e}^{\lambda x^2}\mathrm{d}x$$

$$= 2\int_0^{\infty} x^2\sqrt{\frac{-\lambda}{\pi}}\mathrm{e}^{\lambda x^2}\mathrm{d}x \xrightarrow{\text{令 } x=\sqrt{\frac{t}{-\lambda}}} 2\int_0^{\infty}\frac{t}{-\lambda}\sqrt{\frac{-\lambda}{\pi}}\mathrm{e}^{-t}\,\frac{1}{2}t^{-\frac{1}{2}}\,\frac{1}{\sqrt{-\lambda}}\mathrm{d}t$$

$$= \frac{1}{-\lambda\sqrt{\pi}}\int_0^{\infty} t^{\frac{1}{2}}\mathrm{e}^{-t}\mathrm{d}t = \frac{1}{-\lambda\sqrt{\pi}}\Gamma\left(\frac{3}{2}\right) \tag{2.4.19}$$

已知

$$\Gamma\left(\frac{1}{2}\right) = \int_0^{\infty} x^{-\frac{1}{2}}\mathrm{e}^{-x}\mathrm{d}x = 2\int_0^{\infty}\mathrm{e}^{-x}\mathrm{d}\sqrt{x} = 2\left[\sqrt{x}\,\mathrm{e}^{-x}\big|_0^{\infty} - \int_0^{\infty}\sqrt{x}\,\mathrm{d}\mathrm{e}^{-x}\right]$$

$$= 2\int_0^{\infty}\sqrt{x}\,\mathrm{e}^{-x}\mathrm{d}x = 2\Gamma\left(\frac{3}{2}\right)$$

可得

$$\Gamma\left(\frac{3}{2}\right)=\frac{1}{2}\Gamma\left(\frac{1}{2}\right)=\frac{\sqrt{\pi}}{2}$$

代入式(2.4.19)，可得

$$\lambda=-\frac{1}{2\sigma^2}$$

$$e^{\mu-1}=\frac{1}{\sigma\sqrt{2\pi}}$$

将这两个常数代入式(2.4.17)，即得均方值受限时的最佳概率密度函数：

$$p_X(x)=\frac{1}{\sqrt{2\pi\sigma^2}}e^{-\frac{x^2}{2\sigma^2}} \tag{2.4.20}$$

这是数学期望为0，方差为σ^2的正态分布。不难求得最佳分布时的最大熵：

$$h(X)=-\int_{-\infty}^{\infty}\frac{1}{\sqrt{2\pi\sigma^2}}e^{-\frac{x^2}{2\sigma^2}}\log\frac{1}{\sqrt{2\pi\sigma^2}}e^{-\frac{x^2}{2\sigma^2}}dx=\frac{1}{2}\log 2\pi e\sigma^2$$

例2.4.4　某信道的输入和输出分别为X和Y，其中X等概率取值为$+1,-1$，$Y=X+Z$，Z是均值为零、方差为σ^2的高斯分布。画出Y的概率密度与σ^2关系的曲线。

解：在X取值为$+1$时，Y的概率密度为

$$p_Y(y/x=+1)=\frac{1}{\sqrt{2\pi\sigma^2}}\exp\left[-\frac{(y-1)^2}{2\sigma^2}\right]$$

在X取值为-1时，Y的概率密度为

$$p_Y(y/x=-1)=\frac{1}{\sqrt{2\pi\sigma^2}}\exp\left[-\frac{(y+1)^2}{2\sigma^2}\right]$$

$$\begin{aligned}p_Y(y)&=p(x=+1)p_Y(y/x=+1)+p(x=-1)p_Y(y/x=+1)\\&=\frac{1}{2\sqrt{2\pi\sigma^2}}\exp\left[-\frac{(y-1)^2}{2\sigma^2}\right]+\frac{1}{2\sqrt{2\pi\sigma^2}}\exp\left[-\frac{(y+1)^2}{2\sigma^2}\right]\end{aligned}$$

例2.4.4对应的MATLAB程序如下：

```
clear all;
clc;
sigma = [1 2 3 4];
y = - 6 * sigma - 1:0.1:6 * sigma + 1;
fori = 1:length(sigma);
py(i,:) = exp( - (y - 1).^2./(2 * sigma(i).^2))./(2 * sqrt(2 * pi * sigma(i).^2)) + exp( - (y +
1).^2./(2 * sigma(i).^2))./(2 * sqrt(2 * pi * sigma(i).^2))
end
figure(1);
plot(y,py(1,:),y,py(2,:),'--',y,py(3,:),'- * ',y,py(4,:),'-+ ')
ylabel('Y的概率密度');
xlabel('Y的方差')
legend('方差等于1','方差等于2','方差等于3','方差等于4');
```

输出曲线如图2.4.1所示。

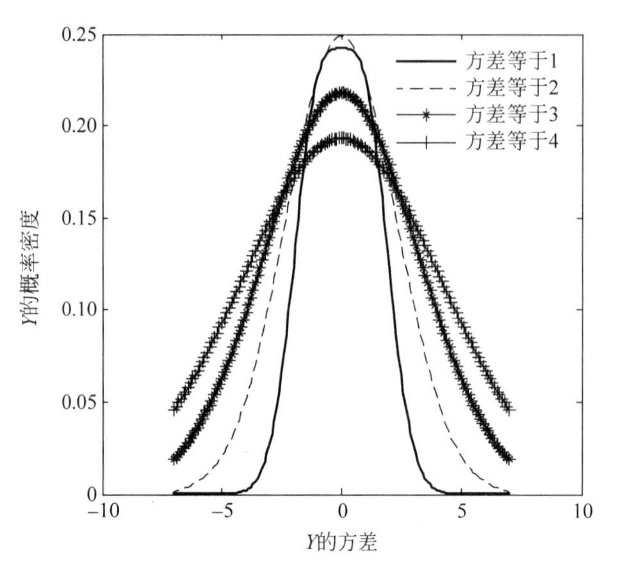

图 2.4.1　Y 的概率密度函数

2.5　连续平稳信源和波形信源熵

2.4 节讨论了单符号连续信源，可用取值连续的单个随机变量 X 及其一维概率密度函数描述。若信源输出是 N 个时间离散、取值连续的平稳随机序列 $X^N=(X_1X_2\cdots X_N)$，则称这样的信源为多维连续信源或连续平稳信源，其数学模型是概率空间 $[X^N, p_X(X^N)]$，$p_{X^N}(X^N)$ 为 N 维概率密度函数

$$p_{X^N}(X^N)=p_{X_1X_2\cdots X_i\cdots X_N}(x_1x_2\cdots x_i\cdots x_N),\quad x_i\in X_i$$

及

$$\int_{\mathbf{R}}p_{X^N}(x^N)\mathrm{d}x=\int_{\mathbf{R}}\cdots\int_{\mathbf{R}}p_{X_1X_2\cdots X_N}(x_1x_2\cdots x_N)\mathrm{d}x_1\mathrm{d}x_2\cdots\mathrm{d}x_N=1 \tag{2.5.1}$$

如果 N 维概率密度满足

$$p_{X_1X_2\cdots X_i\cdots X_N}(x_1x_2\cdots x_N)=\prod_{i=1}^{N}p_{X_i}(x_i)$$

则平稳随机序列中各连续型随机变量彼此统计独立，此时连续平稳信源为连续平稳无记忆信源。

与单符号连续信源类似，N 维连续平稳信源也采用 N 维联合差熵进行信息测度。对于波形信源(模拟信源)的信息测度，可用 N 维联合差熵来逼近。因为波形信源输出的消息是平稳的随机过程$\{x(t)\}$，它可以通过采样后分解成取值连续的无穷维随机序列 $X^N=(X_1X_2\cdots X_N)$来表示($N\to\infty$)。所以，波形信源的差熵等于 $N\to\infty$时的 N 维连续平稳信源联合差熵。

2.5.1　连续平稳信源 N 维熵

根据单符号连续信源差熵定义，连续平稳信源的 N 维联合差熵为

$$h(X^N)=h(X_1X_2\cdots X_N)$$
$$=-\int_{\mathbf{R}}\cdots\int_{\mathbf{R}}p_{X_1X_2\cdots X_N}(x_1x_2\cdots x_N)\log p_{X_1X_2\cdots X_N}(x_1x_2\cdots x_N)\mathrm{d}x_1\mathrm{d}x_2\cdots\mathrm{d}x_N \quad (2.5.2)$$

当 $N=2$ 时，二维联合差熵

$$h(X^2)=h(X_1X_2)$$
$$=-\int_{\mathbf{R}}\int_{\mathbf{R}}p_{X_1X_2}(x_1x_2)\log p_{X_1X_2}(x_1x_2)\mathrm{d}x_1\mathrm{d}x_2$$

同理，连续平稳信源的 N 维条件差熵为

$$h(X_n/X_1X_2\cdots X_{n-1})$$
$$=-\int_{\mathbf{R}}\cdots\int_{\mathbf{R}}p_{X_1X_2\cdots X_n}(x_1x_2\cdots x_n)\log p_{X_1X_2\cdots X_n}(x_n/x_1x_2\cdots x_{n-1})\mathrm{d}x_1\mathrm{d}x_2\cdots\mathrm{d}x_n \quad (2.5.3)$$

当 $n=2$ 时，即得两个连续型随机变量之间的条件差熵为

$$h(X_2/X_1)=-\int_{\mathbf{R}}\int_{\mathbf{R}}p_{X_1X_2}(x_1x_2)\log p_{X_1X_2}(x_2/x_1)\mathrm{d}x_1\mathrm{d}x_2$$

二维连续平稳信源条件差熵 $h(X_2/X_1)$ 与联合差熵 $h(X_1X_2)$、一维连续信源差熵 $h(X_2)$ 和 $h(X_1)$ 的关系为

$$h(X_1X_2)=h(X_1)+h(X_2/X_1)=h(X_2)+h(X_1/X_2) \quad (2.5.4a)$$
$$h(X_2/X_1)\leqslant h(X_2) \quad (2.5.4b)$$
$$h(X_1/X_2)\leqslant h(X_1) \quad (2.5.4c)$$

当且仅当 X_1、X_2 彼此统计独立时，式(2.5.4b)和式(2.5.4c)的等号成立。

对于 N 维连续平稳信源，各种差熵之间的关系为

$$h(X_1X_2\cdots X_N)=h(X_1)+h(X_2/X_1)+\cdots+h(X_N/X_1X_2\cdots X_{N-1})$$

及

$$h(X_1X_2\cdots X_N)\leqslant h(X_1)+h(X_2)+\cdots+h(X_N) \quad (2.5.5)$$

当 $X_1,X_2,\cdots,X_N$ 彼此统计独立时式(2.5.5)的等号成立。

可见，无记忆连续平稳信源和无记忆离散平稳信源一样，其差熵是各单符号信源 X 的差熵之和。若无记忆连续平稳信源 $X^N=(X_1X_2\cdots X_N)$ 的各变量 X_i 的取值空间和概率密度函数均相同，则

$$h(X_1)=h(X_2)=h(X_3)=\cdots=h(X_N)=h(X)$$
$$h(X_1X_2\cdots X_N)=Nh(X)$$

2.5.2 波形信源的熵率

根据随机波形信号的采样定理，可以将随机波形信号 $x(t)$ 在时间上离散化，变换成时间上离散的无限维随机序列 $X^\infty=(X_1X_2\cdots X_N\cdots)$ 来处理。因此波形信源的差熵等于 $N\to\infty$ 时的 N 维连续平稳信源联合差熵

$$h(x(t))=\lim_{N\to\infty}h(X^N) \quad (2.5.6)$$

对于限频 W(带宽)、限时 T 的平稳随机过程，它可以近似地用有限维 $N=2WT$ 的平稳随机序列来表示。这样，一个频带和时间有限的波形信源就可转化为 N 维连续平稳信源来处理。

此时，限频限时波形信源的联合差熵近似为

$$h(x(t)) = h(X_1 X_2 \cdots X_N) \tag{2.5.7}$$

当 N 维连续平稳信源 $X^N=(X_1 X_2 \cdots X_N)$的各变量 X_i 相互独立，且取值空间和概率密度函数均相同时，式(2.5.7)可重写为

$$h(x(t)) = \sum_{i=1}^{N} h(X_i) = 2WTh(X) \tag{2.5.8}$$

根据单符号连续信源最大熵定理，每一变量 X_i 在区间$[a,b]$满足均匀分布时，可得限时限频均匀分布的波形信源的熵为

$$h(x(t)) = 2WT\log(b-a)$$

每一变量 X_i 满足正态分布时，可得限时限频正态分布的波形信源的熵为

$$h(x(t)) = \frac{N}{2}\log 2\pi\mathrm{e}\,(\sigma_1^2\sigma_2^2\cdots\sigma_N^2)^{1/N}, \quad N = 2WT$$

此信源称为 N 维高斯信源。

在波形信源中常采用单位时间内信源的差熵——熵率。因为最低采样率为$\frac{1}{2W}$秒，所以单位时间内(秒)采样数为 $2W$，那么，限时限频均匀分布的波形信源的熵率为

$$h_t(x(t)) = 2W\log(b-a)$$

限时限频正态分布的波形信源的熵率为

$$h_t(x(t)) = \frac{N}{2}\log 2\pi\mathrm{e}\,(\sigma_1^2\sigma_2^2\cdots\sigma_N^2)^{1/N}$$

熵率的单位为 b/s，下标 t 表示单位时间内信源的熵。

2.6 冗余度

前几节讨论了各类离散信源及其信息熵。实际的离散信源可能是非平稳的，对于非平稳信源，其 H_∞ 不一定存在，但可以假定它是平稳的，用平稳信源的 H_∞ 来近似。然而，对于一般平稳的离散信源，求 H_∞ 值也是极其困难的。那么，进一步可以假设它是 m 阶马尔可夫信源，用 m 阶马尔可夫信源的平均信息熵 H_{m+1} 来近似。如再进一步简化信源，即可假设信源是无记忆信源，而信源符号有一定的概率分布。这时，可用信源的平均自信息量 $H_1=H(X)$来近似。最后，可以假定是等概分布的无记忆离散信源，用最大熵 $H_0=\log q$ 来近似。

若用 H_0 代表无记忆等概率信源的单个符号熵，H_1 代表无记忆不等概率信源的单个符号熵，H_{m+1}代表记忆长度为 m 的信源的单个符号熵，H_∞ 代表记忆长度为无限时信源的单个符号熵，则 H_∞、H_{m+1}、H_1 与 H_0 之间的关系为

$$0 \leqslant H_\infty \leqslant H_{m+1} \leqslant H_1 \leqslant H_0 \leqslant \infty$$

由此可见，由于信源符号间的依赖关系使信源的熵减小。它们的前后依赖关系越长，信源的熵越小。当信源符号间彼此无依赖、等概率分布时，信源的熵才达到最大。也就是说，信源符号之间依赖关系越强，每个符号提供的信息量就越小。

因此对有记忆信源，理论上最小的单个符号熵应为 H_∞，从理论上看，仅需传送 H_∞ 即可。但实际上由于很难掌握全部信源的概率统计特性，只能多传送一些，比如传送 H_{m+1} 或 H_0，H_{m+1} 或 H_0 与 H_∞ 差别越大，也就越不经济。为了定量地描述信源的有效性，可规定信

源的信息传输效率为

$$\eta = \frac{H_{\infty}(X)}{H_{m+1}(X)} \tag{2.6.1}$$

或

$$\eta = \frac{H_{\infty}(X)}{H_0(X)} \quad \text{（较为常用）} \tag{2.6.2}$$

式中，$H_{\infty}(X)$为理论上需传送的信息熵；$H_{m+1}(X)$为实际中传送的熵（由于不了解信源符号概率分布所至）；$H_0(X)$为假设用一般传送方式，即采用等概率假设下的信源符号熵，通常表示为 $H_0(X)=\log m$，m 为信源输出符号的个数。

信源实际熵与实际中传送的熵相差越小，信息传输效率 η 越大，信息传送效率越高。

冗余度定义为

$$\gamma = 1-\eta = 1-\frac{H_{\infty}(X)}{H_0(X)} \tag{2.6.3}$$

冗余度越大，信源符号之间依赖关系越强，信源符号概率分布越不均匀。从提高信息传输效率的观点出发，总是希望减少或去掉冗余度。信源冗余度表示信源可压缩的程度，冗余度越大，压缩潜力也就越大。工程上所采用的数据压缩、频带压缩均基于这个原理。以英文信源为例：英文有 26 个字母，加上空挡共 27 个。于是，$H_0=\log_2 27=4.76\text{bit}$。根据对英文字母出现概率的统计结果可算出：$H_1=-\sum_i p(x_i)\log p(x_i)=4.03\text{bit}$，$H_2=-3.32\text{bit}$，$H_3=3.1\text{bit}$。至于 H_{∞}，由于采用的统计逼近方法或所采样本的不同，可以有不同值，一般认为 $H_{\infty}\approx 1.4\text{bit}$，则有

$$\eta \approx \frac{1.4}{4.76} \approx 0.29$$

$$\gamma \approx 1-0.29 = 0.71$$

这一结论说明英文信源是可以压缩的。例如，对 100 页的英文书，理论上仅需传送 29 页。至于中文，若按常用的 6 700 个汉字考虑，这时，$H_0=\log_2 6\,700\approx 13\text{bit}$。对汉字频数进行统计，其工作量远大于英文。中国已有不少人作了尝试，大致估得 $H_1=9\text{bit}$，$H_2=8\text{bit}$，…，$H_{\infty}\approx 4\text{bit}$，这些数字还有待于进一步精确化，但据估计中文冗余度不比英文小。至于语音和电视信源的冗余度，人们尚未测得确切数据，但估计比文字信源还要大。

信源冗余度虽然影响了信息传输效率，但如果考虑通信中的抗干扰问题，则需要信源具有一定的冗余度。因此，在传输之前，通常保留或增加一些特殊的冗余度，第六章讨论的信道编码，就是通过增加信源冗余度的方法提高传输可靠性的。因此信源编码与信道编码的目标是相互矛盾的，实际通信系统中要兼顾传输有效性和可靠性。

习　题

1. 设有一个 4 行 8 列的棋形方格，有一个质点 A 分别以等概率落入任一方格内，求 A 落入任一小格的自信息量为多少。

2. 若某单符号离散无记忆信源的数学模型为

$$\begin{bmatrix} X \\ P \end{bmatrix} = \begin{bmatrix} 0 & 1 \\ \frac{1}{4} & \frac{3}{4} \end{bmatrix}$$

该信源 10s 内发出的消息为(11110010110011000011)，求：

(1) 此消息的自信息量是多少？

(2) 此消息中每个符号携带的信息量是多少？

3. 设有一非均匀骰子，若其任一面出现的概率与该面上的点数成正比，

(1) 分别求各点出现时所给出的信息量；

(2) 求扔一次平均得到的信息量。

4. 若二元一阶平稳马尔可夫信源的符号转移概率为 $p(1/0)=\frac{1}{3}$，$p(1/1)=\frac{1}{3}$，画出马尔可夫状态图，并求状态平稳分布概率。

5. 某马尔可夫信源状态图如图 2.1(a)和(b)所示。

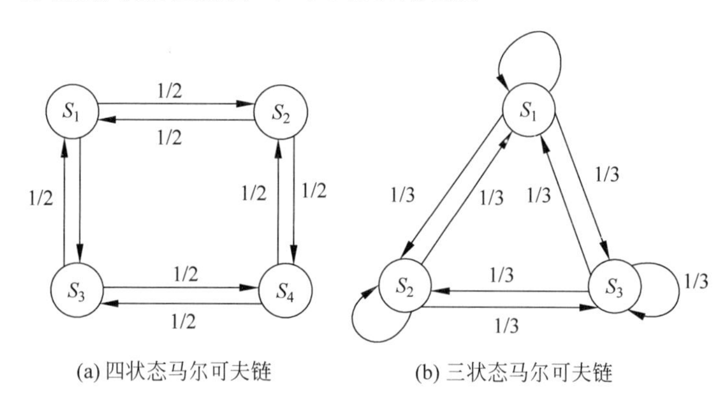

图 2.1 习题 5 的马尔可夫信源状态图

分别判断图 2.1(a)和(b)所代表的四状态马尔可夫信源和三状态马尔可夫信源是否具有各态遍历性。

6. 一个两状态的一阶马尔可夫链，其状态转移图如图 2.2 所示。

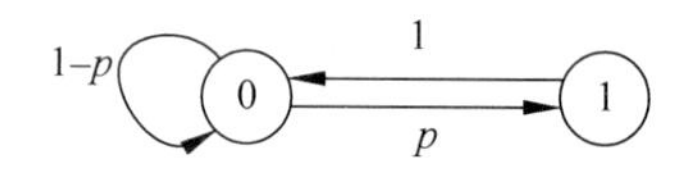

图 2.2 习题 6 的状态转移图

(1) 写出其一步转移概率矩阵；

(2) 求信源平稳后的概率分布 $p(0)$，$p(1)$；

(3) p 取何值时，H_∞ 最大？用 MATLAB 程序画出 H_∞ 随 p 变化的曲线。

7. 设某一信源输出信号 X，在传输过程中受到噪声 Z 的影响，导致接收到的信号为 $Y=X+Z$。其中 X 与 Z 为同分布的高斯随机变量，服从均值为 0，方差为 σ^2 的高斯分布，X 与 Z 独立。

(1) 求 X 的相对熵；

(2) 求 Y 的方差及相对熵。

8. 有一信源发出恒定宽度，但不同幅度的脉冲，幅度值 x 处于 $a_1 \sim a_2$ 之间，此信源连至某信道接收端，接收脉冲的幅度 y 处于 $b_1 \sim b_2$ 之间，已知随机变量 x 和 y 的联合概率密度为

$$p_{XY}(xy) = \frac{1}{(a_2 - a_1)(b_2 - b_1)}$$

计算 $H(X)$、$H(Y)$、$H(XY)$和 $I(X;Y)$。

9. X 表示掷骰子实验，

(1) 如果骰子是正常的，求熵 $H_n(X)$；

(2) 如果骰子有一面不正常，且其出现的概率为 p，求熵 $H_u(X)$。

10. 某一无记忆信源的符号集为{0,1}，已知 $p(0)=1/4$，$p(1)=3/4$。

(1) 求信源的熵；

(2) 由 100 个符号构成的序列，求某一特定的序列(例如，有 m 个 0 和 $100-m$ 个 1)的自信息量表达式。

11. 单符号离散信源 X 和 Y 的数学模型为

$$\begin{bmatrix} X \\ P \end{bmatrix} = \begin{bmatrix} 0 & 1 \\ 0.99 & 0.01 \end{bmatrix}, \quad \begin{bmatrix} Y \\ P \end{bmatrix} = \begin{bmatrix} 0 & 1 \\ \frac{1}{2} & \frac{1}{2} \end{bmatrix}$$

编写程序比较信源 X 和 Y 的熵及信源冗余度。

12. 黑白气象传真图的消息只有黑色和白色两种，即信源 X={黑，白}。设黑色出现的概率为 p(黑)=0.4，白色的出现概率 p(白)=0.6。

(1) 假设图上黑白消息出现前后没有关联，求熵 $H(X)$；

(2) 假设消息前后有关联，其依赖关系为 p(白/白)=0.8，p(黑/白)=0.2，p(白/黑)=0.3，p (黑/黑)=0.7，求此一阶马尔可夫信源的熵 $H_2(X)$；

(3) 分别求上述两种信源的冗余度，比较 $H(X)$和 $H_2(X)$的大小，并说明其物理意义。

13. 一平稳信源，它在任意时间，不论以前发出过什么符号，都按 $p(a_1)=1/4$，$p(a_2)=1/4$，$p(a_3)=1/2$ 发出符号。

(1) 判断该信源类型；

(2) 求信源 X 的二次扩展信源 $X^2=(X_1X_2)$的序列熵 $H(X^2)$，并写出 X^2 信源中可能有的所有符号序列；

(3) $H(X^2)$与 $H(X_1)$和 $H(X_2)$具有什么关系？

(4) 求 $H(X_3/X_1X_2)$。

14. 为了传输一个由字母 A、B、C、D 组成的符号集，把每个字母编码成有两个二元码组成的脉冲序列，以 00 代表 A，01 代表 B，10 代表 C，11 代表 D。每个二元码脉冲宽度为 5ms。

(1) 不同字母等概率出现时，计算传输的平均信息速率；

(2) 若每个字母出现的概率分别为{1/5,1/4,1/4,3/10}，试计算传输的的平均信息速率。

第3章　信道与信道容量

香农将各种通信系统概括为信源、信道和信宿三部分，信宿和信源在数学模型上没有本质的区别，其类型和信息熵及其性质已在第2章进行了深入的讨论。也就是说，对广义的通信系统而言，给定信源，则该信源发出一个消息的信息量即信源熵是已知的，那么对某个特定的信道，到底信宿能够接收到多少信息量呢？该信道能够传送或传输的最大信息量是多少呢？第一个问题与信道模型有关，第二个问题与信源概率分布有关。本章首先定量地研究信源发出一个符号时信道传输的互信息以及平均互信息量；然后讨论离散信道的数学模型及信道容量；最后给出连续信道和波形信道的信道容量计算方法。

3.1　互　信　息

各种通信系统形式上传递的是消息，但实质上传递的是信息。

接收端收到某一消息后所获得的信息，可以用接收端在通信前后“不确定性”的消除量来度量。简而言之，接收端所得到的信息量，在数量上等于通信前后“不确定性”的消除量或减少量。这就是信息理论中度量信息的基本观点。

3.1.1　互信息量

在离散情况下，X 的样本空间可写成$\{x_1, x_2, \cdots, x_n\}$，样本空间中任一元素 x_i 的概率表示为 $p(x_i)$，则在离散情况下，概率空间为

$$\begin{bmatrix} X \\ P \end{bmatrix} = \begin{bmatrix} x_1 & x_2 & \cdots & x_n \\ p(x_1) & p(x_2) & \cdots & p(x_n) \end{bmatrix}$$

式中，$p(x_i)$为选择符号 x_i 作为消息的概率，称为先验概率。

具体地说，如信源发送某一符号 x_i，在接收端，对是否选择这个消息(符号)x_i 的不确定性大小与 x_i 的自信息量相等，即

$$I(x_i) = \log \frac{1}{p(x_i)}$$

由于信道中存在噪声和随机干扰，接收端一般收到的是 x_i 的某种变形，假设接收端收到的消息(符号)为 y_j，这个 y_j 可能与 x_i 相同，也可能有差异。把条件概率 $p(x_i/y_j)$称为后验概率，它是接收端接收到消息(符号)y_j 而发送端发送的是 x_i 的概率。那么，接收端接收到消息(符号)y_j 后，发送端发送的符号是否是 x_i 尚存在的不确定性应是后验概率的函数，即条件信息量

$$I(x_i/y_j) = \log \frac{1}{p(x_i/y_j)}$$

于是，接收端收到消息(符号)y_j 后，已经消除的不确定性为：先验的不确定性减去尚存在的不确定性。这就是接收端获得的信息量，定义为互信息量，即

$$I(x_i;y_j) = I(x_i) - I(x_i/y_j) = \log \frac{1}{p(x_i)} - \log \frac{1}{p(x_i/y_j)} = \log \frac{p(x_i/y_j)}{p(x_i)} \quad (3.1.1)$$

如果信道没有干扰,信道的统计特性使 x_i 以概率 1 传送到接收端,这时接收端接到消息后尚存在的不确定性等于零,即

$$p(x_i/y_j)=1,\quad I(x_i/y_j)=0$$

由此得互信息量

$$I(x_i;\ y_j)=I(x_i) \tag{3.1.2}$$

一般信道都会存在干扰或噪声,那么 $p(x_i/y_j)<1, I(x_i/y_j)>0$,这样接收端收到 y_j 后得到的信息量为

$$I(x_i;\ y_j)=I(x_i)-I(x_i/y_j)<I(x_i) \tag{3.1.3}$$

值得注意的是,如果信道质量非常差,可能导致接收端收到符号 y_j 后对发送的符号 x_i 存在的不确定性比通信前符号 x_i 的不确定性还要大,即 $p(x_i/y_j)<p(x_i), I(x_i/y_j)>I(x_i)$。此时,接收端在该通信过程获得的信息量将小于 0,即

$$I(x_i;\ y_j)=I(x_i)-I(x_i/y_j)<0 \tag{3.1.4}$$

可见,互信息量不具备非负性的性质。

式(3.1.1)中,代入 $p(x_iy_j)=p(x_i)p(y_j/x_i)=p(y_j)p(x_i/y_j)$,可以得到互信息的另外两种描述公式:

$$I(x_i;\ y_j)=I(y_j)-I(y_j/x_i)=\log\frac{p(y_j/x_i)}{p(y_i)} \tag{3.1.5}$$

$$I(x_i;\ y_j)=I(x_i)+I(y_j)-I(x_iy_j)=\log\frac{p(x_iy_j)}{p(x_i)p(y_i)} \tag{3.1.6}$$

例 3.1.1 图 3.1.1 所示是一个二元对称信道。信源等概率输出符号 1 和 0,计算发生错误的概率 p。

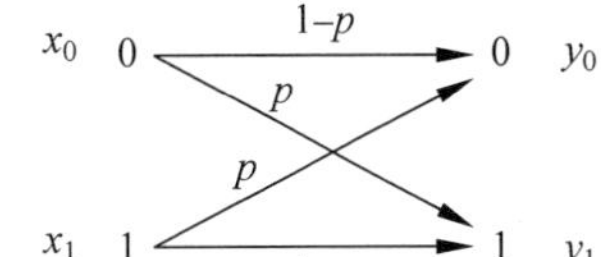

图 3.1.1 二元对称信道

解:由图 3.1.1,可以得到

$$p(y_0/x_0)=p(y_1/x_1)=1-p$$
$$p(y_1/x_0)=p(y_0/x_1)=p$$

根据

$$p(y_j)=\sum_{i=0}^{1}p(x_i)p(y_j/x_i)$$

可得

$$p(y_0)=p(y_1)=0.5$$

假定接收端收到符号 0 的情况下,想确定发送端发送的是什么。根据式(3.1.5),接收端收到符号 0,发送端发送的是符号 0 的互信息为

$$I(x_0;\ y_0)=I(0,0)=\log\frac{p(y_0/x_0)}{p(y_0)}=\log\frac{1-p}{0.5}=\log 2(1-p) \tag{3.1.7}$$

接收端收到符号 0,发送端发送的是符号 1 的互信息为

$$I(x_1;\ y_0)=I(1,0)=\log\frac{p(y_0/x_1)}{p(y_0)}=\log\frac{p}{0.5}=\log 2p \tag{3.1.8}$$

$I(x_0;\ y_0)$随信道错误概率 p 的变化曲线如图 3.1.2 所示。

图 3.1.2 对应的程序代码如下:

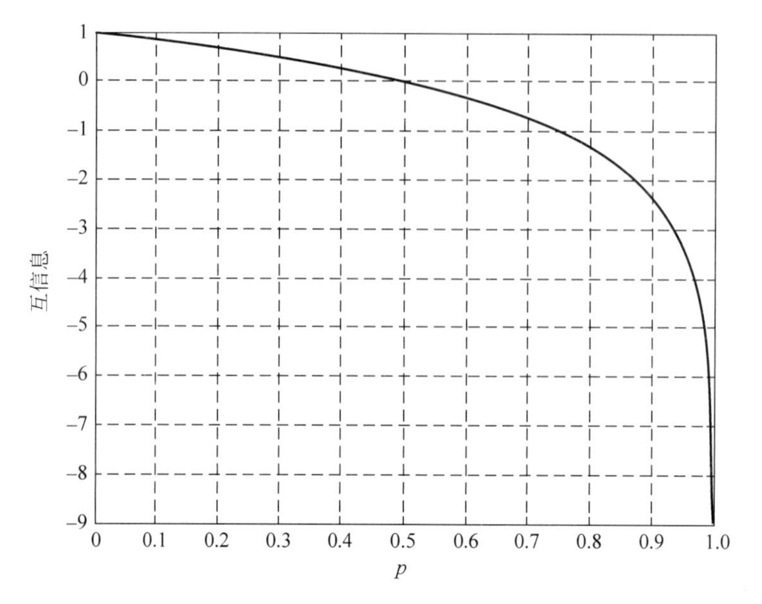

图 3.1.2　互信息 $I(x_0;\ y_0)$与信道错误概率 p 的关系

```
clear all;
clc;
p = 0:0.001:1;
I00 = log2(2 * (1 - p));
figure;
plot(p,I00);
xlabel('p');
ylabel('互信息');
```

对于例 3.1.1 所示的二元离散信道，当信道错误概率 $p>0.5$ 时，$I(x_0;\ y_0)$为负值。也就是说，接收端收到符号 0 时，认为发送端的符号为 0 将不能获取任何信息量。

3.1.2　平均互信息量与平均条件互信息量

式(3.1.1)已经定义了互信息量 $I(x_i,y_j)$，即信源发出一个符号 x_i 时，通过信道传输，接收端接收到 y_j 所获得的关于 x_i 的信息量。那么，信源发出符号 X，接收端收到符号 Y 后获得的关于信源 X 的信息量，称为 X 和 Y 的互信息 $I(X;\ Y)$，这是平均意义上的互信息量，称为平均互信息量，定义为单符号互信息量 $I(x_i,y_j)$在集合 X 和 Y 上的统计平均值，即

$$\begin{aligned}I(X;\ Y) &= E[I(x_i;\ y_j)] = \sum_i \sum_j p(x_i,y_j) I(x_i;\ y_j)\\ &= \sum_i \sum_j p(y_j) p(x_i/y_j) I(x_i;\ y_j) = \sum_j p(y_j) I(X;\ y_j)\end{aligned} \tag{3.1.9}$$

式中，$I(X;\ y_j)$为互信息量在 X 集合上的统计平均值。

$$I(X;\ y_j) = \sum_i p(x_i/y_j) I(x_i;\ y_j) \tag{3.1.10}$$

平均的条件自信息量称为条件熵，定义为在联合符号集 XY 上的条件自信息量的联合概率加权统计平均值，即

$$H(X/Y)=\sum_i\sum_j p(x_iy_j)I(x_i/y_j) \tag{3.1.11}$$

它表示已知 Y 后，关于 X 仍存在的不确定度或平均信息量。结合式(3.1.9)可得

$$\begin{aligned}
I(X;Y)&=\sum_i\sum_j p(x_iy_j)\log\frac{p(x_i/y_j)}{p(x_i)}\\
&=\sum_i\sum_j p(x_iy_j)\log p(x_i/y_j)-\sum_i\sum_j p(x_iy_j)\log p(x_i)\\
&=\sum_i\sum_j p(x_iy_j)\log p(x_i/y_j)-\sum_j p(y_j/x_i)\left[\sum_i p(x_i)\log p(x_i)\right]\\
&=H(X)-H(X/Y)
\end{aligned} \tag{3.1.12}$$

同理可推导出

$$I(X;Y)=H(Y)-H(Y/X) \tag{3.1.13}$$

在通信系统中，若发送端的符号是 X，而接收端的符号是 Y，则 $I(X;Y)$就是在接收端收到 Y 后所能获得的关于 X 的平均信息量，是随机变量 Y 中包含 X 的平均信息量的度量。互信息 $I(X;Y)$也可看作是随机变量 X 和 Y 之间独立性的度量，表征了 Y 与 X 之间的距离；互信息 $I(X;Y)$中 X 和 Y 可以互换位置，且总是非负的。由于 $I(X;Y)\geqslant 0$，必有 $H(X)\geqslant H(X/Y)$。当 X 和 Y 统计独立时，等号才成立。此时，接收端收到 Y 后由于信道噪声很大，有 $H(X)=H(X/Y)$，$I(X;Y)=0$ 接收端收到 Y 后不能提供任何关于 X 的信息，此信道称为全损离散信道。反之，当 X 和 Y 一一对应，即对应于无干扰的确定性信道时，$I(X;Y)=H(X)$，接收端就能全部收到关于 X 的信息 $H(X)$，此信道称为无扰离散信道。在一般情况下，X 与 Y 既非相互独立，也不是一一对应，那么互信息 $I(X;Y)$的范围是

$$0\leqslant I(X;Y)\leqslant H(X) \tag{3.1.14}$$

即从 Y 获得 X 的信息为 $0\sim H(X)$，常小于 X 的熵。

例 3.1.2　在一个二进制信道中，信源消息集 $X\in\{0,1\}$，输入符号的概率为 $p(X=0)=q$，$p(X=1)=1-q$，信道转移概率为

$$\begin{aligned}
p(Y=0/X=0)&=1-p_0\\
p(Y=1/X=0)&=p_0\\
p(Y=1/X=1)&=1-p_1\\
p(Y=0/X=1)&=p_1
\end{aligned}$$

在 $p_0=p_1=p$ 的条件下，求 $H(X/Y)$和 $I(X;Y)$的值。

解：信源熵是

$$H(X)=H(q)=-q\log q-(1-q)\log(1-q)$$

这里，$H(q)$是二元熵函数，$H(X/Y)$为式(3.1.11)定义的条件熵。以 q 为参数，$H(X/Y)$可表示为

$$H(X/Y)=-\sum_{i=0}^{1}\sum_{j=0}^{1}p(x_i)p(y_j/x_i)\log p(x_i/y_j) \tag{3.1.15}$$

根据

$$p(y_j)=\sum_{i=0}^{1}p(x_i)p(y_j/x_i)$$

可得

$$p(y_0)=\sum_{i=0}^{1}p(x_i)p(y_0/x_i)=q(1-p_0)+(1-q)p_1$$

$$p(y_1)=\sum_{i=0}^{1}p(x_i)p(y_1/x_i)=qp_0+(1-q)(1-p_1)$$

根据

$$p(x_i/y_j)=\frac{p(y_j/x_i)p(x_i)}{p(y_j)}$$

可得

$$p(x_0/y_0)=\frac{p(y_0/x_0)p(x_0)}{p(y_0)}=\frac{q(1-p_0)}{q(1-p_0)+(1-q)p_1}$$

$$p(x_1/y_0)=\frac{p(y_0/x_1)p(x_1)}{p(y_0)}=\frac{(1-q)p_1}{q(1-p_0)+(1-q)p_1}$$

$$p(x_0/y_1)=\frac{p(y_1/x_0)p(x_0)}{p(y_1)}=\frac{qp_0}{qp_0+(1-q)(1-p_1)}$$

$$p(x_1/y_1)=\frac{p(y_1/x_1)p(x_1)}{p(y_1)}=\frac{(1-q)(1-p_1)}{qp_0+(1-q)(1-p_1)}$$

代入式(3.1.15)，可得

$$\begin{aligned}H(X/Y)=&-p(x_0)[p(y_0/x_0)\log p(x_0/y_0)+p(y_1/x_0)\log p(x_0/y_1)]-\\&p(x_1)[p(y_0/x_1)\log p(x_1/y_0)+p(y_1/x_1)\log p(x_1/y_1)]\\=&-q\left[(1-p_0)\log\frac{q(1-p_0)}{q(1-p_0)+(1-q)p_1}+p_0\log\frac{qp_0}{qp_0+(1-q)(1-p_1)}\right]-\\&(1-q)\left[p_1\log\frac{(1-q)p_1}{q(1-p_0)+(1-q)p_1}+(1-p_1)\log\frac{(1-q)(1-p_1)}{qp_0+(1-q)(1-p_1)}\right]\\=&-q\left[(1-p)\log\frac{q(1-p)}{q(1-p)+(1-q)p}+p\log\frac{qp}{qp+(1-q)(1-p)}\right]-\\&(1-q)\left[p\log\frac{(1-q)p}{q(1-p)+(1-q)p}+(1-p)\log\frac{(1-q)(1-p)}{qp+(1-q)(1-p)}\right]\end{aligned}$$

由式(3.1.11)可得 $I(X;Y)$ 为

$$I(X;Y)=H(X)-H(X/Y)$$

3.1.3 平均互信息的特性

本节介绍平均互信息 $I(X;Y)$ 的一些基本特性。

1. 非负性

由式(3.1.4)，互信息量不具备非负性的性质。信道传输某个特定的信源符号时信宿获得的信息量可能为负值。然而，从统计平均的角度看，通过一个信道获得的平均信息量不会是负值，总有

$$I(X;Y)\geqslant 0$$

只有当信源 X 与信宿 Y 相互统计独立时，信宿才接收不到任何信息。此时根据式(3.1.11)，有

$$I(X;Y)=H(X)-H(X/Y)=0$$

此时信道疑义度(信道损失熵)为

$$H(X/Y) = H(X)$$

信道传输的信息全部损失在信道中,以致没有任何信息传输到信宿。

2. **极值性**

由式(3.1.12)和式(3.1.13)可知

$$I(X;Y) \leqslant H(X) \tag{3.1.16}$$

$$I(X;Y) \leqslant H(Y) \tag{3.1.17}$$

当信道损失熵 $H(X/Y)=0$ 及噪声熵 $H(Y/X)=0$ 时,式(3.1.16)和式(3.1.17)的等号成立,此时对应的信道分别是确定信道和无噪信道。

极值性表明,经过信道的传输,信息量或多或少会减少,最多保持发送的信息量。这就是数据处理定理。

3. **交互性**

$$I(X;Y) = I(Y;X) \tag{3.1.18}$$

根据平均互信息的定义

$$I(X;Y) = \sum_i \sum_j p(x_i y_j) \log \frac{p(x_i/y_j)}{p(x_i)} = \sum_i \sum_j p(x_i y_j) \log \frac{p(y_j/x_i)}{p(y_j)} = I(Y;X) \tag{3.1.19}$$

这里利用了关系式

$$p(x_i/y_j)p(y_j) = p(y_j/x_i)p(x_i)$$

4. **凸性**

根据平均互信息的定义式(3.1.9),平均互信息 $I(X;Y)$是信道转移概率分布 $p(y/x)$和信源输入符号概率分布 $p(x)$的函数,即 $I(X;Y)=I[p(y/x),p(x)]$。$p(y/x)$代表信道特性,$p(x)$代表信源特性,因此不同的信道和信源得到的平均互信息不同。

根据凸函数的定义可以证明以下定理:

定理 3.1 平均互信息 $I(X;Y)$是输入信源的概率分布 $p(x)$的$\cap$型凸函数。

定理 3.2 平均互信息 $I(X;Y)$是信道转移概率分布 $p(y/x)$的$\cup$型凸函数。

定理 3.1 表明,对给定的信道,存在某种信源分布,使信宿获得的平均互信息最大。信道上传输的最大平均互信息就是信道容量。该定理给出了信道容量的定义。

定理 3.2 表明,对给定的信源,存在某种信道,使信宿获得的平均互信息最小。如果把信道转移概率看作某种信源编码映射关系,那么可以认为,对给定的信源,存在某种信源编码,使压缩后的平均互信息最小。该定理是限失真信源编码的基础。

3.1.4 平均互信息凸性的 MATLAB 分析

例 3.1.2 中,平均互信息 $I(X;Y)$随信道转移概率分布 $p(y_j/x_i)$和信源输入符号概率分布 $p(x_i)$变化的关系曲线分别如图 3.1.3(a)和 3.1.3 (b)所示。

图 3.1.3 对应的 MATLAB 程序代码如下:

```
clear all
clc
%%%计算输入概率固定条件下的条件熵和互信息
%%%计算条件熵 H(Y/X)
```

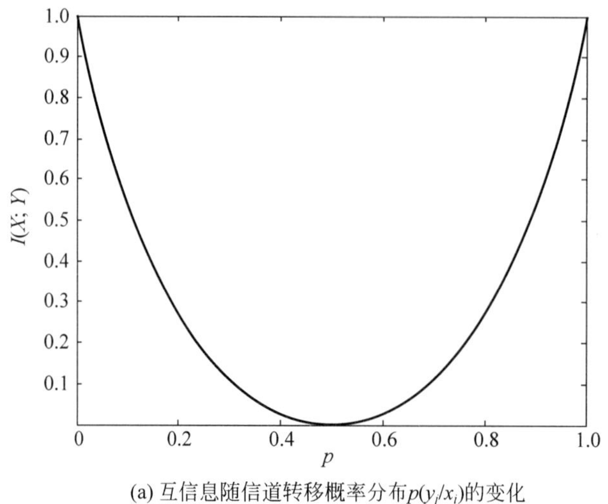

(a) 互信息随信道转移概率分布$p(y_j/x_i)$的变化

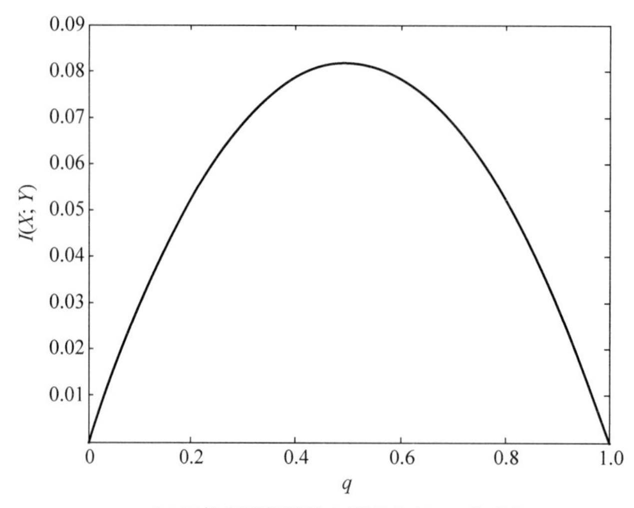

(b) 互信息随信源输入概率分布$p(x_i)$的变化

图 3.1.3　二进制信道的平均互信息

```
q = 1/2;
p = 0.0001:0.0001:1;
Hxy = - q * ((1 - p). * log2(q * (1 - p)./(q * (1 - p) + (1 - q) * p)) + p. * log2(q * p./(q * p + (1 -
    q) * (1 - p)))) - (1 - q) * (p. * log2((1 - q) * p./(q * (1 - p) + (1 - q) * p)) + (1 - p). * log2
    ((1 - q) * (1 - p)./(q * p + (1 - q) * (1 - p))));
%%%计算互信息 I(X;Y)
Ixy = 1 - Hxy;
figure(1);                    %%%图 3.1.3(a)
plot(p,Ixy);
xlabel('p');
ylabel('I(X;Y)')
%%%计算信道转移概率固定条件下的条件熵和互信息
%%%计算条件熵 H(Y/X)
p = 1/3;
q = 0.0001:0.0001:1;
```

```
Hxy = - q. * ((1 - p) * log2(q * (1 - p)./(q * (1 - p) + (1 - q). * p)) + p * log2(q * p./(q * p + (1 -
q) * (1 - p)))) - (1 - q). * (p * log2((1 - q) * p./(q * (1 - p) + (1 - q) * p)) + (1 - p) * log2((1 -
q) * (1 - p)./(q * p + (1 - q) * (1 - p))));
%%%计算互信息 I(X;Y)
Ixy = - q. * log2(q) - (1 - q). * log2(1 - q) - Hxy;
figure(2);                          %%图 3.1.3(b)
plot(q,Ixy);
xlabel('q');
ylabel('I(X;Y)')
```

在上例中，互信息是信源 X 的概率分布 $p(x_i)$ 和信道转移概率 $p(y_j/x_i)$ 的函数，当 $p(x_i)$ 一定时，I 是关于 $p(y_j/x_i)$ 的 $\bigcup$ 型凸函数，存在极小值（图 3.1.3(a)）；而当 $p(y_j/x_i)$ 一定时，I 是关于 $p(x_i)$ 的 $\bigcap$ 型凸函数，存在极大值（图 3.1.3(b)）。

3.2 离散信道的数学模型与分类

由 3.1 节对平均互信息的讨论可知，对给定的信源，信宿获得的信息量由信道唯一确定，噪声和干扰主要从信道引入，它使信源输出的消息通过信道后产生错误或失真。因此信道的输入和输出不是确定的函数关系，而是统计依赖的关系。只要知道输入、输出，以及它们之间的统计依赖关系，那么信道的全部特性就确定了。

本章关注信道输入（信源）、信道输出（信宿）以及受噪声或干扰影响的信道特性，所以第 1 章的通信系统模型可简化为图 3.2.1。

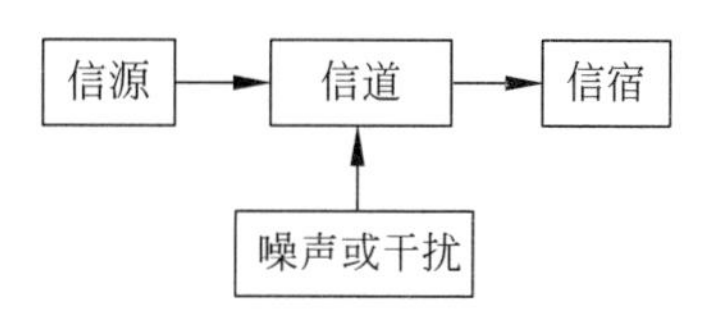

图 3.2.1 通信系统简化模型

在此模型中，信源是指原来的信源、信源编码器和信道编码器，其输出是二（多）进制信息序列。信道是包括发射机、实际信道（或称为传输媒质）和接收机在内的广义信道（又称为编码信道），它的输入是二（多）进制数字序列，输出一般也是二（多）进制数字序列，而图 3.2.1 中的信宿可以是人或计算机。

3.2.1 信道的分类

信源输出的消息通过信道才能传送到信宿。信道有不同的种类。

从信道的定义大体可把信道分为狭义信道和广义信道。狭义信道是以传输媒质为基础的信号通路，根据传输媒质的不同，可分为有线信道和无线信道，狭义的有线信道特指明线、双绞线、同轴电缆、光缆等传输媒质，狭义的无线信道特指无线电波传播的空间。为了分析问题的方便，人们把收/发两端的设备纳入信道，称为广义信道。根据纳入信道的设备不同，广义信道可分为编码信道和调制信道。编码信道指信源（或信道）编码器输出端到信源（或信道）译码器输入端的部分，从编译码的角度来看，编码器的输出是某一数字序列，而译码器的输入同样也是某一数字序列，它们可能是不同的数字序列。因此，从编码器输出端到译码器输入端，可以用一个对数字序列进行变换的方框来概括。调制信道指调制器输出端到解调器输入端的部分，从调制和解调的角度来看，调制器输出端到解调器输入端的所有变换装置及传输媒质，不论其过程如何，只不过是对已调制信号进行某种变换。广义的信道定义除了包括传输媒质，还包括传输信号的相关设备，在讨论通信的一般原理时，通常采用的是广义信道。

根据信道用户的多少，可分为单用户信道和多用户信道。单用户信道只有一个输入端和一个输出端；多用户信道至少有两个以上的输入端或输出端。

根据输入端和输出端的关联，可分为无反馈信道和有反馈信道。

根据信道参数与时间的关系，可分为固定参数信道（恒参信道）和时变参数信道（随参信道）。

根据输入输出信号的特点，可分为离散信道、连续信道、半离散半连续信道和波形信道。离散信道的输入/输出信号在时间、幅度上均离散；连续信道的输入/输出信号幅度连续、时间离散；半离散半连续信道的输入/输出信号中有一个是离散的，一个是连续的，如 AWGN 信道，输入离散，输出连续；波形信道就是实际模拟通信系统中的信道，其输入/输出信号在时间和幅度上均连续。

以下章节只研究无反馈、固定参数的单用户离散信道。

3.2.2 信道的数学模型

设离散信道的输入为一个随机变量 X，相应的输出的随机变量为 Y，如图 3.2.2 所示。

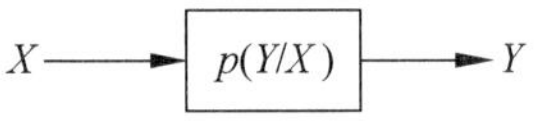

$X \longrightarrow$ [$p(Y/X)$] $\longrightarrow Y$

图 3.2.2 信道模型

一个离散信道应有三个参数：

输入符号集：$X \in \{x_1, x_2, \cdots, x_n\}$

输出符号集：$Y \in \{y_1, y_2, \cdots, y_m\}$

信道转移概率：$p(Y/X)$

根据这一模型，可对信道分类如下：

(1) 无干扰信道：输入信号与输出信号有一一对应关系

$$y_j = f(x_i)\text{，并且 } p(y_j/x_i) = \begin{cases} 1 & y_j = f(x_i) \\ 0 & y_j \neq f(x_i) \end{cases} \tag{3.2.1}$$

(2) 有干扰无记忆信道：输入与输出无一一对应关系，输出只与当前输入有关，此时只需分析单个符号的转移概率 $p(y_j/x_i)$ 即可。

(3) 有干扰有记忆信道：这是最一般的信道，输入与输出无一一对应关系，输出不但与当前输入有关，还与以前的若干个输入有关。

对有干扰无记忆信道，根据输入/输出符号数目等于 2、大于 2 或趋于∞，可分以下信道模型：

1. 二进制离散信道，$m=2, n=2$

在二进制硬判决情况下，其信道转移概率矩阵为

$$\boldsymbol{P} = \begin{bmatrix} p_{00} & p_{01} \\ p_{10} & p_{11} \end{bmatrix} = \begin{bmatrix} 1-p_{01} & p_{01} \\ p_{10} & 1-p_{10} \end{bmatrix}$$

若 $p_{01} = p_{10} = p_e$，则称这种信道为二进制对称信道（BSC），否则称为非对称信道。若 p_{01} 或 p_{10} 等于 0，则称为 Z 信道（确定性信道）。通常 BSC 是一种无记忆信道，所以也称为随机信道，它说明数据序列中出现的错误彼此无关。

2. 离散无记忆信道

当无记忆信道的输入/输出符号大于 2 但为有限值时，称为离散无记忆信道（DMC）。信道的输入是 n 元符号，即输入符号集由 n 个元素 $X \in \{x_1, x_2, \cdots x_n\}$ 构成，输出是 m 元符号，即信道输出由 m 个元素 $Y \in \{y_1, y_2, \cdots y_m\}$ 构成。那么输入/输出符号之间共有 mn 个转

移概率，采用转移概率矩阵 $\boldsymbol{P}=[p(y_j/a_i)]=[p_{ij}]$表示，即

$$\boldsymbol{P}=\begin{bmatrix} p_{11} & p_{12} & \cdots & p_{1m} \\ p_{21} & p_{22} & \cdots & p_{2m} \\ \vdots & \vdots & & \vdots \\ p_{n1} & p_{n2} & \cdots & p_{nm} \end{bmatrix}$$

式中，$\sum_{j=1}^{m} p(y_j/a_i)=1, i=1,2,\cdots,n$

BSC 信道是 DMC 信道的一个特例，其输入/输出符号均为 2，故 BSC 信道的转移概率矩阵可表示为

$$\boldsymbol{P}=\begin{bmatrix} p_{00} & p_{01} \\ p_{10} & p_{11} \end{bmatrix}=\begin{bmatrix} 1-p & p \\ p & 1-p \end{bmatrix}$$

3. 离散输入、连续输出信道

离散输入、连续输出信道也称为半连续信道，手机和固话之间的信道就是一个半连续信道，手机上处理的是数字信号，固话上处理的是模拟信号。半连续信道的输出一般可表示为

$$Y=X+G \tag{3.2.2}$$

式中，输入空间 X 是一个离散符号集，输出空间 Y 是一个连续符号集。在无线通信系统中，一般 G 是一个均值为零、方差为 σ^2 的高斯随机变量，当 $X=a_i$ 给定后，Y 是一个均值为 a_i、方差为 σ^2 的高斯随机变量，即其概率密度函数为

$$p(y/X=a_i)=\frac{1}{\sqrt{2\pi}\sigma}\mathrm{e}^{-(y-a_i)^2/2\sigma^2} \tag{3.2.3}$$

4. 波形信道——模拟信道

当信道的输入和输出都是随机模拟信号时，该信道称为波形信道，也即模拟信道。实际通信系统中的信道均为波形信道。加性信道是一种典型的波形信道，信道的输入 $x(t)$、输出 $y(t)$和加性噪声 $n(t)$满足关系

$$y(t)=x(t)+n(t) \tag{3.2.4}$$

若式中 $n(t)$为高斯白噪声，则此信道称为高斯白噪声信道。

结论：在离散或模拟加性噪声信道中，$H(Y/X)=H(n)$，$H(n)$称作噪声熵。

证明：在离散或模拟加性信道中，接收到的随机变量 Y 是发送的随机变量 X 和噪声随机变量 n 的线性叠加，即

$$Y=X+n$$

基本加性信道中一般输入信号与噪声是相互独立的，满足

$$p(y/x)=p(n)$$

因此，在此加性信道中，条件熵为

$$\begin{aligned} H(Y/X) &=-\iint_{XY} p(xy)\log p(y/x)\mathrm{d}x\mathrm{d}y=-\iint_{XY} p(x)p(y/x)\log p(y/x)\mathrm{d}x\mathrm{d}y \\ &=-\iint_{XN} p(x)p(n)\log p(n)\mathrm{d}x\mathrm{d}n=-\int_X p(x)\mathrm{d}x\int_N p(n)\log p(n)\mathrm{d}n \\ &=-\int_N p(n)\log p(n)\mathrm{d}n=H(n) \end{aligned}$$

证明完毕。

3.3 信道容量及其一般计算方法

第 2 章讨论的信源熵，即信源每符号所携带的平均信息量，也称为信源信息传输率或信源信息率。据此定义信源的信息传输速率为单位时间内信源平均发出的信息量。同样，讨论信道时，定义信道中每个符号所能传送的信息量为信息传输率 R。假设信源发送符号 X，信宿收到符号 Y，则该信道中接收到符号 Y 后平均每个符号获得的关于 X 信息量是平均互信息 $I(X;Y)$，可见平均互信息就是信道的信息传输率。即

$$R = I(X;Y)(\text{bit/ 符号}) \tag{3.3.1}$$

若信道平均传输一个符号需要 t 秒，则单位时间内信道平均传输的信息量，即信道的信息传输速率为

$$R_t = \frac{I(X;Y)}{t}(\text{b/s}) \tag{3.3.2}$$

对于固定的信道，信道容量定义为信道信息传输率或信息传输速率的最大值，记为 C 或 C_t。C 是信道能够传输的最大信息量，C_t 是单位时间内信道平均传输的最大信息量。由 3.1 节平均互信息的凸性可知，对于一个固定的信道（信道转移概率一定），平均互信息是信源概率分布 $p(x)$的∩型凸函数。因此，存在一种最佳的信源概率分布，使某一信道的平均互信息达到最大值，即信道容量。

$$C = \max_{p(x)} I(X;Y)(\text{bit/ 符号}) \tag{3.3.3}$$

$$C_t = \frac{1}{t}\max_{p(x)} I(X;Y)(\text{b/s}) \tag{3.3.4}$$

式中，t 为平均传输一个符号所需的时间，单位为秒。

由式(3.3.3)和式(3.3.4)可见，信道容量与信源的统计特性无关，它只与信道的统计特性有关，是信道转移概率的函数。

信道容量是信道上能够传输给接收端的最大信息量，这一点除了数学上平均互信息 $I(X;Y)$的凸性可以证明外，还可以通过一些例子进行说明。

例 3.3.1 无噪二元信道如图 3.3.1 所示。

无噪二元信道中，输出是输入的精确复制，可以无误差地接收任何传输比特。因此，每一次传输，可以可靠地传输 1bit 给接收端，也就是说，该信道的信道容量是 1bit。

例 3.3.2 有噪四元信道如图 3.3.2 所示。

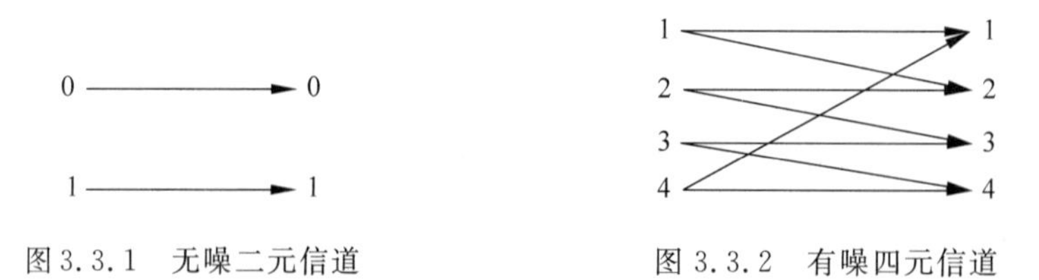

图 3.3.1 无噪二元信道　　图 3.3.2 有噪四元信道

该信道中，接收端接收当前相同符号的概率是 1/2。如果考虑所有输入符号，那么接收端收到某符号后将不能确定所发送的符号。如果仅考虑输入端口 1 和 3，那么接收到某符

号后能立即判断所发送的符号，如同二元无噪信道的特性。每次发送可以可靠地在信道上传输 1bit 给接收端，因此信道容量是 1bit。

一般情况下，通信信道不具有图 3.3.1 和图 3.3.2 简单的模型，因此不是总能确定可靠传输的输入符号子集。此时可以通过观察输出序列以趋于零的低误码率确定输入序列。

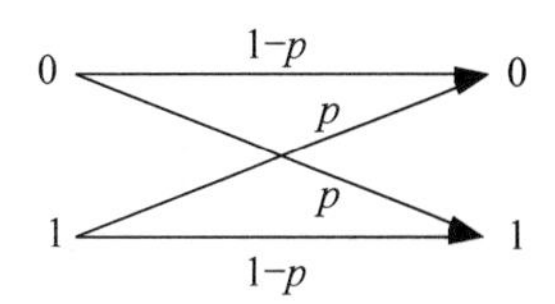

图 3.3.3 二元对称信道

例 3.3.3 二元对称信道如图 3.3.3 所示，求其信道容量。

解：二元对称信道是一个典型的有噪通信系统，设$\bar{p}=1-p$，则该信道的数学模型为

$$\boldsymbol{P}=\begin{bmatrix}1-p & p\\ p & 1-p\end{bmatrix}=\begin{bmatrix}\bar{p} & p\\ p & \bar{p}\end{bmatrix}$$

设二元信源的概率分布为 $p(0)=\alpha$，则 $p(1)=1-\alpha=\bar{\alpha}$，则二元对称信道的平均互信息为

$$I(X;Y)=H(Y)-H(Y/X)=H(\alpha\bar{p}+\bar{\alpha}p,\alpha p+\bar{\alpha}\bar{p})-H(p,1-p)$$

令

$$\frac{\partial I(X;Y)}{\partial\alpha}=0$$

得

$$\alpha=\frac{1}{2}$$

$$C=\max_{p(x)}I(X;Y)=I(X;Y)\Big|_{\alpha=\frac{1}{2}}=1+p\log p+(1-p)\log(1-p)(\text{bit/ 符号})$$

上式进一步表明，二元对称信道的信道容量是信道转移概率 p 的函数，与信源符号概率分布 α 无关。p 不同，则信道不同。不同信道的信道容量随 p 的变化如图 3.3.4 所示。

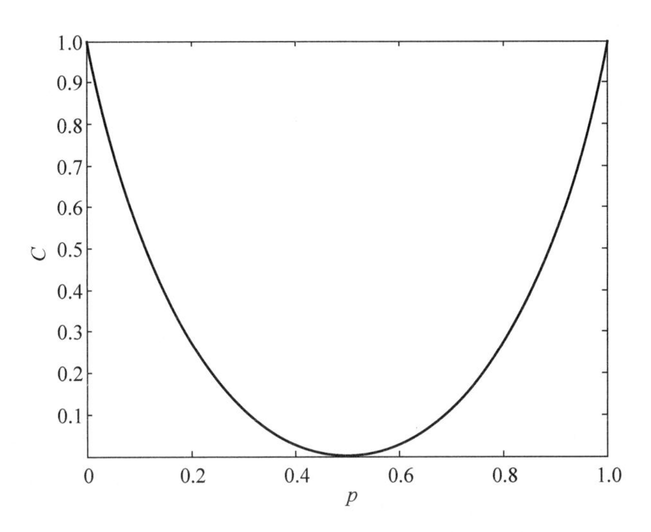

图 3.3.4 二元对称信道的信道容量随传输错误率 p 的变化

对于一般信道，计算信道容量的问题就是求该信道的平均互信息的极大值问题。对一些特殊类型的离散信道，有一些经验公式可以推导出来以便于计算其信道容量。

图 3.3.4 对应的 MATLAB 程序代码如下：

```
clear all
clc
%%%计算二元信道符号传输概率变化时的信道容量曲线 q = 1/2;
p = 0.0001:0.0001:1;
C = 1 + p. * log2(p) + ((1 - p). * log2(1 - p);
figure(1);              %%%图 3.3.4
plot(p,C);
xlabel('p');
ylabel('C')
```

3.3.1 特殊离散信道的信道容量

根据平均互信息的表达式

$$I(X;Y) = H(Y) - H(Y/X) \tag{3.3.5}$$

$$I(X;Y) = H(X) - H(X/Y) \tag{3.3.6}$$

若式(3.3.6)中,损失熵 $H(X/Y)=0$,那么该信道称作无损信道;若式(3.3.5)中噪声熵 $H(Y/X)=0$,则该信道称作无噪信道;损失熵和噪声熵均为零的信道称为无噪无损信道。这些特殊信道的信道容量求解问题,已经从求平均互信息 $I(X;Y)$的极大值问题简化为求信息熵 $H(X)$或 $H(Y)$的极大值问题。

有噪无损信道的信道容量为

$$C = \max_{p(x)} H(X) \tag{3.3.7}$$

无噪有损信道的信道容量为

$$C = \max_{p(x)} H(Y) \tag{3.3.8}$$

无噪无损信道的信道容量为

$$C = \max_{p(x)} H(X) = \max_{p(x)} H(Y) \tag{3.3.9}$$

1. 有噪无损信道

在离散有噪无损信道中,一个 X 值对应多个 Y 值,每个 X 对应的 Y 值不重合。因此,一个 Y 值一一对应确定的 X 值。信道转移概率矩阵中每一列仅有一个非零元素,每一行有多个非零元素,其和为 1。因此该信道的损失熵 $H(X/Y)=0$,而噪声熵 $H(Y/X)\neq 0$。有噪无损信道的信道容量为

$$C = \max_{p(x)} H(X)$$

例 3.3.4 一个有噪无损信道如图 3.3.5 所示。

其信道转移概率矩阵为

$$\boldsymbol{P} = \begin{bmatrix} \frac{1}{3} & \frac{1}{3} & \frac{1}{3} & 0 & 0 \\ 0 & 0 & 0 & \frac{1}{4} & \frac{3}{4} \end{bmatrix}$$

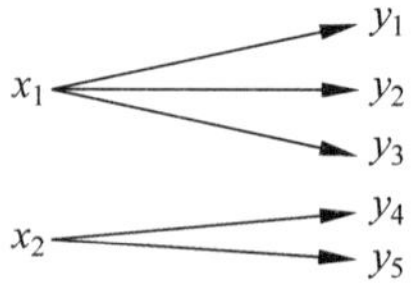

$x_1 \to y_1, y_2, y_3$;$x_2 \to y_4, y_5$

图 3.3.5 有噪无损信道

可见,信道矩阵中每一列有且只有一个非零元素时,这个信道一定是有噪无损信道。此时信道疑义度为 0,而信道噪声熵不为 0,从而

$$C = \max_{p(x)} H(X) = \log 2 = 1(\text{bit/ 符号})$$

2. 无噪有损信道

离散无噪有损信道中，一个 X 值对应一个 Y 值，每个 Y 对应的 X 值不重合。因此，一个 X 值一一对应确定的 Y 值。信道转移概率矩阵中每一行仅有一个“1”元素。因此该信道的损失熵 $H(X/Y)\neq 0$，而噪声熵 $H(Y/X)=0$。无噪有损信道的信道容量为

$$C=\max_{p(x)} H(Y)$$

例 3.3.5 一个无噪有损信道如图 3.3.6 所示。

其信道转移概率矩阵为

$$\boldsymbol{P}=\begin{bmatrix}1 & 0\\ 1 & 0\\ 1 & 0\\ 0 & 1\\ 0 & 1\end{bmatrix}$$

可见，此信道每一行只有一个“1”元素，此时信道疑义度不为 0，而信道噪声熵为 0，从而

$$C=\max_{p(x)} H(Y)=\log 2=1(\text{bit/ 符号})$$

3. 无噪无损信道

离散无噪无损信道中，一个 X 值对应一个 Y 值，每个 Y 对应一个 X 值。信道转移概率矩阵中每一行和每一列都仅有一个“1”元素。因此该信道的损失熵 $H(X/Y)=0$，且噪声熵 $H(Y/X)=0$。无噪无损信道的信道容量为

$$C=\max_{p(x)} H(Y)=\max_{p(x)} H(X)$$

例 3.3.6 一个无噪无损信道如图 3.3.7 所示。

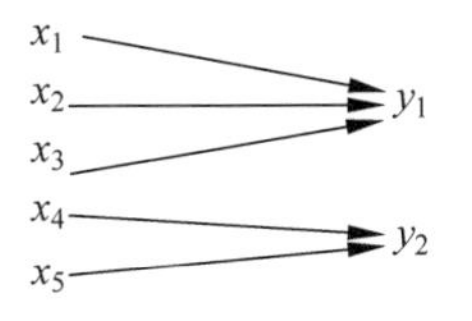

图 3.3.6 无噪有损信道

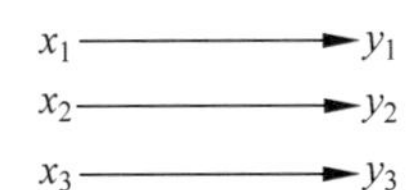

图 3.3.7 无噪无损信道

其信道转移概率矩阵为

$$\boldsymbol{P}=\begin{bmatrix}1 & 0 & 0\\ 0 & 1 & 0\\ 0 & 0 & 1\end{bmatrix}$$

可见，此信道每一行只有一个“1”元素，每一列也只有一个“1”元素，此时由于信道的损失熵和噪声熵都等于 0，所以

$$C=\max_{p(x)} H(Y)=\max_{p(x)} H(X)=\log 3(\text{bit/ 符号})$$

3.3.2 对称离散信道的信道容量

如果一个离散信道的信道转移矩阵中的每一行都是由同一组元素的不同组合构成的，称为行对称，如果每一列也是由这一组元素组成的，称为列对称，同时满足行对称和列对称的信道称为对称信道。如

$$P=\begin{bmatrix}\frac{1}{3} & \frac{1}{3} & \frac{1}{6} & \frac{1}{6}\\ \frac{1}{6} & \frac{1}{6} & \frac{1}{3} & \frac{1}{3}\end{bmatrix},\quad P=\begin{bmatrix}\frac{1}{2} & \frac{1}{3} & \frac{1}{6}\\ \frac{1}{6} & \frac{1}{2} & \frac{1}{3}\\ \frac{1}{3} & \frac{1}{6} & \frac{1}{2}\end{bmatrix}$$

如果离散信道的输入符号数和输出符号数相等，即 $n=m$；其信道转移概率矩阵为

$$P=\begin{bmatrix}\bar{p} & \frac{p}{m-1} & \cdots & \frac{p}{m-1}\\ \frac{p}{m-1} & \bar{p} & \cdots & \frac{p}{m-1}\\ \cdots & \cdots & & \cdots\\ \frac{p}{m-1} & \frac{p}{m-1} & \cdots & \bar{p}\end{bmatrix}$$

则称此信道为强对称信道或均匀信道，它是对称离散信道的一种特例。该信道的各行之和为 1，各列之和也为 1。

若信道的列可以划分成若干个互不相交的子集，每一个子集都是对称信道，则称该信道为准对称信道。准对称信道的信道转移概率矩阵只满足行对称，不满足列对称。如

$$P_1=\begin{bmatrix}1/3 & 1/3 & 1/6 & 1/6\\ 1/6 & 1/3 & 1/6 & 1/3\end{bmatrix}$$

可划分为

$$\begin{bmatrix}1/3 & 1/6\\ 1/6 & 1/3\end{bmatrix}\begin{bmatrix}1/3\\ 1/3\end{bmatrix}\begin{bmatrix}1/6\\ 1/6\end{bmatrix}$$

又如

$$P_2=\begin{bmatrix}0.7 & 0.1 & 0.2\\ 0.2 & 0.1 & 0.7\end{bmatrix}$$

可分成

$$\begin{bmatrix}0.7 & 0.2\\ 0.2 & 0.7\end{bmatrix}\begin{bmatrix}0.1\\ 0.1\end{bmatrix}$$

对上述对称信道，信道容量的计算可参考以下公式。

对称离散信道的信道容量为

$$C=\max_{p(x_i)}[H(Y)-H(Y/x_i)]=\log m-H(p_{i1},p_{i2},\cdots,p_{im}) \tag{3.3.10}$$

强对称信道的信道容量为

$$\begin{aligned}C&=\log m-H\left(\bar{p},\frac{p}{m-1},\cdots,\frac{p}{m-1}\right)\\&=\log m-p\log(m-1)-H(\bar{p},p)\end{aligned} \tag{3.3.11}$$

准对称离散信道的信道容量为

$$C=\log n-H(p_{i1},p_{i2},\cdots,p_{im})-\sum_{k=1}^{K}N_k\log M_k \tag{3.3.12}$$

式中，n 为输入符号集的个数；m 为输出符号集的个数；$p_{i1},p_{i2},\cdots,p_{im}$ 为矩阵中的行元素；

N_k 为第 k 个划分子矩阵中的行元素之和；M_k 为第 k 个划分子矩阵的列元素之和。

上述信道的平均互信息 $I(X;Y)$ 达到信道容量时，上述信道的输入符号等概率分布。

结论：对称离散信道的信道噪声熵 $H(Y/X)=H(Y/x_i)$。

证明：根据信道噪声熵的定义

$$H(Y/X)=-\sum_{i=1}^{n}\sum_{j=1}^{m}p(x_iy_j)\log p(y_j/x_i)=-\sum_{i=1}^{n}\sum_{j=1}^{m}p(x_i)p(y_j/x_i)\log p(y_j/x_i)$$
$$=\sum_{i=1}^{n}p(x_i)\left[-\sum_{j=1}^{m}p(y_j/x_i)\log p(y_j/x_i)\right]$$
$$=\sum_{i=1}^{n}p(x_i)H(Y/x_i)$$
$$=H(Y/x_i)\sum_{i=1}^{n}p(x_i)=H(Y/x_i) \tag{3.3.13}$$

式中，$H(Y/x_i)$为对信道转移概率矩阵的第 i 行求和，由对称信道定义，此值是一个与 i 无关的一个常数。即

$$H(Y/x_i)=H(p_{i1},p_{i2},\cdots,p_{im}) \tag{3.3.14}$$

结论：对称离散信道输入符号等概率分布时，输出符号也等概率分布，反之亦成立。

证明：根据联合概率展开公式

$$p(y_j)=\sum_i p(x_iy_j)=\sum_i p(x_i)p(y_j/x_i)$$

如果输入符号等概率，即 $p(x_i)=\dfrac{1}{n}$，则

$$p(y_j)=\frac{1}{n}\sum_{i=1}^{n}p(y_j/x_i)$$

由对称信道定义，第 j 列的信道转移概率 $p(y_j/x_i)$之和为定值，与列数 j 无关，因此

$$\sum_{i=1}^{n}p(y_1/x_i)=\sum_{i=1}^{n}p(y_2/x_i)=\cdots=\sum_{i=1}^{n}p(y_m/x_i)$$

则

$$p(y_1)=p(y_2)=\cdots=p(y_m)=\frac{1}{m}$$

可见，对称信道的输入符号等概率分布，输出符号也等概率分布。

反之，当输出符号等概率分布时，$p(y_j)=\dfrac{1}{m}$，则

$$p(x_i)=\sum_{j=1}^{m}p(y_j)p(x_i/y_j)=\frac{1}{m}\sum_{j=1}^{m}p(x_i/y_j)$$

由对称信道定义，第 i 行的信道转移概率 $p(x_i/y_j)$之和为定值，与行数 i 无关，因此

$$\sum_{j=1}^{m}p(x_1/y_j)=\sum_{j=1}^{m}p(x_2/y_j)=\cdots=\sum_{j=1}^{m}p(x_n/y_j)$$

则

$$p(x_1)=p(x_2)=\cdots=p(x_n)=\frac{1}{n}$$

可见，对称信道的输出符号等概率分布，输入符号也等概率分布。

证明完毕。

例 3.3.7 某信道的信道转移概率矩阵为

$$\boldsymbol{P}=\begin{bmatrix}\frac{1}{3} & \frac{1}{3} & \frac{1}{6} & \frac{1}{6}\\ \frac{1}{6} & \frac{1}{6} & \frac{1}{3} & \frac{1}{3}\end{bmatrix}$$

求信道容量。

解：该信道为对称信道，根据信道公式(3.3.10)，有

$$C=\log 4-H\left(\frac{1}{3},\frac{1}{3},\frac{1}{6},\frac{1}{6}\right)=2-\left[\frac{1}{3}\log 3+\frac{1}{3}\log 3+\frac{1}{6}\log 6+\frac{1}{6}\log 6\right]$$
$$=0.817(\text{bit/符号})$$

例 3.3.8 对于二元对称信道，

$$\boldsymbol{P}=\begin{bmatrix}1-p & p\\ p & 1-p\end{bmatrix}=\begin{bmatrix}\bar{p} & p\\ p & \bar{p}\end{bmatrix}$$

其信道容量为

$$C=\log 2-H(\bar{p},p)=1-H(1-p,p)$$

是信道转移概率 p 的函数。

例 3.3.9 某准对称信道

$$\boldsymbol{P}=\begin{bmatrix}1-p-q & q & p\\ p & q & 1-p-q\end{bmatrix}$$

可分成

$$\begin{bmatrix}1-p-q & p\\ p & 1-p-q\end{bmatrix}\quad\begin{bmatrix}q\\ q\end{bmatrix}$$

根据信道容量公式(3.3.12)，有

$$C=\log 2-H(1-p-q,p,q)-(1-q)\log(1-q)-q\log 2q$$

3.3.3 一般离散信道的信道容量

对于一般的信道，可根据信道容量定义，对平均互信息的输入符号概率分布求极值。

$$C=\max_{p(x)} I(X;Y)(\text{bit/符号})$$

根据平均互信息定义

$$I(X;Y)=\sum_{i=1}^{n}\sum_{j=1}^{m}p(x_i)p(y_j/x_i)\log\frac{p(y_j/x_i)}{p(y_j)}$$

对输入符号概率分布 $p(x_i)$ 求极值，得到

$$\frac{\partial I(X;Y)}{\partial p(x_i)}=\sum_{j=1}^{m}p(y_j/x_i)\log\frac{p(y_j/x_i)}{p(y_j)}=I(x_i;Y)$$

根据输入符号概率全概公式，并引入参数 e、$\lambda>0$，可以得到

$$\begin{cases}\sum_{j=1}^{m}P(y_j/x_i)\log\dfrac{P(y_j/x_i)}{P(y_j)}=\lambda+\log e\\ \sum_{i=1}^{n}P(x_i)=1\end{cases}$$

该信道的信道容量为

$$C = \lambda + \log e \tag{3.3.15}$$

定理 3.3 一般离散信道达到信道容量的充要条件是输入概率分布满足

$$I(x_i;\, Y) = C, \quad 对所有\ x_i, p(x_i) \neq 0 \tag{3.3.16}$$

$$I(x_i;\, Y) \leqslant C, \quad 对所有\ x_i, p(x_i) = 0 \tag{3.3.17}$$

该定理说明，当平均互信息达到信道容量时，信源每一个符号都对输出端输出相同的互信息。

可以利用该定理对一些特殊信道求得它的信道容量

例 3.3.10 输入符号集为{0,1,2}，信道转移概率矩阵为

$$\boldsymbol{P} = \begin{bmatrix} 1 & 0 \\ \frac{1}{2} & \frac{1}{2} \\ 0 & 1 \end{bmatrix}$$

假设 $P(0)=P(2)=1/2, P(1)=0$，则

$$p(y=0) = \frac{1}{2}$$

$$p(y=1) = \frac{1}{2}$$

则

$$I(0,Y) = \sum_{y=1}^{2} p(y/0)\log\frac{p(y/0)}{p(y)} = \log 2$$

$$I(2,Y) = \sum_{y=1}^{2} p(y/2)\log\frac{p(y/2)}{p(y)} = \log 2$$

$$I(1,Y) = \sum_{y=1}^{2} p(y/1)\log\frac{p(y/1)}{p(1)} = 0$$

所以

$$C = \log 2 = 1(\text{bit}/\ 符号)$$

对于一般信道的求解方法，就是求解方程组

$$C = I(x_i;\, Y) = \sum_{j=1}^{m} p(y_j/x_i)\log p(y_j/x_i) - \sum_{j=1}^{m} p(y_j/x_i)\log p(y_j) \tag{3.3.18}$$

移项，并令 $\beta_j = C + \log p(y_j)$，得

$$\sum_{j=1}^{m} p(y_j/x_i)\log p(y_j/x_i) = \sum_{j=1}^{m} p(y_j/x_i)[C + \log p(y_j)] = \sum_{j=1}^{m} p(y_j/x_i)\beta_j \tag{3.3.19}$$

上式可展开为 n 个方程：

$$\begin{cases} \sum_{j=1}^{m} p(y_j/x_1)\log p(y_j/x_i) = \sum_{j=1}^{m} p(y_j/x_1)\beta_j \\ \sum_{j=1}^{m} p(y_j/x_2)\log p(y_j/x_2) = \sum_{j=1}^{m} p(y_j/x_2)\beta_j \\ \vdots \\ \sum_{j=1}^{m} p(y_j/x_n)\log p(y_j/x_n) = \sum_{j=1}^{m} p(y_j/x_n)\beta_j \end{cases} \tag{3.3.20}$$

若 $n=m$，则可以解出 m 个未知数 β_j，然后根据 $\beta_j=C+\log p(y_j)$，得

$$p(y_j) = 2^{\beta_j - C} \tag{3.3.21}$$

根据

$$\sum_{j=1}^{m} 2^{\beta_j - C} = 1$$

可得

$$C = \log \sum_{j=1}^{m} 2^{\beta_j} \tag{3.3.22}$$

例 3.3.11 某信道的信道转移概率矩阵为

$$\boldsymbol{P} = \begin{bmatrix} \frac{1}{2} & \frac{1}{4} & 0 & \frac{1}{4} \\ 0 & 1 & 0 & 0 \\ 0 & 0 & 1 & 0 \\ \frac{1}{4} & 0 & \frac{1}{4} & \frac{1}{2} \end{bmatrix}$$

可列方程组

$$\begin{cases} \frac{1}{2}\beta_1 + \frac{1}{4}\beta_2 + \frac{1}{4}\beta_4 = \frac{1}{2}\log\frac{1}{2} + \frac{1}{4}\log\frac{1}{4} + \frac{1}{4}\log\frac{1}{4} \\ \beta_2 = 0 \\ \beta_3 = 0 \\ \frac{1}{4}\beta_1 + \frac{1}{4}\beta_3 + \frac{1}{2}\beta_4 = \frac{1}{4}\log\frac{1}{4} + \frac{1}{4}\log\frac{1}{4} + \frac{1}{2}\log\frac{1}{2} \end{cases}$$

解之得

$$\beta_2 = \beta_3 = 0$$

$$\beta_1 = \beta_4 = -2$$

$$C = \log(2^{-2} + 2^0 + 2^0 + 2^{-2}) = \log\frac{5}{2} = \log 5 - 1$$

$$p(y_1) = p(y_4) = 2^{-2-\log 5+1} = \frac{1}{10}$$

$$p(y_2) = p(y_3) = 2^{0-\log 5+1} = \frac{4}{10}$$

$$p(x_1) = p(x_4) = \frac{4}{30}$$

$$p(x_2) = p(x_3) = \frac{11}{30}$$

3.3.4 N 次离散扩展信道的平均互信息与信道容量

上一节讨论了单符号离散信道，其输入和输出都只是单个随机变量。然而一般离散信道的输入和输出是离散的随机序列，若输入或输出随机序列的长度为 N，且其中每一个随机变量都取值于同一个输入或输出的符号集，则该信道称为单符号离散信道的 N 次离散扩展信道。若输入或输出随机序列中每一个随机变量相互独立，则该信道称为 N 次离散无记

忆扩展信道或离散无记忆信道的 N 次扩展信道。N 次离散扩展信道与单符号离散信道的数学模型相同，为$\{X^N, P(Y^N/X^N), Y^N\}$，如图 3.2.2 所示。不同的是，N 次离散扩展信道的输入和输出均为长度为 N 的随机序列，可表示为

$$X^N = (X_1 X_2 \cdots X_i \cdots X_N), \quad X_i \in \{x_1, x_2, \cdots, x_n\} \tag{3.3.23}$$

$$Y^N = (Y_1 Y_2 \cdots Y_j \cdots Y_N), \quad Y_j \in \{y_1, y_2, \cdots, y_m\} \tag{3.3.24}$$

而且当信道无记忆时，N 次离散扩展信道的输入和输出随机序列之间的转移概率等于对应时刻的随机变量的转移概率的乘积，即

$$\begin{aligned} p(Y^N/X^N) &= p(Y_1 Y_2 \cdots Y_j \cdots Y_N / X_1 X_2 \cdots X_i \cdots X_N) \\ &= p(\beta_l/\alpha_k) \\ &= p(\beta_{l_1} \beta_{l_2} \cdots \beta_{l_N} / \alpha_{k_1} \alpha_{k_2} \cdots \alpha_{k_N}) \\ &= \prod_{i=1}^{N} p(\beta_{l_i}/\alpha_{k_i}) \end{aligned} \tag{3.3.25}$$

式中，

$$\alpha_{ki} \in \{x_1, x_2, \cdots, x_n\}, \quad \beta_{li} \in \{y_1, y_2, \cdots, y_m\}, \quad k = 1, 2, \cdots, n^N, l = 1, 2, \cdots, m^N \tag{3.3.26}$$

则 N 次离散扩展信道的信道转移概率矩阵为

$$\boldsymbol{P} = \begin{bmatrix} p(\beta_1/\alpha_1) & p(\beta_2/\alpha_1) & \cdots & p(\beta_{m^N}/\alpha_1) \\ p(\beta_1/\alpha_2) & p(\beta_2/\alpha_2) & \cdots & p(\beta_{m^N}/\alpha_2) \\ \vdots & \vdots & & \vdots \\ p(\beta_1/\alpha_{n^N}) & p(\beta_2/\alpha_{n^N}) & \cdots & p(\beta_{m^N}/\alpha_{n^N}) \end{bmatrix} = \begin{bmatrix} p_{11} & p_{12} & \cdots & p_{1m^N} \\ p_{21} & p_{22} & \cdots & p_{2m^N} \\ \vdots & \vdots & & \vdots \\ p_{n^N 1} & p_{n^N 2} & \cdots & p_{n^N m^N} \end{bmatrix} \tag{3.3.27}$$

式中，$\sum_{l=1}^{m^N} p(\beta_l/\alpha_k) = 1, k = 1, 2, \cdots, n^N$

由此，N 次离散扩展信道的数学模型如图 3.3.8 所示。

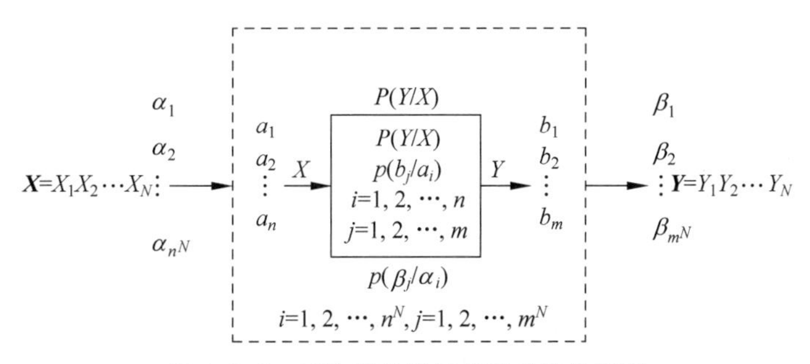

图 3.3.8　N 次离散扩展信道的数学模型

例 3.3.12　二进制无记忆对称信道矩阵为

$$\boldsymbol{P} = \begin{bmatrix} p_{00} & p_{01} \\ p_{10} & p_{11} \end{bmatrix} = \begin{bmatrix} 1-p & p \\ p & 1-p \end{bmatrix} = \begin{bmatrix} \bar{p} & p \\ p & \bar{p} \end{bmatrix}$$

求该信道的二次扩展信道矩阵及其信道容量。

解：二次扩展信道的输入符号集为

$$X^2 = (X_1 X_2) = \{00, 01, 10, 11\}$$

输出符号集为

$$Y^2=(Y_1Y_2)=\{00,01,10,11\}$$

根据无记忆信道的特性,可得二次扩展信道的转移概率为

$$p_{11}=p(\beta_1/\alpha_1)=p(00/00)=p(0/0)p(0/0)=\bar{p}^2$$

$$p_{12}=p(\beta_2/\alpha_1)=p(01/00)=p(0/0)p(1/0)=\bar{p}p$$

$$p_{13}=p(\beta_3/\alpha_1)=p(10/00)=p(1/0)p(0/0)=p\bar{p}$$

$$p_{14}=p(\beta_4/\alpha_1)=p(11/00)=p(1/0)p(1/0)=p^2$$

同理,可求得 $p(\beta_l/\alpha_k)$,$k=1,2,3,4$;$l=1,2,3,4$。则二次扩展信道的信道转移概率矩阵为

$$\boldsymbol{P}=\begin{bmatrix}\bar{p}^2 & \bar{p}p & p\bar{p} & p^2\\ \bar{p}p & \bar{p}^2 & p^2 & p\bar{p}\\ p\bar{p} & p^2 & \bar{p}^2 & \bar{p}p\\ p^2 & p\bar{p} & \bar{p}p & \bar{p}^2\end{bmatrix}$$

已知 N 次离散扩展信道的转移概率矩阵,根据平均互信息的定义,可得 N 次离散扩展信道的平均互信息为

$$\begin{aligned}I(X^N;Y^N)&=H(Y^N)-H(Y^N/X^N)\\&=\sum_{k=1}^{n^N}\sum_{l=1}^{m^N}p(\beta_l/\alpha_k)\log\frac{p(\beta_l/\alpha_k)}{p(\beta_l)}\end{aligned}\tag{3.3.28}$$

当信道无记忆时,有

$$p(Y^N/X^N)=\prod_{i=1}^{N}p(\beta_{l_i}/\alpha_{k_i})=\prod_{i=1}^{N}p(Y_i/X_i)\tag{3.3.29}$$

当信源无记忆时,有

$$p(X^N)=p(X_iX_2\cdots X_N)=\prod_{i=1}^{N}p(X_i)\tag{3.3.30}$$

对于无记忆信源和无记忆信道,将式(3.3.29)和式(3.3.30)代入式(3.3.28),可得

$$H(Y^N)=\sum_{i=1}^{N}H(Y_i)$$

$$H(Y^N/X^N)=\sum_{i=1}^{N}H(Y_i/X_i)$$

则

$$I(X^N;Y^N)=\sum_{i=1}^{N}I(X_i;Y_i)\tag{3.3.31}$$

若 N 次扩展信道的输入和输出随机序列中的每一个随机变量取自同一个概率空间,且输入的随机序列在同一信道(或时不变信道)中传输,则有

$$I(X^N;Y^N)=NI(X;Y)\tag{3.3.32}$$

对于 N 次离散扩展信道,其信道容量为

$$C^N=\max_{p(X^N)}I(X^N;Y^N)$$

进一步满足无记忆信源和无记忆信道条件时,有

$$C^N=\max_{p(X)}\sum_{i=1}^{N}I(X_i;Y_i)=\sum_{i=1}^{N}\max_{p(X_i)}I(X_i;Y_i)=\sum_{i=1}^{N}C_i\tag{3.3.33}$$

若输入随机序列在同一信道中传输时，$C_i=C$，则

$$C^N = NC \tag{3.3.34}$$

这说明对于离散无记忆信道，其 N 次离散扩展信道的信道容量等于单符号离散信道的信道容量的 N 倍，条件是输入信源为无记忆的，且每一个输入变量的分布各自达到最佳分布。

3.3.5　并联信道的平均互信息与信道容量

本节只讨论独立并联信道，其数学模型如图 3.3.9 所示。图中，每一个输入的随机变量经过不同的并行信道进行传输，每一个信道的输出只与本信道的输入有关，与其他信道的输入和输出都无关。因此该独立并联信道相当于时变的无记忆的 N 次离散扩展信道。

若独立并联信道的每个输入和输出均为单符号随机变量，表示为

$$X_i \in \{x_{i1}, x_{i2}, \cdots, x_{in}\}$$

$$Y_j \in \{y_{j1}, y_{j2}, \cdots, y_{jm}\}$$

可根据时变无记忆的 N 次离散扩展信道的特性给出 N 个独立并联信道的联合传递概率为

$$p(Y_1Y_2\cdots Y_N/X_1X_2\cdots X_N) = p(Y_1/X_1)P(Y_2/X_2)\cdots P(Y_N/X_N)$$

对于独立并联信道，当各输入信源也相互独立时，N 个独立并联信道的平均互信息等于各信道的平均互信息之和。一般情况下，N 个独立并联信道的平均互信息会随着输入信源间存在的相关性而减少。

$$I(X^N; Y^N) \leqslant \sum_{i=1}^{N} I(X_i; Y_i) \tag{3.3.35}$$

当各输入信源相互独立时取等号。

同理可得到 N 个独立并联信道的信道容量与各信道的信道容量之间的关系：

$$C_{并} \leqslant \sum_{i=1}^{N} C_i \tag{3.3.36}$$

当各输入信源相互独立，且各信源符号的概率分布达到各信道容量的最佳输入分布时取等号。

例 3.3.13　两个并联的 BSC 信道如图 3.3.10 所示。

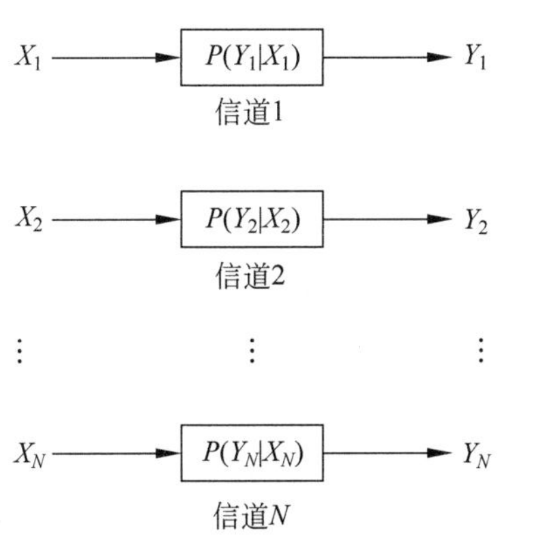

图 3.3.9　独立并联信道数学模型

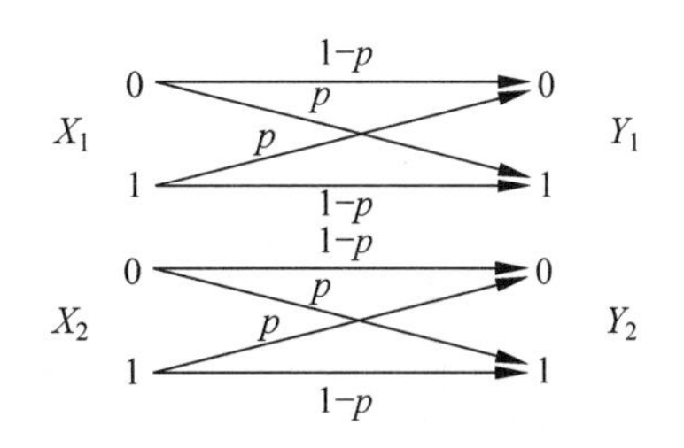

图 3.3.10　独立并联 BSC 信道

求该并联信道的转移概率矩阵及信道容量。

解：两个 BSC 信道的转移概率矩阵相同，为

$$\boldsymbol{P}_1=\boldsymbol{P}_2=\begin{bmatrix}1-p & p\\ p & 1-p\end{bmatrix}=\begin{bmatrix}\bar{p} & p\\ p & \bar{p}\end{bmatrix}$$

并联信道的输入符号集为

$$X=(X_1,X_2)\in\{x_{01},x_{11},x_{02},x_{12}\}$$

输出符号集为

$$Y=(Y_1,Y_2)=\{y_{01},y_{11},y_{02},y_{12}\}$$

根据无记忆信道的特性，可得独立并联信道的转移概率为

$$\boldsymbol{P}=\begin{bmatrix}1-p & p & 0 & 0\\ p & 1-p & 0 & 0\\ 0 & 0 & 1-p & p\\ 0 & 0 & p & 1-p\end{bmatrix}$$

该信道为对称 DMC 信道，其信道容量为

$$C_{并}(\text{Ⅰ},\text{Ⅱ})=\log 4-H(p,1-p) \tag{3.3.37}$$

若三个 BSC 信道并联，其信道容量为

$$C_{并}(\text{Ⅰ},\text{Ⅱ},\text{Ⅲ})=\log 6-H(p,1-p) \tag{3.3.38}$$

依此类推，若 N 个 BSC 信道并联，其信道容量为

$$C_{并}(\text{Ⅰ},\text{Ⅱ}\cdots,N)=\log 2N-H(p,1-p) \tag{3.3.39}$$

并联信道的信道容量随并联级数的关系如图 3.3.11 所示。随着并联级数的增加，信道容量逐渐增加。

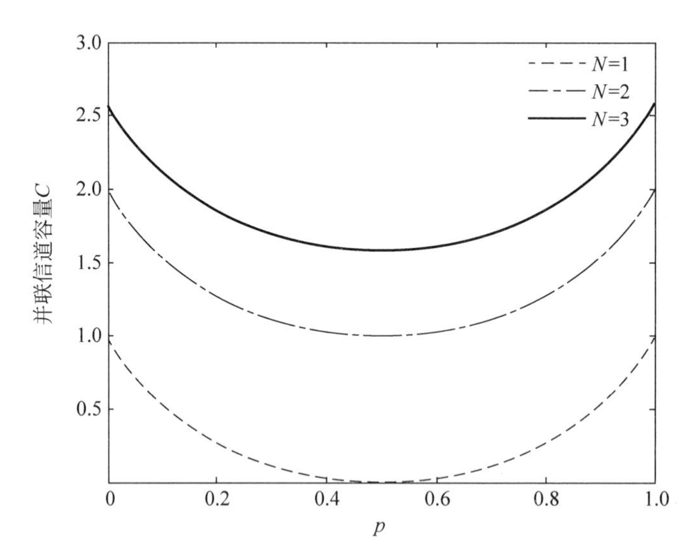

图 3.3.11　N 级二元对称信道并联的信道容量

图 3.3.11 对应的 MATLAB 程序代码如下：

```
clear all
clc
```

```
p = 0:0.0001:1;
H = - p. * log2(p) - (1 - p). * log2(1 - p);
c1 = 1 - H;
c2 = 2 - H;
c3 = log2(6) - H;
figure(1);
plot(p,c1,'-- ',p,c2,'- .',p,c3);
xlabel('p');
ylabel('并联信道容量 C')
legend('N = 1','N = 2','N = 3');
axis([0 1,0 1])
```

3.3.6 串联信道的平均互信息与信道容量

中继通信系统的信道是一种典型的串联信道。本节以 2 个信道串联为例进行讨论。假设信道Ⅰ的输入为单符号随机变量 X,输出为单符号随机变量 Y,信道Ⅱ与信道Ⅰ串联,因此信道Ⅱ的输入为信道Ⅰ的输出 Y,信道Ⅱ的输出为单符号随机变量 Z。X、Y、Z 的取值分别为

$$X \in \{a_1, a_2, \cdots, a_n\}$$
$$Y \in \{b_1, b_2, \cdots, b_m\}$$
$$Z \in \{z_1, z_2, \cdots, z_t\}$$

串联信道模型如图 3.3.12 所示。

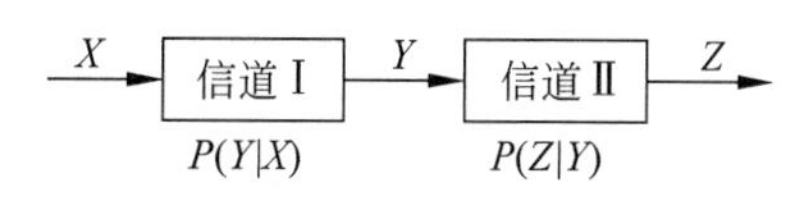

图 3.3.12 串联信道模型

信道Ⅰ的输出 Y 仅与其输入 X 有关,而信道Ⅱ的输出 Z 不仅与信道Ⅱ的输入 Y 有关,也与信道 I 的输入 X 有关。因此信道 I 和信道Ⅱ的转移概率分别为

$$p(Y/X) = p(b_j/a_i)$$
$$p(Z/XY) = p(z_k/a_ib_j)$$

串联信道的转移概率为

$$p(Z/X) = \sum_{Y} p(Y/X)p(Z/XY)$$

若串联信道满足一阶马尔可夫链性质,即信道当前的输出只与当前的输入符号有关,则

$$p(Z/XY) = p(Z/Y) = p(z_k/b_j)$$
$$p(Z/X) = \sum_{Y} p(Y/X)p(Z/Y) = \sum_{j} p(b_j/a_i)p(z_k/b_j)$$

此时,信道的转移概率矩阵满足

$$[p(Z/X)]_{n\times t} = [p(Y/X)]_{n\times m} \cdot [p(Z/Y)]_{m\times t} \tag{3.3.40}$$

式(3.3.40)说明,X、Y、Z 满足马尔可夫链的串联信道的转移概率矩阵等于各串联信道的转移概率矩阵的乘积。

据平均互信息的定义,串联信道的输出 Z 所能提供的关于 XY 的平均信息量不小于从输出 Z 所获得的关于 X 或 Y 的平均信息量。

$$I(XY;Z) \geqslant I(X;Z)$$
$$I(XY;Z) \geqslant I(Y;Z)$$

当 X、Y、Z 满足马尔可夫链性质,即各串联子信道相互独立时取等号。

由第 2 章信息不增性定理，X、Y、Z 满足马尔可夫链的串联信道的平均互信息满足关系

$$I(X;Z) \leqslant I(X;Y) \tag{3.3.41}$$

$$I(X;Z) \leqslant I(Y;Z) \tag{3.3.42}$$

对于式(3.3.41)，X、Z 之间总的串联信道的转移概率矩阵与 X、Y 之间信道Ⅰ的转移概率矩阵相同时取等号，此时 Y、Z 之间的信道Ⅱ为无噪无损信道。同理，当信道Ⅰ为无噪无损信道时式(3.3.42)取等号。

式(3.3.41)和式(3.3.42)也表明，对于一般的串联信道，串联的子信道越多，则总的串联信道的平均互信息越小，甚至减小为零。

已知串联信道的平均互信息，则串联信道的信道容量定义为

$$C_{串} = \max_{p(X)} I(X;Z) \tag{3.3.43}$$

与串联信道的平均互信息特性相同，串联信道的容量也可能随着串联子信道的数量增加而减小，甚至为零。

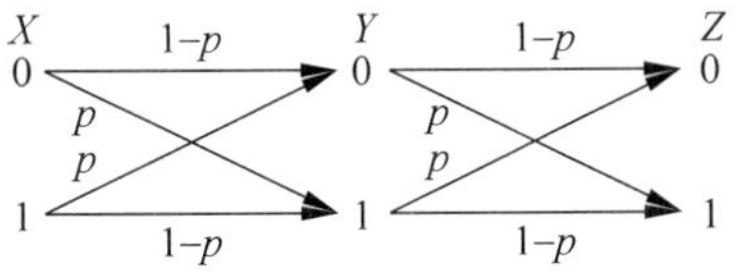

例 3.3.14 两个二进制对称信道组成的串联信道如图 3.3.13 所示。求两信道串联后的信道容量。

图 3.3.13 两个二进制对称信道组成的串联信道

解：令 $\bar{p}=1-p$，串联信道的信道转移概率矩阵为

$$\boldsymbol{P}_{XZ} = \boldsymbol{P}_{YZ}\boldsymbol{P}_{XY} = \begin{bmatrix} \bar{p} & p \\ p & \bar{p} \end{bmatrix} \cdot \begin{bmatrix} \bar{p} & p \\ p & \bar{p} \end{bmatrix} = \begin{bmatrix} \bar{p}^2 + p^2 & 2\bar{p}p \\ 2\bar{p}p & \bar{p}^2 + p^2 \end{bmatrix}$$

可见，串联信道为对称信道，当信源输入符号等概率分布时达到信道容量

$$C_{串}(\text{Ⅰ},\text{Ⅱ}) = \log 2 - H(\bar{p}^2 + p^2,\ 2\bar{p}p) \tag{3.3.44}$$

依此类推，可得三级二元对称信道串联后的信道容量为

$$C_{串}(\text{Ⅰ},\text{Ⅱ},\text{Ⅲ}) = \log 2 - H(\bar{p}^3 + 3\bar{p}p^2, p^3 + 3\bar{p}^2 p) \tag{3.3.45}$$

串联信道的信道容量与串联级数的关系如图 3.3.14 所示。随着串联级数的增加，信道容量有所减小。

图 3.3.14 对应的 MATLAB 程序代码如下：

```
clear all
clc
p = 0:0.0001:1;
H1 = - p. * log2(p) - (1 - p). * log2(1 - p);
H2 = - ((1 - p).^2 + p.^2). * log2((1 - p).^2 + p.^2) - (2 * (1 - p).^2. * p). * log2(2 * (1 - p).
^2. * p);
H3 = - ((1 - p).^3 + 3 * (1 - p). * p.^2). * log2((1 - p).^3 + 3 * (1 - p). * p.^2) - (p.^3 + 3 *
(1 - p).^2. * p). * log2(p.^3 + 3 * (1 - p).^2. * p);
c1 = 1 - H1;
c2 = 1 - H2;
c3 = 1 - H3;
figure(1);
plot(p,c1,'-- ',p,c2,'- .',p,c3);
xlabel('p');
ylabel('串联信道容量 C')
legend('n = 1','n = 2','n = 3');
axis([0 1,0 1])
```

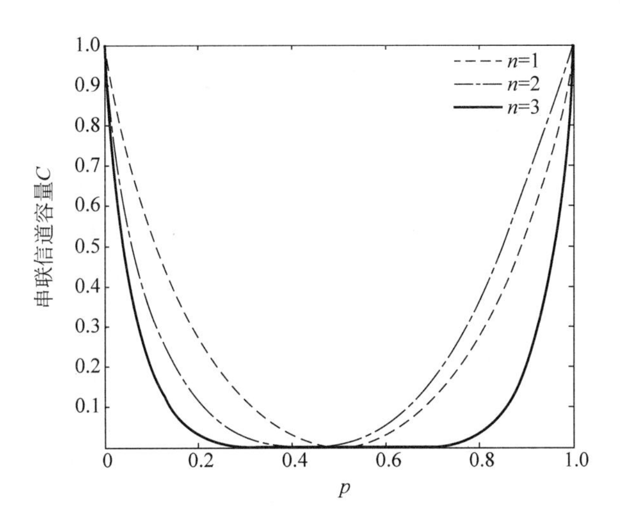

图 3.3.14 n 级二元对称信道串联的信道容量

3.3.7 对称离散信道的信道容量 MATLAB 分析

四元信道输入为等概率分布，即 $p_i=1/4, i=1,2,3,4$，信道转移矩阵为

$$\boldsymbol{P}=\begin{bmatrix}1/2 & 1/2 & 0 & 0\\ 0 & 1/2 & 1/2 & 0\\ 0 & 0 & 1/2 & 1/2\\ 1/2 & 0 & 0 & 1/2\end{bmatrix}$$

求其信道容量。

(1) 用于计算互信息量的函数文件 hmessaga. m，其源代码如下：

```
function r = hmessage(x,f,nx,my)
% x 为输入概率分布,f 为转移概率矩阵,nx 为输出符号的可选个数,即 x 的元素个数
% nx 同时也是矩阵 f 的行数,my 是矩阵 f 的列数,即输出概率空间中的元素个数
sum = 0;
for i = 1:nx
for j = 1:my
        t = f(i,j) * x(i);
% 求平均互信息量
if t > 0
sum = sum - t * log(f(i,j))/log(2);
end
end
end
r = sum;
disp('平均互信息量');
double(r)                    % 返回结果
```

(2) 用于计算离散信源平均信息量的函数为 message. m 文件，其源代码如下：

```
function r = message(x,n)
  r = 0;
```

```
fori = 1:n
    r = r - x(i) * log(x(i))/log(2);
end
disp('离散信源的平均信息量')
r
```

(3) 计算信道容量。利用函数 message 求信源的熵，利用函数 hmessage 求平均互信息量，并最终得到信道容量。其实现的 MATLAB 程序代码如下：

```
clc;
clear all
x = [0.25 0.25 0.25 0.25];                                     % 信道输入符号的概率
f = [0.5 0.5 0 0;0 0.5 0.5 0;0 0 0.5 0.5; 0.5 0 0 0.5];        % 信道转移概率矩阵
Hf1 = hmessage(x,f1,4,4);
hx = message(x,4);
disp('信道容量')
c = hx - Hf1
disp('信道的平均互信息量')
Hf
disp('信源的平均信息量')
hx
```

程序运行结果为

```
信道容量
c = 1
信道的平均互信息量
Hf = 1
信源的平均信息量
hx = 2
```

由运行结果可以看出给定任意矩阵 $\boldsymbol{P}=\begin{bmatrix}1/2 & 1/2 & 0 & 0\\ 0 & 1/2 & 1/2 & 0\\ 0 & 0 & 1/2 & 1/2\\ 1/2 & 0 & 0 & 1/2\end{bmatrix}$，输入本程序，经过 MATLAB 软件运行判断其为对称信道，利用函数 message 求平均互信息量，得出该信道的平均互信息量为：$Hf1=1$，此时离散信源的平均信息量为：$hx=2$，最终得出该信道的信道容量：$c=1$。

3.3.8 离散无记忆信道的信道容量 MATLAB 分析

用 MATLAB 实现 DMC 容量迭代计算的算法如下：

(1) 初始化信源分布：$p_i^{(k)}=\dfrac{1}{n}$，$i=0,1,\cdots,n$，置 $k=0$，选 $1>\text{deta}>0$，一般选 deta$=$0.000 001。

(2) 由式 $t_{ij}^{(k)}=\dfrac{p_i^{(k)}p_{ji}}{\sum\limits_i p_i^{(k)}p_{ji}}$，得反向转移概率矩阵 $\{t_{ij}^{(k)}\}$。

(3) 由式 $p_i^{(k+1)} = \dfrac{\exp\left[\sum\limits_j p_{ji}\log t_{ij}^{(k)}\right]}{\sum\limits_i \exp\left[\sum\limits_j p_{ji}\log t_{ij}^{(k)}\right]}$,计算 $P^{(k+1)} = \{p_i^{(k+1)}\}$。

(4) 由式 $C^{(k+1)} = I(P^{(k+1)}, t^{(k)}) = \log\left\{\sum\limits_{i=0}^{n}\exp\left[\sum\limits_{j=0}^{m} p_{ji}\log t_{ij}^{(k)}\right]\right\}$,计算 $C^{(k+1)}$。

(5) 若 $\dfrac{|C^{(k+1)} - C^{(k)}|}{C^{(k+1)}} > \text{deta}$,则 $k=k+1$,转步骤(2)。

(6) 输出迭代次数 k 以及 $C^{(k+1)}$ 和 $P^{(k+1)}$,终止。

根据信道容量的定义和上述 DMC 信道容量迭代计算方法,可用 MATLAB 编程进行迭代计算得出信道容量。程序中,需要定义输入信源个数、信宿个数和信道容量的精度,程序能任意生成随机的信道转移概率矩阵,也可以自己输入信道转移矩阵,最后输出最佳信源分布和信道容量。将程序 dmc.m 文件直接运行可以自主输入信道转移概率矩阵,运行 dmc1.m 可以随机生成信道转移概率矩阵。

```
%%%%dmc.m
clc;
clear;
n = input('输入信源个数');
m = input('输入信宿个数');
deta = input('输入信道容量的计算精度');
Q = rand(n,m);                    %形成 n 行 m 列随机矩阵 Q
A = sum(Q,2);                     %把 Q 矩阵每一行相加和作为一个列矩阵 A
B = repmat(A,1,m);                %把矩阵 A 的第一列复制成 m 列的新矩阵

%判断信道转移概率矩阵输入是否正确
P = input('输入信道转移概率矩阵 P:')
[n,m] = size(P);
for i = 1:n
if(sum(P(i,:))~ = 1)              %检测信道转移概率矩阵行之和是否为 1
        error('信道转移概率矩阵输入有误')
return;
end
for j = 1:m
if(P(i,j)< 0||P(i,j)> 1)          %检测信道转移概率矩阵是否存在负值或大于 1
            error('信道转移概率矩阵输入有误')
return
end
end
end
%将上面的语句用下面两条语句代替可自动生成信道转移概率矩阵:
%disp('信道转移概率矩阵:')
%P = Q./B                         %信道转移概率矩阵(新数值等于每一个原矩阵的数值除以所在
                                  %行的数值之和)

i = 1:1:n;                        %设置循环,起始值为 1,公差为 1,结束值为 n(Q 的行数)
p(i) = 1/n;                       %原始信源:r 个符号,等概率分布
```

```
disp('原始信源分布')
p(i)
E = repmat(p',1,m);                % 把 n 个等概率元素组成一列,复制为 m 列
for k = 1:1:1/deta
    m = E. * P;                    % m = p. * E; % 后验概率的分子部分
    a = sum(m); % 把得到的矩阵每列相加的和构成一行 su1 = repmat(a,n,1);    % 把得到的行矩阵
a 复制 n 行,成为一个新矩阵 su1,后验概率的分母部分
    t = m./su1;                    % 后验概率矩阵
    n = exp(sum(P. * log(t),2)); % 信源分布的分子部分
    su2 = sum(n);                  % 信源分布的分母部分
    p = n/su2;
    E = repmat(p,1,n);
    C(k + 1) = log(sum(exp(sum(P. * log(t),2))))/log(2);
kk = abs(C(k + 1) - C(k))/C(k + 1);
if(kk < = deta)
break;
end
disp('迭代次数:k = '),disp(k)
end
disp('达到信道容量时的信源分布:p = '),disp(p')
disp('信道容量:C = '),disp(C(k + 1))
```

程序运行结果为

```
输入信源个数:2
输入信宿个数:3
输入信道容量的精度:0.000001
输入信道转移矩阵 P:[0.5000   0.3000   0.2000;0.3000   0.5000   0.2000]
P =
    0.5000   0.3000   0.2000
    0.3000   0.5000   0.2000
```

原始信源分布：

```
ans =   0.5000   0.5000
迭代次数:k = 1
最大信道容量时的信源分布:p = 0.5000   0.5000
最大信道容量:C =   0.0365

输入信源个数:2
输入信宿个数:2
输入信道容量的计算精度:0.000001
输入信道转移矩阵 P:[0.6   0.4;0.01   0.99]

P =
    0.6000   0.4000
    0.0100   0.9900
原始信源分布:
ans =   0.5000   0.5000
最大信道容量时的信源分布:p =   0.4240   0.5760
最大信道容量:C = 0.3688
```

如果采用随机生成信道转移概率矩阵，只需要将程序 dmc.m 中的以下语句进行更改，命名为 dmc1.m：

```
% P = input('输入信道转移概率矩阵 P:')
% [n,m] = size(P);
% for i = 1:n
% if(sum(P(i,:))~ = 1)          % 检测信道转移概率矩阵行元素之和是否为 1
%      error('信道转移概率矩阵输入有误')
% return;
% end
% for j = 1:m
% if(P(i,j)< 0||P(i,j)> 1)      % 检测信道转移概率矩阵是否存在负值或大于 1
%      error('信道转移概率矩阵输入有误')
% return
% end
% end
% end
% 将上面的语句用下面两条语句代替可随机生成信道转移概率矩阵：
disp('信道转移概率矩阵:')
P = Q./B                        % 信道转移概率矩阵(新数值等于每一个原矩阵的数值除以所在
                                % 行的数值之和)
```

运行 dmc1.m 结果如下：

```
输入信源个数:2
输入信宿个数:3
输入信道容量的精度:0.000001
信道转移概率矩阵:
P =
    0.0823   0.4998   0.4179
    0.6074   0.3038   0.0888

原始信源分布:
ans =  0.5000   0.5000
最大信道容量时的信源分布:p =  0.5256   0.4744
最大信道容量:C =  0.2648
```

3.4 连续信道和波形信道的信道容量

当信道的输入和输出都是单个连续型随机变量时，称作单符号连续信道。而输入和输出为 N 维连续型随机序列的信道称为多维连续信道。因此单符号连续信道是 $N=1$ 的多维连续信道的特例。

N 维连续信道的输入和输出为 N 维连续型随机序列：

$$X^N = (X_1 X_2 \cdots X_i \cdots X_N), X_i \in [a_i, b_i] \text{ 或 } X_i \in \mathbf{R} \tag{3.4.1}$$

$$Y^N = (Y_1 Y_2 \cdots Y_j \cdots Y_N), Y_j \in [a_j, b_j] \text{ 或 } Y_j \in \mathbf{R} \tag{3.4.2}$$

而 N 维连续信道的转移概率密度函数为

$$p(Y^N/X^N) = p(Y_1Y_2\cdots Y_N/X_1X_2\cdots X_N)$$

且满足

$$\int_{\mathbf{R}}\int_{\mathbf{R}}\cdots\int_{\mathbf{R}} p(Y_1Y_2\cdots Y_N/X_1X_2\cdots X_N)\mathrm{d}Y_1\mathrm{d}Y_2\cdots\mathrm{d}Y_N = 1$$

因此描述多维连续信道的数学模型为

$$[X^N, p(Y^N/X^N), Y^N],\quad X,Y\in\mathbf{R} \tag{3.4.3}$$

由 3.2 节，信道的输入$\{x(t)\}$和输出$\{y(t)\}$都是随机模拟信号时，该信道称为波形信道，也即模拟信道。因为实际波形信道在有限的观察时间内，能近似满足限时 T、限频 W 的条件，在研究波形信道的信息传输问题时，采用的方法是对波形信道的输入$\{x(t)\}$和输出$\{y(t)\}$进行时间采样，离散化成 $N=2WT$ 个时间离散、取值连续的平稳随机序列 $X^N=(X_1X_2\cdots X_i\cdots X_N)$和 $Y^N=(Y_1Y_2\cdots Y_j\cdots Y_N)$，从而把波形信道转化为 N 维连续信道进行研究。

与离散信道的平均互信息凸性相似，可以证明，连续信道和波形信道的平均互信息 $I(X;Y)$是信源概率密度函数 $p_X(x)$的上凸函数。已知连续信道和波形信道的平均互信息，其信道容量的求解问题就是：当信源 X 满足某一概率密度函数 $p_X(x)$时，信道平均互信息 $I(X;Y)$的最大值，即

$$C = \max_{p_X(x)} I(X;Y)$$

一般连续信道或波形信道的信道容量计算并不容易，当信道为加性时计算会简单一些。

在单符号加性信道中，如图 3.4.1 所示，信道的输出 Y 与输入 X 和加性噪声 n 的关系是

$$Y = X + n$$

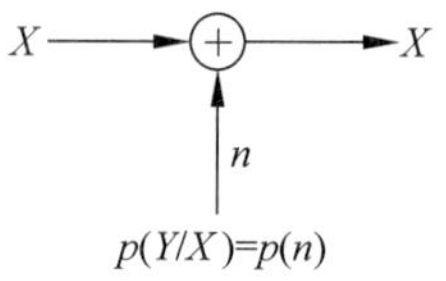

X　X　n　p(Y/X)=p(n)

图 3.4.1　加性连续信道模型

一般输入 X 与信道噪声 n 是相互独立的，因此加性信道的转移概率密度函数等于噪声的概率密度函数，即

$$p(Y/X) = p(X+n/X) = p(n) \tag{3.4.4}$$

证明：根据坐标变换理论 $p(xy)=p(xn)\left|J\left(\frac{xn}{yn}\right)\right|=p(xn)$

坐标变换为 $x=x, n=y-x$ $\left|J\left(\frac{xn}{yn}\right)\right| = \begin{vmatrix} \frac{\partial x}{\partial x} & \frac{\partial n}{\partial x} \\ \frac{\partial x}{\partial y} & \frac{\partial n}{\partial y} \end{vmatrix} = \begin{vmatrix} 1 & -1 \\ 0 & 1 \end{vmatrix} = 1$

$$p(xn) = p(x)p(n)p(xy) = p(x)p(y/x) = p(x)p(n)$$

所以

$$p(y/x) = p(n)$$

证明完毕。

因此，在加性信道中，噪声熵

$$H_c(Y/X) = -\iint_{XY} p(x)p(y/x)\log p(y/x)\mathrm{d}x\mathrm{d}y$$

$$=-\iint_{XY} p(x)p(n)\log p(n)\,\mathrm{d}x\mathrm{d}n$$

$$=-\int_N p(n)\log p(n)\,\mathrm{d}n\left[\int_X p(x)\,\mathrm{d}x\right]=-\int_N p(n)\log p(n)\,\mathrm{d}n = H_c(n)$$

该结论说明了条件熵是由于信道中噪声引起的，它完全等于噪声源的不确定性，即噪声源的熵，这也是把 $H(Y/X)$被称为噪声熵的原因。

因此，加性信道的平均互信息可简化为

$$I(X;Y) = H(Y) - H(Y/X) = H(Y) - H(n)(\text{bit/符号}) \tag{3.4.5}$$

在噪声的概率密度函数已知情况下，若输入信源 X 满足某一概率密度函数，使平均互信息取得极大值，就可求得单符号加性信道的信道容量。

同理，N 维加性连续信道的平均互信息可表示为

$$I(X^N;Y^N) = H(Y^N) - H(n^N)(\text{bit/序列}) \tag{3.4.6}$$

加性波形信道的平均互信息表示为

$$I(x(t);y(t)) = \lim_{N\to\infty} I(X^N;Y^N) = \lim_{N\to\infty}[H(Y^N) - H(n^N)](\text{bit/符号}) \tag{3.4.7}$$

一般情况下，对于波形信道，都是研究其单位时间内的信息传输率

$$R_t = \frac{1}{T}\lim_{N\to\infty} I(x(t);y(t))(\text{b/s}) \tag{3.4.8}$$

本节主要研究单符号高斯加性连续信道和限带高斯白噪声加性波形信道的信道容量问题。

3.4.1　单符号高斯加性信道

单符号连续信道的输入信源 X 为

$$\begin{bmatrix} X \\ p_X(x) \end{bmatrix} = \begin{bmatrix} \mathbf{R} \\ p_X(x) \end{bmatrix},\quad \int_{\mathbf{R}} p_X(x)\,\mathrm{d}x = 1 \tag{3.4.9}$$

输出 Y 为

$$\begin{bmatrix} Y \\ p_Y(y) \end{bmatrix} = \begin{bmatrix} \mathbf{R} \\ p_Y(y) \end{bmatrix},\quad \int_{\mathbf{R}} p_Y(y)\,\mathrm{d}y = 1 \tag{3.4.10}$$

当加性信道噪声满足高斯分布时，该信道称为高斯加性信道。满足高斯分布方差为 σ^2 的噪声的信息熵

$$H(n) = \log\sqrt{2\pi e\sigma^2} \tag{3.4.11}$$

则单符号高斯加性信道的信道容量为

$$C = \max_{p_X(x)} I(X;Y) = \max_{p_X(x)}[H(Y) - H(n)] = \max_{p_X(x)} H(Y) - H(n) = \max_{p_X(x)} H(Y) - \log\sqrt{2\pi e\sigma^2} \tag{3.4.12}$$

由于输入/输出均为连续信源，根据连续信源差熵的极值性条件，当输出随机变量 Y 的平均功率受限时，其信息熵 $H(Y)$存在最大值。若输出 Y 的平均功率为 P_Y，当 Y 是均值为零的高斯变量，其熵 $H(Y)$最大。

$$\max_{p_X(x)} H(Y) = \log\sqrt{2\pi e P_Y} \tag{3.4.13}$$

因为输出 Y 是输入 X 和噪声 n 的线性叠加，且噪声 n 是均值为零、方差为 σ^2 的高斯变

量，要使 Y 是均值为零、方差为 P_Y 的高斯变量，要求输入 X 也是均值为零、方差为 P_X 的高斯变量。且

$$P_X = P_Y - \sigma^2 \tag{3.4.14}$$

此时平均功率受限的高斯加性信道的信道容量为

$$C = \log\sqrt{2\pi e P_Y} - \log\sqrt{2\pi e\sigma^2} = \log\sqrt{\frac{P_Y}{\sigma^2}} = \frac{1}{2}\log\left(1+\frac{P_X}{\sigma^2}\right)\ (\text{bit/ 符号}) \tag{3.4.15}$$

式中，$\frac{P_X}{\sigma^2}$为信号噪声功率比，简称信噪比。

可见，单符号高斯加性信道的信道容量由信噪比决定。只有输入信源和噪声均为高斯变量时，信道的平均互信息才能达到信道容量。

3.4.2 限带高斯白噪声加性波形信道

研究波形信道的信息传输问题时，采用的方法是对限时 T、限频 W 的波形信道的输入 $\{x(t)\}$ 和输出 $\{y(t)\}$ 进行时间采样，离散化成 $N=2WT$ 个时间离散、取值连续的平稳随机序列 $X^N=(X_1X_2\cdots X_i\cdots X_N)$ 和 $Y^N=(Y_1Y_2\cdots Y_j\cdots Y_N)$，从而把波形信道转化为 N 维连续信道进行研究。

加性波形信道的平均互信息可用 N 维加性连续信道的平均互信息近似计算得到：

$$I(x(t);\ y(t)) = \lim_{N\to\infty} I(X^N;\ Y^N) = \lim_{N\to\infty}[H(X^N) - H(n^N)]\ (\text{bit/ 符号}) \tag{3.4.16}$$

若该多维连续信道满足无记忆特性，则 N 维统计独立的随机序列可分解为 N 个独立的单符号连续变量。N 维无记忆连续信道等价于 N 个独立的并联单符号连续信道，因此

$$I(X^N;\ Y^N) = NI(X_i;\ Y_i) \tag{3.4.17}$$

根据 3.4.1 节限功率单符号高斯加性信道的信道容量公式，对平均功率受限的高斯加性多维连续信道，当 N 维随机序列中的每一个输入连续变量 X_i 都是均值为零、方差为 P_{X_i} 的高斯变量时，其平均互信息 $I(X^N;\ Y^N)$ 达到极大值，其信道容量为

$$C_N = \max_{p(X)} I(X^N;\ Y^N) = \frac{1}{2}\sum_{i=1}^{N}\log\left(1+\frac{P_{X_i}}{\sigma_i^2}\right) \tag{3.4.18}$$

若每个输入连续变量的平均功率相同，每个噪声分量的平均功率也相同，即

$$P_{X_1} = P_{X_2}\cdots = P_{X_N} = P_X,\quad \sigma_1^2 = \sigma_2^2 = \cdots\sigma_N^2 = \sigma^2$$

则

$$C_N = \max_{p(X)} I(X^N;\ Y^N) = \frac{N}{2}\log\left(1+\frac{P_X}{\sigma^2}\right) \tag{3.4.19}$$

高斯加性波形信道可等价于 $N=2WT$ 维高斯加性信道，对于频带受限于 $(0,W)$，时间受限于 $(0,T)$ 的平均功率受限的高斯加性波形信道，信道的一次传输看成是一次采样，传输 N 个采样点的时间是 T 秒，则信道每秒传输 $2W$ 个样点，所以单位时间的信道容量为

$$C_t = 2WC_N = W\log\left(1+\frac{P_X}{\sigma^2}\right)(\text{b/s}) \tag{3.4.20}$$

这就是著名的香农公式。

香农公式推出的条件：

(1) 连续消息是平均功率受限的高斯随机过程，平均功率为 P_X。被采样后的样值同样

呈高斯分布,样值之间彼此独立。

(2) 噪声为加性高斯白噪声(AWGN),平均功率为 σ^2。

(3) 信号的有效带宽为 W。

香农公式说明:

(1) 当信道容量一定时,增大信道带宽,可以降低对信噪功率比的要求;反之,当信道频带较窄时,可以通过提高信噪功率比来补偿。

(2) 当信道频带无限时,其信道容量与信号功率成正比。

$$\lim_{W\to\infty} C_t = \lim_{W\to\infty} W\log_2\left(1+\frac{P_X}{P_N}\right) = \lim_{W\to\infty} W\log_2\left(1+\frac{P_X}{N_0W}\right)$$

式中,$N_0=\dfrac{P_N}{W}$为加性高斯噪声的单边谱密度。令 $z=\dfrac{P_X}{N_0W}$,则

$$\lim_{W\to\infty} C_t = \lim_{W\to\infty}\frac{P_X}{N_0}\frac{N_0W}{P_X}\log_2\left(1+\frac{P_X}{N_0W}\right) = \lim_{W\to\infty}\frac{P_X}{N_0}\log_2(1+z)^{\frac{1}{z}}$$

当且仅当 $z\to 0$ 时,$\ln(1+z)^{\frac{1}{z}}\to 1$,所以

$$\lim_{W\to\infty} C_t = \frac{P_X}{N_0\ln 2}\approx 1.4427\frac{P_X}{N_0}(\mathrm{b/s}) \tag{3.4.21}$$

香农公式的意义:

(1) 信道容量与所传输信号的有效带宽成正比,信号的有效带宽越宽,信道容量越大。

(2) 信道容量与信道上的信噪比有关,信噪比越大,信道容量也越大,但其制约规律呈对数关系。

(3) 信道容量 C、有限带宽 W 和信噪比可以相互起补偿作用,即可以互换。应用极为广泛的扩展频谱通信、多相位调制等都以此为理论基础。

(4) 当信道上的信噪比小于 1 时(低于 0dB),信道容量并不等于 0,说明此时信道仍具有传输消息的能力。也就是说信噪比小于 1 时仍能进行可靠的通信,这对于卫星通信、深空通信等具有特别重要的意义。

(5) 当信道带宽趋于无穷大时,信道容量 C 趋于有限值,正比于发射功率和信道白色高斯噪声的功率谱密度之比。因此,无限带宽并不能换取无限的信道容量。该结论指出了信号带宽与发射功率互换的有效性问题。信道容量是通信系统的最大信息传输速率,通常是系统的设计指标,因此 C 往往是给定的。这时可以根据信道特性来权衡发射功率和信号有效带宽的互换,使系统的设计趋于最佳。

香农公式是在噪声为 AWGN 情况下推得的,由于高斯白噪声是危害最大的信道干扰,因此对于那些不是高斯白噪声的信道干扰,其信道容量应该大于按香农公式计算的结果。

3.4.3 高斯信道的 MATLAB 建模

高斯噪声的概率密度函数服从高斯分布(即正态分布)。发射机发送的信号经过加性高斯信道后的接收信号是发送信号和高斯噪声之和。

如果带传输的信号功率为 P_signal,信道的输入信噪比为 SNR_dB,可据此计算定义噪声。

```
SNR_DB = [0:1:12];                          % 定义信噪比
sum = 1000000;                              % 定义信号长度
message = randsrc(1,sum,[0 1]);             % 定义发送信号
```

```
%%定义噪声
 P_noise = P_signal/10.^(SNR_dB/10);        %噪声功率
sigma = sqrt(P_noise);                      %噪声方差
noise1 = sigma * randn(1,sum);              %定义噪声实部
noise2 = sigma * randn(1,sum);              %定义噪声虚部
 receive = message + noise1 + noise2 * j;   %接收信号

%也可以用以下语句替换上面 5 个语句：
receive = awgn(message, SNR_DB,'measured','linear');
```

3.4.4 多径衰落信道的 MATLAB 建模

由于多径和移动台运动等影响因素，使得移动信道对传输信号在时间、频率和角度上造成了色散，如时间色散、频率色散、角度色散等，因此多径信道的特性对移动通信质量有着至关重要的影响，多径信道的包络统计特性是研究的焦点。根据不同无线环境，接收信号包络一般服从几种典型分布，如瑞利分布、莱斯分布或 Nakagami-m 分布。本书专门针对服从瑞利分布和莱斯分布的多径信道进行模拟仿真，进一步加深对多径信道特性的了解。

瑞利衰落的包络服从瑞利分布，而相位服从均匀分布。瑞利衰落信道的发射机和接收机之间没有直射波路径，存在大量反射波。莱斯衰落信道的发射机和接收机存在直射波路径。莱斯衰落的包络服从莱斯分布或称广义瑞利分布。

根据 ITU-RM.1125 标准，离散多径衰落信道模型为

$$\tilde{y}(t) = \sum_{k=1}^{N} r_k(t)\, \tilde{x}(t-\tau_k) \tag{3.4.22}$$

式中，$r_k(t)$为复路径衰落，服从瑞利分布或莱斯分布；τ_k 为多径时延；N 为多径条数。

可用 MATLAB 中的 rayleighchan 或 riciananchan 函数产生瑞利信道或莱斯信道模型，结合 filter 函数产生对应信道传输后的信号。

```
Ts = 1e-4;                                                 %抽样周期 (s)
fd = 100;                                                  %最大多普勒频移
 %路径延时和衰落
tau = [0.1 1.2 2.3 6.2 11.3] * Ts;                         %多径时延
PdB = linspace(0, -10, length(tau)) - length(tau)/20;      %幅度衰落

nTrials = 10000;                                           %仿真次数
N = 100;                                                   %每帧抽样点数
h = rayleighchan(Ts, fd, tau, PdB);                        %产生瑞利信道
h.NormalizePathGains = false;
h.ResetBeforeFiltering = false;
h.StoreHistory = 1;
h                                                          %显示信道

 %信道衰落仿真
for trial = 1:nTrials
    x = randint(10000, 1, 4);                              %输入数字信号
dpskSig = dpskmod(x, 4);                                   %产生 DPSK 调制信号
    y = filter(h, dpskSig);                                %经过信道后的信号
plot(h);
    if isempty(findobj('name', '多径信道')), break; end;
end
```

程序运行后显示的信道 h 如图 3.4.2 所示，具体信道参数为

```
h =

ChannelType: 'Rayleigh'
InputSamplePeriod: 1.0000e-004
DopplerSpectrum: [1x1 doppler.jakes]
MaxDopplerShift: 100
PathDelays: [1.0000e-005 1.2000e-004 2.3000e-004 6.2000e-004 0.0011]
AvgPathGaindB: [-0.2500  -2.7500  -5.2500  -7.7500  -10.2500]
NormalizePathGains: 0
StoreHistory: 1
StorePathGains: 0
PathGains: [0.3107 + 0.2950i -0.3586 + 0.3846i 0.4535 + 0.1432i -0.4136 + 0.2926i
0.1283 + 0.0777i]
ChannelFilterDelay: 4
ResetBeforeFiltering: 0
NumSamplesProcessed: 0
```

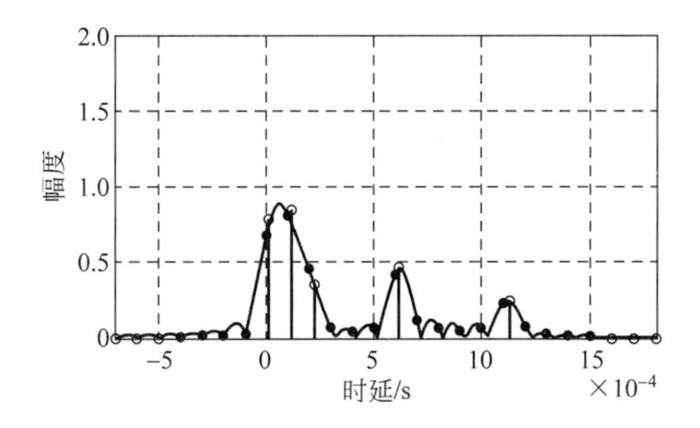

图 3.4.2 多径信道 h 的冲激响应

也可用 MATLAB 中能生成伪随机序列的 randn 语句，得到期望的莱斯衰落序列。瑞利衰落序列可以由 $K=0\text{dB}$ 得到。图 3.4.3 和图 3.4.4 分别是一个当 $K=0\text{dB}$ 和 $K=7\text{dB}$ 时典型的瑞利衰落和莱斯衰落信号包络，衰落幅度用分贝(dB)表示。

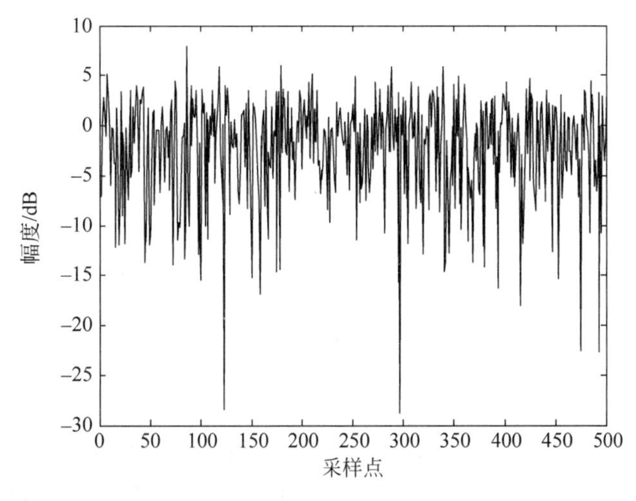

图 3.4.3 当 $K=0\text{dB}$ 时瑞利衰落信号的包络

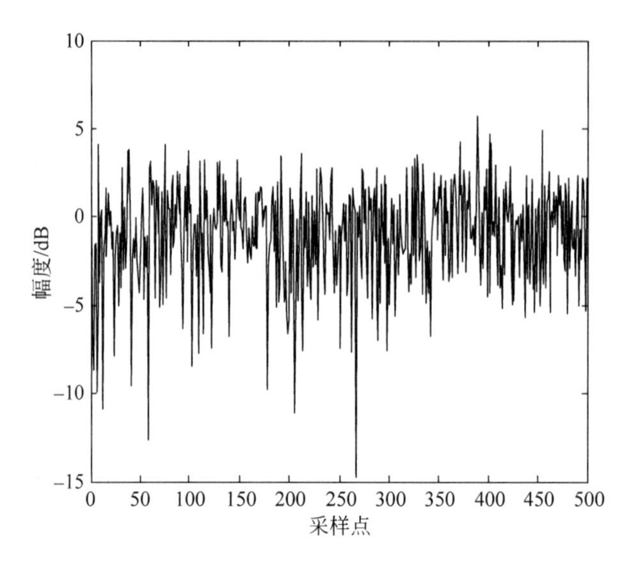

图 3.4.4　当 K=7dB 时莱斯衰落信号的包络

图 3.4.4 对应的 MATLAB 程序 riceam.m：

```
clc;
Kdb = 7;
N = 100000;
Mi = 1;
r = rice_fading(Kdb,N,Mi);
r_dB = 20 * log10(r_dB);
figure(1);
plot(r_dB(1:500));
xlabel('采样点')
ylabel('幅度/dB')
```

子程序 rice_fading.m：

```
function r = rice_fading(Kdb,N,Mi)
K = 10 ^(Kdb/10);
const = 1/(2 * (K + 1));
x = randn(1,N);
y = randn(1,N);
r = sqrt(const * ((x + sqrt(2 * K)).^2 + y.^2));
rt = zeros(1,Mi * length(r));
ki = 1;
fori = 1:length(r)
rt(ki:i * Mi) = r(i);
ki = ki + Mi;
end
r = rt;
```

利用 MATLAB 对莱斯分布的累积分布函数(CDF)进行近似估计。莱斯分布的累积分布函数是通过迭代法得到的，在每一步的迭代中利用 MATLAB 中的 find 和 length 函数得到符合要求的衰落序列，并使用上面产生莱斯分布的 M 文件 rice_fading.m 得到 K=7dB

时的莱斯分布的累积分布函数的近似估计,如图 3.4.5 所示。然后通过 MATLAB 中的 hist 函数得到的瑞利分布概率密度函数(PDF)的估计值与解析表达式分析求得的 PDF 进行比较,结果如图 3.4.6 所示,所得的估计值与理论分析求得的 PDF 非常接近。

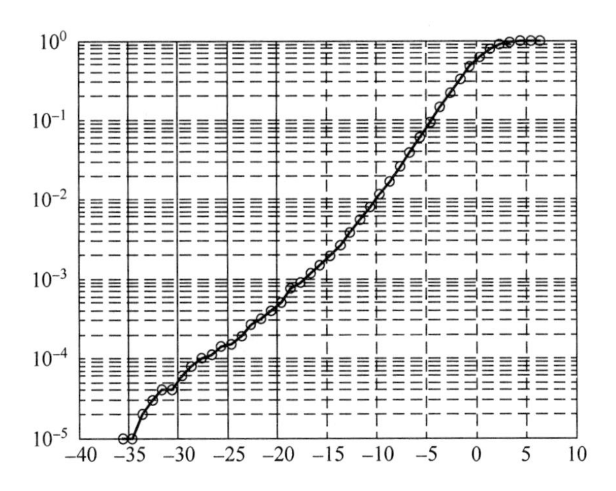

图 3.4.5 $K=7$dB 时莱斯分布的 CDF

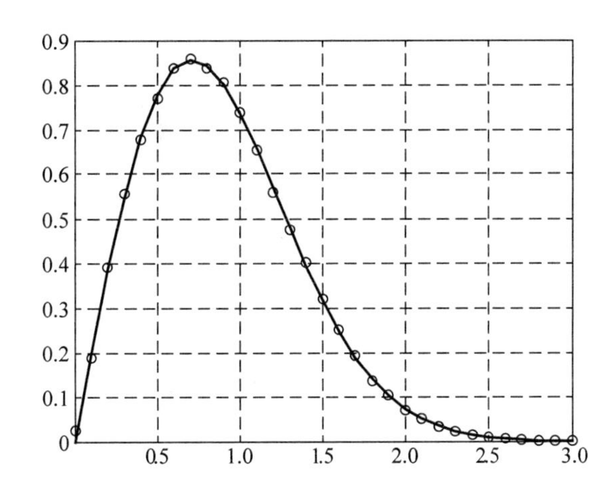

图 3.4.6 $K=0$dB 时瑞利分布的 PDF

图 3.4.5 对应的 MATLAB 程序 rice.m:

```
clc;
Kdb = 7;
N = 100000;
Mi = 1;
r = rice_fading(Kdb,N,Mi);
RdB = 20 * log10(r);
Rt = [min(RdB):max(RdB)];
for m = 1:length(Rt)
fade = find(RdB < Rt(m));
    Nm = length(fade);
AF(m) = Nm/N;
```

```
end
semilogy(Rt,AF,'k-o');
set(gcf,'paperunits','centimeters');
set(gcf,'papersize',[5 5]);                          % 设置图像大小为5cm×5cm
grid;
```

图 3.4.6 对应的 MATLAB 程序 ray.m：

```
clc;
N = 100000;
x = randn(1,N);
y = randn(1,N);
r = sqrt(0.5 * (x.^2 + y.^2));
step = 0.1;
range = 0:step:3;
h = hist(r,range);
fr_approx = h/(step * sum(h));
fr = (range/0.5). * exp( - range.^2);
plot(range,fr_approx,'ko',range,fr,'k');
set(gcf,'paperunits','centimeters');
set(gcf,'papersize',[5 5]);                          % 设置图像大小为5cm×5cm
grid;
```

3.5 信源与信道的匹配

信源发出的消息要通过信道来传输。根据信道容量的定义，只有当信源符号的概率分布 $P(x)$满足一定条件时才能使信道的信息传输率 $R=I(X;Y)$达到最大值，即信道容量。

$$C = \max_{p(x)} I(X;Y)(\text{bit/ 符号})$$

对于某一信道，其信道容量是一定的。信源与信道连接时，信道的信息传输率一般小于信道容量，即

$$R = I(X;Y) < C$$

这时，信道没有得到充分利用。如果信源能使信道的信息传输率达到信道容量，称此信源与信道达到匹配，否则认为信道有剩余。信道剩余度 γ 定义为

$$\gamma = C - I(X;Y) \tag{3.5.1}$$

信道的相对剩余度 γ_c 定义为

$$\gamma_c = \frac{C - I(X;Y)}{C} = 1 - \frac{I(X;Y)}{C} \tag{3.5.2}$$

对于某一固定的信道，其信道容量 C 一定，信道剩余度由信道的信息传输率决定。根据平均互信息的凸性，对于一定的信道，平均互信息 $I(X;Y)$是输入信源的概率分布 $P(x)$的$\cap$型凸函数，即信道的剩余度由信源的特性决定。

在无损信道中，信道容量为

$$C = \log n \tag{3.5.3}$$

式中，n 为信道输入符号的个数。

无损信道的信息传输率为

$$I(X;Y)=H(X) \tag{3.5.4}$$

式中，$H(X)$为与信道连接的信源的熵。因此，无损信道的相对剩余度为

$$\gamma_c=1-\frac{H(X)}{\log n} \tag{3.5.5}$$

式(3.5.5)与第2章信源冗余度的定义式(2.6.3)类似。也就是说，对于无损信道，提高其信息传输率的研究就等同于减小信源冗余度的研究。信源的冗余度减小了，信道的信息传输率提高了，当信息传输率达到信道容量时信道剩余度就消除了，从而信道和信源达到匹配。

实际上，上述结论对于一般的信道同样成立，因为对于某一信道，其信道剩余度的大小完全由信源特性决定。

可见，信源与信道的匹配问题就是信源冗余度的问题。通过信源编码可减小信源的冗余度，减小信道的剩余度，使信源与信道达到匹配。

习　题

1. 发送端有三种等概率符号(x_1,x_2,x_3)，在一个二进制信道中，信源消息集 $X=\{0,1\}$ 且 $p(1)=p(0)$，信宿的消息集 $Y=\{0,1\}$，信道传输概率 $p(y=1|x=0)=1/4$，$p(y=0|x=1)=1/8$。求：

(1) 在接收端收到 $y=0$ 后，所提供的关于传输消息 X 的平均条件互信息 $I(X;y=0)$；

(2) 该情况下所能提供的平均互信息量 $I(X;Y)$。

2. 一信道的输入和输出分别为 X 和 Y，其中 X 等概率取值为$+1$、-1，$Y=X+Z$，Z 是均值为零、方差为 σ^2 的高斯分布。

(1) 画出 Y 的概率分布 $P_Y(y)$与 σ^2 关系的曲线；

(2) 画出信道输入与输出之间的平均互信息 $I(X;Y)$与 σ^2 的关系曲线。

3. 某二元对称信道如图3.1所示，请编写程序画出互信息 $I(x_0;y_0)$和 $I(X;Y)$关于错误概率 p 的关系图，并进行解释。

4. 某一离散无记忆信道如图3.2所示，信道输入、输出分别为 X、Y。

(1) 写出该信道的转移概率矩阵 $\boldsymbol{P}$；

(2) 求信道容量 C；

(3) 求达到容量时的输出概率分布；

(4) 求达到容量时的输入概率分布。

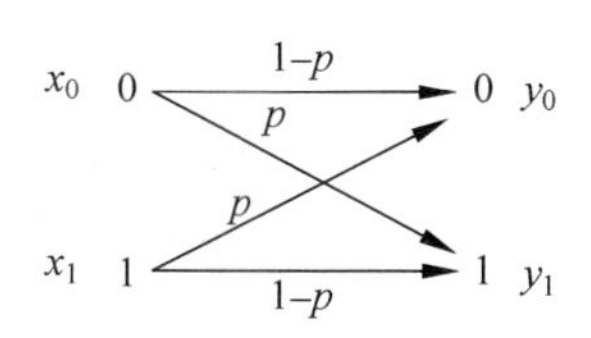

图3.1 二元对称信道

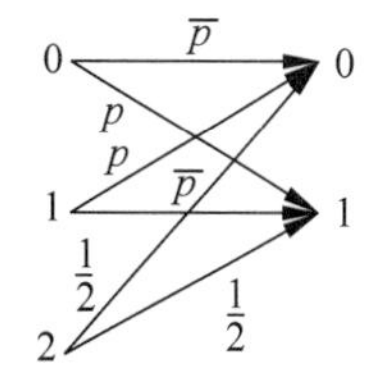

图3.2 离散无记忆信道

5. 二元对称信道转移矩阵为 $\boldsymbol{P}=\begin{bmatrix}1-p & p\\ p & 1-p\end{bmatrix}$。

(1) 若输入 $p(x_0)=\dfrac{3}{4}$，$p(x_1)=\dfrac{1}{4}$，求 $H(X)$ 和 $I(X;Y)$；

(2) 求该信道的信道容量和最佳输入分布；

(3) p 取何值时，信道容量达到最大值，用 MATLAB 工具画出该信道的信道容量随 p 的变化曲线。

6. 某信道的转移概率矩阵为

$$\boldsymbol{P}_1=\begin{bmatrix}1/4 & 3/4\\ 3/4 & 1/4\end{bmatrix},\quad \boldsymbol{P}_2=\begin{bmatrix}1/4 & 1/8 & 5/8\\ 1/8 & 1/4 & 5/8\end{bmatrix}$$

分别求上述两个信道的信道容量及其达到信道容量时的输入概率分布。

7. 一个高斯白噪声信道，接收机前端的带通滤波器带宽为 1MHz，信道上的信号与噪声的平均功率之比为 30.1dB，求该信道的信道容量。

8. 设有三个信道的转移概率矩阵分别为

$$\boldsymbol{P}_1=\begin{bmatrix}1 & 0\\ 0 & 1\end{bmatrix},\quad \boldsymbol{P}_2=\begin{bmatrix}1/4 & 3/4\\ 3/4 & 1/4\end{bmatrix},\quad \boldsymbol{P}_3=\begin{bmatrix}1/2 & 1/2\\ 1/2 & 1/2\end{bmatrix}$$

试比较上述三个信道的好坏。

9. 设某信源发送端符号集为 $X\in\{x_1,x_2\}$，$p(x_1)=a$，接收端符号集为 $Y=\{y_1,y_2,y_3\}$，信道转移矩阵为 $\boldsymbol{P}=\begin{pmatrix}1/2 & 1/2 & 0\\ 1/2 & 1/4 & 1/4\end{pmatrix}$，求该信道的信道容量及其达到信道容量时的输入概率分布。

10. 设某一信号的信息传输率为 5.6kb/s，在带宽为 4kHz 的高斯信道中传输，噪声功率谱密度 $N_0=5\times10^{-6}$mW/Hz。试求：

(1) 无差错传输需要的最小输入功率是多少？

(2) 此时输入信号的最大连续熵是多少？写出对应的输入概率密度函数的形式。

11. 一个二元对称信道，如图 3.3 所示，其中 $p=0.1$。

(1) 设信道以 1500 个二元符号/s 的速度输入符号。现有一消息序列共有 13 000 个二元符号，符号间无统计相关性，且每一符号取值概率分布 $p(x=0)=p(x=1)=1/2$，从信息传输的角度考虑，10s 内能否将这个消息序列无失真地传送完？

(2) 若信源概率分布为 $p(x=0)=0.7$，$p(x=1)=0.3$，无失真传送以上信源消息序列至少需要多长时间？

12. 一信道如图 3.4 所示。

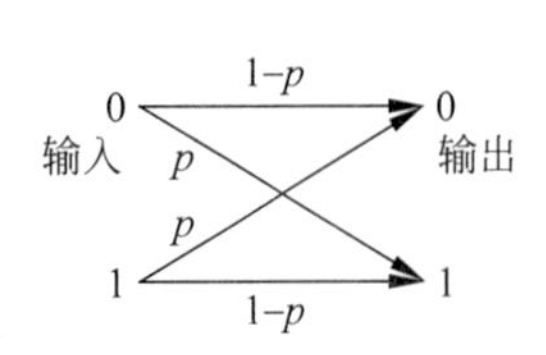

图 3.3　二元对称信道

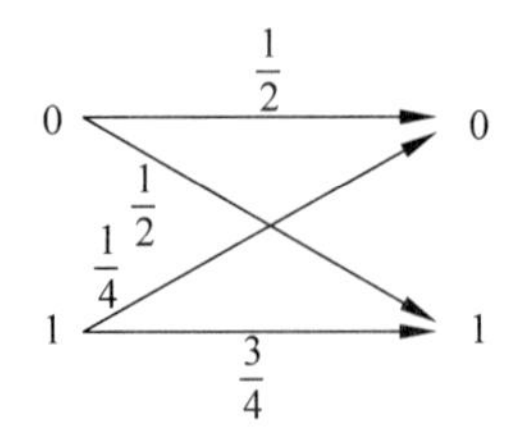

图 3.4　信道的转移概率

(1) 求信道容量；

(2) 若将两个同样的信道串接，求串接后信道的转移概率矩阵；

(3) 求(2)中串接信道的容量和达到容量时的输入概率分布。

13. 电视图像由30万个像素组成，对于适当的对比度，一个像素可取10个可辨别的亮度电平。假设各个像素的10个亮度电平都以等概率出现，实时传送的电视图像每秒发送30帧图像。为了获得满意的图像质量，要求信号与噪声的平均功率比值为30dB。试计算在这些条件下传送电视的视频信号所需的带宽。

第4章　限失真信源编码

限失真信源编码就是满足一定失真限度的信源编码。为什么要进行限失真信源编码呢？从第3章可知，不同信道的信息传输能力是有限的，最大的信息传输率是信道容量。怎么让信源发出的信息在传输无失真或满足一定限度失真的情况下，尽可能快地传递到接收端呢？这个问题引出了限失真信源编码。

研究限失真信源编码的原因主要有信源特性、数据压缩和实际应用的需要。

1. 信源特性

在很多场合，特别是对于连续信源，因为其绝对熵为无限大，若要求无失真地对其进行传输，则要求信道的信息传输率也为无限大，这是不现实的。根据香农公式 $C=W\log(1+\mathrm{SNR})$，由于信道带宽总是有限的，所以信道容量总要受到限制，因此也就不可能实现完全无失真传输。

2. 数据压缩

即使对于离散信源，由于处理的信息量越来越大，使得信息的存储和传输成本很高，为了提高传输和存储的效率，就必须对待传送和存储的数据进行压缩，这样也可能会损失一定信息，带来失真。

3. 符合实际

在很多场合，过高的信息率并没有必要。

例如，由于人耳能够接收的带宽和分辨率是有限的，因此传输数字音频时，就允许有一定的失真，并且对欣赏没有影响。可以把频谱范围20～8000Hz的语音信号去掉低频和高频，看成带宽只有300～3400Hz的信号。这样，即使传输的语音信号会有一些失真，但并不影响人耳对所传语音的分辨和理解，已满足语音传输的要求，所以这种失真是允许的。

又如，对于数字电视，由于人的视觉系统的分辨率有限，并且对低频比较敏感，对高频不太敏感，因此也可以损失部分高频分量，当然要在一定的限度内。

如此等等，都决定了限失真信源编码的重要性。

在限失真信源编码里，一个重要的问题就是在一定程度的允许失真限度内，能把信源信息压缩到什么程度，即最少用多少比特数才能描述信源。也就是，在允许一定程度失真的条件下，如何能快速地传输消息。这是本章所要讨论的问题。

当信源的信息传输率小于信道容量时，该信源消息可在该信道无失真传输。当信源的信息传输率大于信道容量或者信源存在冗余度需要进行信源编码时，将引入一定的失真，使编码后的信源信息率小于等于信道容量，从而提高信道的信息传输效率。编码过程引入的失真与编码后的信源信息率之间满足一定的函数关系，该函数称为信息率失真函数。这个问题已经被香农解决。香农在1948年的经典论文中已经提到了这个问题；1959年，香农又在他的一篇论文《保真度准则下的离散信源编码定理》里讨论了这个问题。

信息率失真理论是量化、数/模转换、频带压缩和数据压缩的理论基础。信息率失真理论研究的就是在允许一定失真的前提下，对信源的压缩编码。限失真信源编码定理(香农第三定理)指出：信息率失真函数 $R(D)$ 就是在给定失真测度 D 条件下，对信源熵可压缩的最低程度。

本章主要介绍信息率失真理论的基本内容，包括信源的失真度和信息率失真函数的定义与性质，离散信源和连续信源的信息率失真函数计算，一些常用的限失真编码方法，最后给出限失真信源编码定理及其在数据压缩领域的应用。

4.1　平均失真和信息率失真函数

4.1.1　失真度与平均失真度

信源编码器如图4.1.1所示。

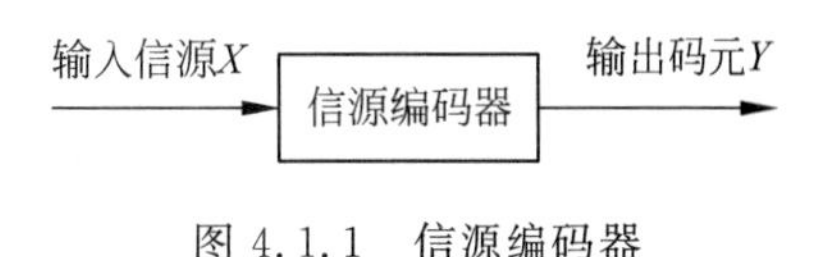

图4.1.1　信源编码器

图4.1.1中，信源输入的随机变量为X，其值集合为$X\in\{x_1,x_2,\cdots,x_n\}$，经过编码后输出为$Y\in\{y_1,y_2,\cdots,y_m\}$，设$x_i$对应$y_j$，如果

$$x_i=y_j \quad i=1,2,\cdots,n; \quad j=1,2,\cdots,m$$

则认为没有失真。当$x_i\neq y_j$时，就产生了失真，失真的大小，用失真函数$d(x_i,y_j)$来衡量。用它来测度信源发出一个符号x_i，而在接收端再现为接收符号集中一个符号y_j所引起的误差或失真。

通常较小的d值代表较小的失真，而$d(x_i,y_j)=0$表示无失真。

失真函数的定义为(单符号失真度)

$$d(x_i,y_j)=\begin{cases}0, & x_i=y_j\\ a, & x_i\neq y_j\end{cases} \tag{4.1.1}$$

由于输入符号有n个，输出符号有m个，所以共有$n\times m$个失真元素，写成矩阵形式为

$$\boldsymbol{d}=\begin{bmatrix}d(x_1,y_1) & d(x_1,y_2) & \cdots & d(x_1,y_m)\\ d(x_2,y_1) & d(x_2,y_2) & \cdots & d(x_2,y_m)\\ \vdots & \vdots & & \vdots\\ d(x_n,y_1) & d(x_n,y_2) & \cdots & d(x_n,y_m)\end{bmatrix} \tag{4.1.2}$$

$\boldsymbol{d}$称为失真矩阵。

例4.1.1　离散对称信道($m=n$)，信源变量$X\in\{x_1,x_2,\cdots,x_n\}$，接收变量$Y\in\{y_1,y_2,\cdots,y_n\}$，定义单符号失真度(失真函数)为

$$d(x_i,y_j)=\begin{cases}0, & x_i=y_j\\ a, & x_i\neq y_j\end{cases} \tag{4.1.3}$$

当$a=1$时，这种失真称为汉明失真。

汉明失真矩阵为一方阵，而且对角线上的元素为零，即

$$\boldsymbol{d}=\begin{bmatrix}0 & 1 & \cdots & 1\\ 1 & 0 & \cdots & 1\\ \vdots & \vdots & & \vdots\\ 1 & 1 & \cdots & 0\end{bmatrix} \tag{4.1.4}$$

对于二元对称信道，$m=n=2$，信源$X\in\{0,1\}$，接收变量$Y\in\{0,1\}$，在汉明失真定义

下，失真矩阵为

$$\boldsymbol{d}=\begin{bmatrix}0 & 1\\ 1 & 0\end{bmatrix} \tag{4.1.5}$$

它表示当发送符号 0 或 1，而接收后再现的仍是符号 0 或 1 时，则认为无失真。若发送符号 0，接收到符号 1，或者发送符号 1，接收到符号 0，都被认为有失真，并且这两种错误后果等同。

例 4.1.2 删除信源输出变量 $X\in\{x_1,x_2,\cdots,x_n\}$，接收变量 $Y\in\{y_1,y_2,\cdots,y_m\}$，$m=n+1$，定义失真函数

$$d(x_i,y_j)=\begin{cases}0, & x_i=y_j\\ 1, & x_i\neq y_j,\text{对所有 } i,j,j\neq m\\ \dfrac{1}{2}, & j=m(\text{对所有 } i)\end{cases} \tag{4.1.6}$$

其中接收符号 y_m 作为一个删除符号。

在这种情况下，意味着把信源符号再现为删除符号 y_m 时，其失真程度要比再现为其他符号的失真程度少 1/2。比如，对二元删除信源，$n=2$，$m=3$，$X\in\{0,1\}$，接收变量 $Y\in\{0,1,2\}$，失真度的三种表示形式为

失真函数：

$$d(0,0)=d(1,1)=0$$
$$d(0,1)=d(1,0)=1$$
$$d(0,2)=d(1,2)=\frac{1}{2}$$

失真矩阵：

$$\boldsymbol{d}=\begin{bmatrix}0 & 1 & \frac{1}{2}\\ 1 & 0 & \frac{1}{2}\end{bmatrix}$$

失真函数 $d(x_i,y_j)$ 的函数形式可以根据需要适当选取，如平方代价函数、绝对代价函数、均匀代价函数等。

平方失真：$d(x_i,y_j)=(x_i-y_j)^2$ (4.1.7)

绝对失真：$d(x_i,y_j)=|x_i-y_j|$ (4.1.8)

相对失真：$d(x_i,y_j)=|x_i-y_j|/|x_i|$ (4.1.9)

误码失真：$d(x_i,y_j)=\delta(x_i,y_j)=\begin{cases}0, & x_i=y_j\\ 1, & \text{其他}\end{cases}$ (4.1.10)

也可以按其他的标准，如引起的损失、风险、主观感觉上的差别等来定义失真函数。

由于信源输入 X 和输出 Y 都是随机变量，所以单符号失真度 $d(x_i,y_j)$ 也是一个随机变量，传输一个符号引起的平均失真应该是单符号失真度 $d(x_i,y_j)$ 在信源概率空间和信宿概率空间的平均值，称为平均失真。可用 $d(x_i,y_j)$ 的数学期望或统计平均值表示为

$$\overline{D}=\sum_{i=1}^{n}\sum_{j=1}^{m}p(x_iy_j)d(x_i,y_j)=\sum_{i=1}^{n}\sum_{j=1}^{m}p(x_i)p(y_j/x_i)d(x_i,y_j) \tag{4.1.11}$$

平均失真是对给定信源分布 $p(x_i)$ 且转移概率分布为 $p(y_j/x_i)$ 的信源编码器失真的总体量度。平均失真是符号失真函数在信源空间和信宿空间平均的结果，是从整体上描述系统的失真情况。图 4.1.2 为转移概率分布为 $p(y_j/x_i)$ 的信源编码器等效模型。

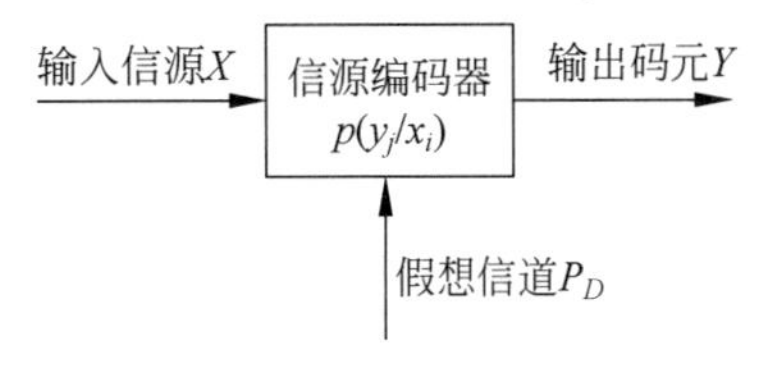

图 4.1.2 信源编码器等效模型

对给定的信源（概率分布 $p(x_i)$ 一定），不同的 $p(y_j/x_i)$ 表示不同的信源编码方法，可能产生不同的编码失真 $\overline{D}$。如果把信源编码过程看作一个假想的信道，则信源编码时的输入/输出符号映射关系即转移概率分布 $p(y_j/x_i)$ 相当于信道的转移概率分布，则信源编码后的信源信息率相当于信道传输的平均互信息，这也是信源编码后信源信息率计算的依据。

例 4.1.3 已知编码器输入的概率分布为 $p(x)=\{0.5,0.5\}$，编码器转移矩阵分别为

$$\boldsymbol{P}_1=\begin{bmatrix}0.6 & 0.4\\0.2 & 0.8\end{bmatrix},\quad \boldsymbol{P}_2=\begin{bmatrix}0.9 & 0.1\\0.2 & 0.8\end{bmatrix}$$

定义单符号失真度

$$\boldsymbol{d}=\begin{bmatrix}0 & 1\\1 & 0\end{bmatrix}$$

计算两种信源编码方法带来的平均失真。

解：
$$\begin{aligned}\overline{D}&=\sum_{i=1}^{2}\sum_{j=1}^{2}p(x_i)p(y_j/x_i)d(x_i,y_j)\\&=p(x_1)[p(y_1/x_1)d(x_1,y_1)+p(y_2/x_1)d(x_1,y_2)]+\\&\quad p(x_2)[p(y_1/x_2)d(x_2,y_1)+p(y_2/x_2)d(x_2,y_2)]\\&=p(x_1)p(y_2/x_1)d(x_1,y_2)+p(x_2)p(y_1/x_2)d(x_2,y_1)\end{aligned}$$

可得

$$\overline{D}_1=(0.4\times1+0.2\times1)\times0.5=0.6\times0.5=0.3$$
$$\overline{D}_2=(0.1\times1+0.2\times1)\times0.5=0.3\times0.5=0.15$$

信源编码后的信息传输率为

$$I_1(X;Y)=0.125(\text{bit/符号})$$
$$I_2(X;Y)=0.397(\text{bit/符号})$$

两个编码器转移概率不同，代表了不同的编码方法。例 4.1.3 中经过两种不同的编码方法编码后的信息率不同，$I_1(X;Y)<I_2(X;Y)$，说明编码 1 对信源数据的压缩率高，但是编码 1 带来的失真 $\overline{D}_1>\overline{D}_2$，说明编码 1 对信源数据带来的失真要大一些。

从上面的单符号失真函数，可以得到信源符号序列的失真函数和平均失真度。由于序列相当于一个由单符号随机变量组成的随机向量，可以仿照单符号时的情况求得。

设信源输出的符号序列为 $X^N=(X_1X_2\cdots X_N)$，其中的每一个随机变量 X_i 取自同一符号集 $X_i\in\{x_1,x_2,\cdots,x_n\}$，所以 X^N 共有 n^N 种不同的符号序列，记为 $\alpha_i,i=1,2,\cdots,n^N$。接收到的符号为 $Y^N=(Y_1Y_2\cdots Y_N)$，其中每一个符号取自符号集 $Y_i\in\{y_1,y_2,\cdots,y_m\}$，所以 Y^N 共有 m^N 种不同的符号序列，记为 $\beta_j,j=1,2,\cdots,m^N$。信源符号序列的失真函数记为

$$d_N(\alpha_i,\beta_j)=\sum_{k=1}^{N}d(x_{ik},y_{jk})$$

则失真函数矩阵应该是一个 $n^N\times m^N$ 的矩阵。对长度为 N 的信源序列，其平均失真度为

$$\overline{D}_N=\sum_{i=1}^{n^N}\sum_{j=1}^{m^N}p(\alpha_i,\beta_j)d(\alpha_i,\beta_j) \tag{4.1.12}$$

每个符号的平均失真度为

$$\overline{D}=\frac{1}{N}\overline{D}_N \tag{4.1.13}$$

当信源无记忆时，有

$$\begin{cases}\overline{D}_N=\sum\limits_{k=1}^{N}\overline{D}_k\\ \overline{D}=\dfrac{1}{N}\sum\limits_{k=1}^{N}\overline{D}_k\end{cases} \tag{4.1.14}$$

式中，$\overline{D}_k,k=1,2,\cdots,N$ 为符号序列中第 k 个符号对应的编码失真。

若平均失真度不大于所允许的失真 D，即

$$\overline{D}\leqslant D \tag{4.1.15}$$

称此为保真度准则。

4.1.2 信息率失真函数

如果信源输出的信息率大于信道的传输能力(此时不可能无差错传输)，就必须对信源进行压缩，使压缩后的信息率小于信道传输能力，但同时应保证压缩所引入的失真不超过预先规定的限度 D。

因此，信息压缩问题就是对于给定的信源，在满足平均失真

$$\overline{D}\leqslant D$$

的前提下，使编码后的信息率尽可能小。

上述信息压缩问题有两层含义：

(1) 在满足保真度准则下($\overline{D}\leqslant D$)的条件下，寻找信源必须传输给接收者的信息率 R 的下限值，而且这个下限值与 D 有关；

(2) 若从接收端来看，就是在满足保真度准则下，寻找再现信源消息所必须获得的最低平均信息量。

由于接收端获得的平均信息量用平均互信息 $I(X;Y)$ 来表示，这就变成了在满足保真度准则的条件下($\overline{D}\leqslant D$)，寻找平均互信息 $I(X;Y)$ 的最小值。这个最小值就是在 $\overline{D}\leqslant D$ 条件下，信源必须传输的最小平均互信息量。

$$R(D)=\min_{\overline{D}\leqslant D}I(X;Y) \tag{4.1.16}$$

在信源给定，并且也定义了具体的失真函数之后，总是希望在满足一定的失真限度要求的情况下，使信源最后输出的信息率 R 尽可能小。也就是说，要在满足保真度准则下($\overline{D}\leqslant D$)，寻找信源输出信息率 R 的下限值。如果将信源编码也看成是一个信道，构成了一类假想信道，称为 D 允许信道，记为

$$P_D=\{p(y/x):\overline{D}\leqslant D\} \tag{4.1.17}$$

对于离散无记忆信道，有

$$P_D = \{p(y_j/x_i):\bar{D} \leqslant D;\quad i=1,2,\cdots,n;\quad j=1,2,\cdots,m\} \tag{4.1.18}$$

限失真信源编码的目的，就是要在上述允许信道 P_D 中，寻找到一个信道 $p(y_j/x_i)$，使得从输入端传送过来的信息量最少，即 $I(X;Y)$ 最小。这个最小的互信息就称为信息率失真函数 $R(D)$，简称为率失真函数，即

$$R(D) = \min_{P_{ij} \in P_D} I(X;Y) = \min_{P_{ij} \in P_D} \sum_{i=1}^{n} \sum_{j=1}^{m} p(x_i)p(y_j/x_i)\log\frac{p(y_j/x_i)}{p(y_j)} \tag{4.1.19}$$

其单位是 bit/信源符号。

应当注意，在研究 $R(D)$ 时，引用的条件概率 $p(y_j/x_i)$ 并没有实际信道的含义，只是为了求平均互信息的最小值而引用的假想信道。实际上这些信道反映的仅是不同的限失真信源编码方法。所以改变假想信道 $p(y_j/x_i)$ 求 $I(X;Y)$ 的最小值，实质上是选择一种编码方式使信道的信息传输率 $I(X;Y)$ 最小，也就是在保真度准则下，使信源的压缩率最高。

若例 4.1.3 中的两种编码方法都满足失真度的限制，当然编码 1 要好些，因为它压缩掉了更多的信息。事实上，在失真度的限制下，肯定存在一种编码方法，使编码后的信息率最小，这个最小的信息率就是信息率失真函数。但具体是什么编码方法，香农定理没有指出来。

例 4.1.4　限失真信源编码实例。

某信源符号集 $X \in \{x_1, x_2, \cdots, x_{2n}\}$，每个信源符号等概分布。失真度限制 $D=1/2$，编码映射关系如图 4.1.3 所示。

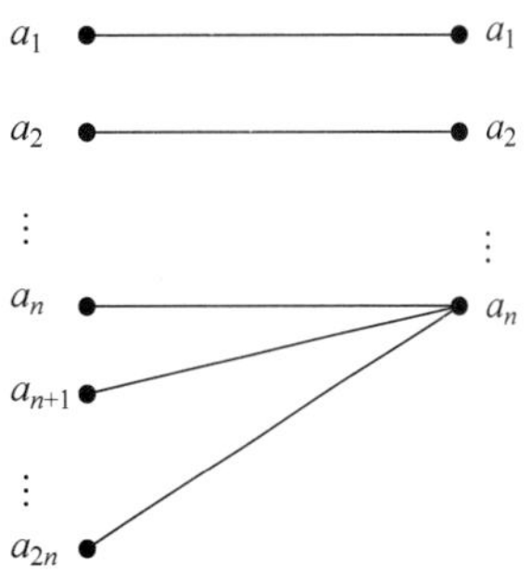

图 4.1.3　编码映射关系

图 4.1.3 对应的假想信道转移概率矩阵为

$$P=\begin{bmatrix} p(a_1/a_1) & p(a_2/a_1) & \cdots & p(a_i/a_1) & \cdots & p(a_n/a_1) \\ p(a_1/a_2) & p(a_2/a_2) & \cdots & p(a_i/a_2) & \cdots & p(a_n/a_2) \\ \vdots & \vdots & & \vdots & & \vdots \\ p(a_1/a_n) & p(a_2/a_n) & \cdots & p(a_i/a_n) & \cdots & p(a_n/a_n) \\ \vdots & \vdots & & \vdots & & \vdots \\ p(a_1/a_{2n}) & p(a_2/a_{2n}) & \cdots & p(a_i/a_{2n}) & \cdots & p(a_n/a_{2n}) \end{bmatrix}$$

$$=\begin{bmatrix} 1 & 0 & \cdots & 0 & \cdots & 0 \\ 0 & 1 & \cdots & 0 & \cdots & 0 \\ \vdots & \vdots & & \vdots & & \vdots \\ 0 & 0 & \cdots & 0 & \cdots & 1 \\ \vdots & \vdots & & \vdots & & \vdots \\ 0 & 0 & \cdots & 0 & \cdots & 1 \end{bmatrix}$$

定义失真函数

$$d(a_i,a_j)=\begin{cases}1, & i \neq j \\ 0, & i=j\end{cases}$$

可计算平均失真为

$$\overline{D}=\sum_{i=1}^{2n}\sum_{j=1}^{n}p(a_i)p(a_j/a_i)d(a_i,a_j)$$
$$=\sum_{i=n+1}^{2n}\sum_{j=1}^{n}p(a_i)p(a_j/a_i)d(a_i,a_j)=1/2$$

下面计算经过该信源编码后信源信息率的变化。

图 4.1.3 对应的假想信道是确定信道，信道噪声熵 $H(Y/X)=0$，则信道上传输的信息量，也即压缩后剩余的信息量等于该信道的平均互信息量：

$$I(X;Y)=H(Y)-H(Y/X)=H(Y)$$

由图 4.1.3 可知，编码输出符号的概率分别为

$$p(a_1)=p(a_2)=\cdots=p(a_{n-1})=\frac{1}{2n}$$

$$p(a_n)=\sum_{i=n}^{2n}p(a_i)=\frac{n+1}{2n}$$

则编码输出熵 $H(Y)$ 为

$$H(Y)=H\left(\frac{1}{2n},\frac{1}{2n}\cdots\frac{1}{2n},\frac{n+1}{2n}\right)=\log 2n-\frac{n+1}{2n}\log(n+1)$$

可见，经信源压缩编码后，信源的信息率由编码前的 $H(X)=\log 2n$，压缩到编码后的 $R(\overline{D})=I(X;Y)=H(Y)=\log 2n-(n+1/2n)\log(n+1)$。信息率压缩了 $(n+1/2n)\log(n+1)$，这是采用了上述压缩编码方法的结果，所付出的代价是容忍了 1/2 的平均失真。

如果选取对压缩更有利的编码方案，也可能会使压缩的效果更好。其性能极限是压缩后信源的信息率达到最小互信息的极限，就是 $R(D)$ 的数值（此时 $\overline{D}=D=1/2$，即失真度达到了上限）。如果压缩后信息率小于 $R(D)$（即要求更大的压缩量），则该编码方法必然会使失真 $\overline{D}>D=1/2$，就要超出失真限度。

4.1.3 信息率失真函数的特性

1. $R(D)$的定义域

$R(D)$的定义域为$[0, D_{\max}]$，即 D 的取值范围。

D 的下界为零，对应不允许任何失真的情况，相当于无噪信道，此时信道传输的信息量，即信道的信息率等于信源的熵，即

$$R(D)=R(0)=H(X) \tag{4.1.20}$$

平均失真 D 也有一上界值 $D_{\max}$。根据 $R(D)$ 的定义，$R(D)$ 是在一定的约束条件下，平均互信息量 $I(X;Y)$ 的最小值，其下界为 0。$R(D)$ 和 D 的关系曲线一般如图 4.1.4 所示。当 D 大到一定程度，$R(D)$ 就达到其下界 0，定义这时的 D 为 $D_{\max}$。

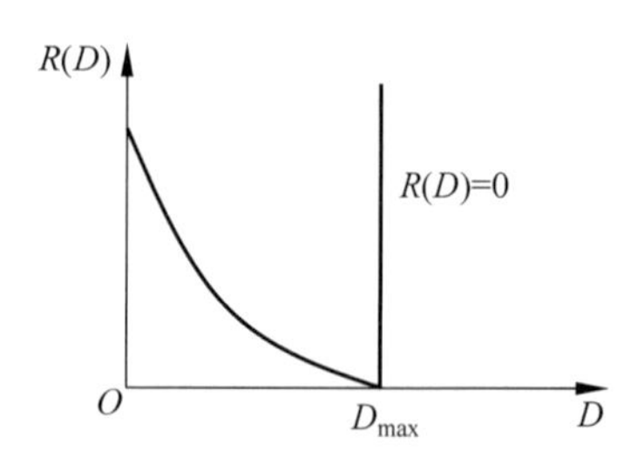

图 4.1.4　$R(D)$ 和 D 的关系

由图 4.1.4 可见，$D_{\max}$ 是满足 $R(D)=0$ 的所有平均失真 D 中的最小值。当 $D>D_{\max}$ 时，$R(D)=0$；当 $D<D_{\max}$ 时，$R(D)>0$。

设当平均失真 $\overline{D}=D_{\max}$ 时，$R(D)$ 达到其下界 0。当允许更大失真时，即 $\overline{D}>D_{\max}$ 时，

$R(D)$仍只能继续是0。因为当 X 和 Y 统计独立时,平均互信息 $I(X;Y)=0$,可见当 $\overline{D}\geqslant D_{\max}$时,信源 X 和接收符号 Y 已经统计独立了,此时,$p(y_j/x_i)=p(y_j)$,与 x_i 无关。因此,$D_{\max}$就是在 $R(D)=0$ 的条件下,在某种 $p(y)$分布下,能够得到的平均失真 D 的最小值,即

$$D_{\max}=\min_{p(y)}\sum_{i=1}^{n}\sum_{j=1}^{m}p(x_i)p(y_j)d(x_i,y_j) \tag{4.1.21}$$

也可以改写成

$$D_{\max}=\min_{p(y)}\sum_{j=1}^{m}p(y_j)\sum_{i=1}^{n}p(x_i)d(x_i,y_j) \tag{4.1.22}$$

也就是说,要求 $d'(y_j)=\sum_{i=1}^{n}p(x_i)d(x_i,y_j)$ 的最小值。这个最小值是一定存在的。比如 $p(y_j)$这样分布:当某一个 y_j 使得$d'(y_j)$为最小时,就取 $p(y_j)=1$,而其余的 $p(y_i)=0,i\neq j$,此时求得的 $d'(y_j)$一定是最小的。此时,有

$$D_{\max}=\min_{p(y_j),j=1,2,\cdots,m}d'(y_j)=\min_{p(y_j),j=1,2,\cdots,m)}\sum_{i=1}^{n}p(x_i)d(x_i,y_j) \tag{4.1.23}$$

例 4.1.5　设输入/输出符号表为 $X=Y\in\{0,1\}$,输入概率分布为 $p(x)=\{1/3,2/3\}$,失真矩阵为

$$\boldsymbol{d}=\begin{bmatrix}d(x_1,y_1) & d(x_1,y_2)\\ d(x_2,y_1) & d(x_2,y_2)\end{bmatrix}=\begin{bmatrix}0 & 1\\ 1 & 0\end{bmatrix}$$

求 $D_{\max}$。

解:$$D_{\max}=\min_{j=1,2}\sum_{i=1}^{2}p(x_i)d(x_i,y_j)=\min_{j=1,2}\left\{\frac{1}{3}\times 0+\frac{2}{3}\times 1,\frac{1}{3}\times 1+\frac{2}{3}\times 0\right\}$$
$$=\min_{j=1,2}\left\{\frac{2}{3},\frac{1}{3}\right\}=\frac{1}{3}$$

而输出符号概率为 $p(y_1)=0,p(y_2)=1$。

例 4.1.6　输入/输出符号表同上题,失真矩阵为

$$\boldsymbol{d}=\begin{bmatrix}d(x_1,y_1) & d(x_1,y_2)\\ d(x_2,y_1) & d(x_2,y_2)\end{bmatrix}=\begin{bmatrix}\frac{1}{2} & 1\\ 2 & 1\end{bmatrix}$$

求 $D_{\max}$。

解:$$D_{\max}=\min_{j=1,2}\sum_{i=1}^{2}p(x_i)d(x_i,y_j)=\min_{j=1,2}\left\{\frac{1}{3}\times\frac{1}{2}+\frac{2}{3}\times 2,\frac{1}{3}\times 1+\frac{2}{3}\times 1\right\}$$
$$=\min_{j=1,2}\left\{\frac{3}{2},1\right\}=1$$

此时,$p(y_1)=0,p(y_2)=1$。

关于 $R(D)$函数的定义域,通常认为编码平均失真的最小值 $D_{\min}$为0,最大值 $D_{\max}$是使 $R(D)=0$ 的最小的失真值,也即 $R(D)$函数的定义域为$[0,D_{\max}]$。实际上,在许多场合,$D_{\min}$不一定为0,它的取值与单符号失真函数有关。只有当失真矩阵中每一行至少有一个零元素,信源的平均失真度才能达到零值,否则 $D_{\min}$一定不等于零。当 $D_{\min}=0$ 时,即信源不允许任何失真存在,相当于无噪声信道,此时信道传输的信息量等于信源熵,即

$$R(D_{\min})=R(0)=H(X)$$

要使上式成立，失真矩阵中每一行至少有一个零，每一列最多只能有一个零。否则 $R(0)$ 可能小于 $H(X)$，它表示这时信源符号集中有些符号可以被压缩、合并，而不带来任何失真。

表 4.1.1 给出了典型信源定义域的上下限。

表 4.1.1　典型信源定义域的上下限

信源 $\begin{bmatrix} X \\ P \end{bmatrix}$	$\begin{bmatrix} 0 & 1 \\ 1/2 & 1/2 \end{bmatrix}$	$\begin{bmatrix} 0 & 1 \\ 1/2 & 1/2 \end{bmatrix}$	$\begin{bmatrix} 0 & 1 \\ 1/3 & 2/3 \end{bmatrix}$	$\begin{bmatrix} 0 & 1 \\ 1/3 & 2/3 \end{bmatrix}$
失真矩阵	$\begin{bmatrix} 0 & 1 \\ 1 & 0 \end{bmatrix}$	$\begin{bmatrix} 1/2 & 1 \\ 2 & 1 \end{bmatrix}$	$\begin{bmatrix} 0 & 1 \\ 1 & 0 \end{bmatrix}$	$\begin{bmatrix} 1/2 & 1 \\ 2 & 1 \end{bmatrix}$
$D_{\min}$	0	3/4	0	5/6
$D_{\max}$	1/2	1	1/3	1
$R(D_{\min})$	1	—	0.9183	—
$R(D_{\max})$	0	0	0	0

由表 4.1.1 可见，当失真矩阵中每一行至少有一个零元素时，信源的平均失真度为零值，否则 $D_{\min}$ 一定不等于零；而且，$R(0)$ 可能小于 $H(X)$。

2. $R(D)$ 函数的单调递减性和连续性

$R(D)$ 的单调递减性是很容易理解的。因为允许的失真越大，所要求的信息率就可以越小。根据 $R(D)$ 的定义，它是在平均失真度小于或等于允许失真度 D 的所有假想信道集合 P_D 中，取 $I(X;Y)$ 的最小值。当允许失真 D 增大，则 P_D 的集合也扩大，当然仍然包含原来满足条件的所有信道。这是在扩大了的 P_D 集合中找 $I(X;Y)$ 的最小值，显然或者是最小值不变，或者是变小了，所以 $R(D)$ 是非增的。

关于 $R(D)$ 的连续性，这里就不再证明了。

所以，$R(D)$ 有如下基本性质：

(1) $R(D)\geqslant 0$，定义域为 $0\sim D_{\max}$，当 $D\geqslant D_{\max}$ 时，$R(D)=0$。

(2) $R(D)$ 是关于 D 的连续函数。

(3) $R(D)$ 是关于 D 的严格递减函数。

因此，当规定了允许失真，又找到了适当的失真函数 d_{ij}，就可以找到该失真条件下的最小信息率 $R(D)$，用不同的方法进行数据压缩时（在允许的失真限度 D 内），其压缩的程度如何，可以用 $R(D)$ 来衡量。由 $R(D)$ 可知是否还有压缩潜力，以及有多大的压缩潜力。因此，有关 $R(D)$ 的研究也是信息论领域的一个研究热点。

4.2　离散信源的信息率失真函数

已知离散信源的概率分布和失真函数 d_{ij}，就可以求得信源的 $R(D)$ 函数。

求 $R(D)$ 函数，实际上是一个求有约束问题的最小值问题。即适当选取假想信道的 $p(y_j/x_i)$，使平均互信息

$$I(X;Y)=\sum_{i=1}^{m}\sum_{j=1}^{m}p(x_i)p(y_j/x_i)\log\frac{p(y_j/x_i)}{p(y_j)}$$

最小化，并使 $p(y_j/x_i)$ 满足以下约束条件：

$$\begin{cases} p(y_j/x_i) \geqslant 0 \quad (i=1,2,\cdots,n;\ j=1,2,\cdots,m) \\ \sum_{j=1}^{m} p(y_j/x_i) = 1 \\ \sum_{i=1}^{n}\sum_{j=1}^{m} p(x_i)p(y_j/x_i)d(x_i,y_j) = D \end{cases} \tag{4.2.1}$$

应用拉格朗日乘子法,原则上总是可以求出上述问题的解。

下面介绍信息率失真函数类似信道容量计算的迭代算法。

首先需要指出的是,达到率失真函数的条件概率及输出符号概率分布都不一定是唯一的。

具体迭代算法可以按如下步骤进行:

(1) 先假定一个负数作为 D_1,选定初始转移概率 $p^1(b_j/a_i)=1/(r\times s)$组成 $r\times s$ 阶初始矩阵。

(2) 把选定的初始转移 $p^1(b_j/a_i)$代入表达式 $p^1(b_j)=\sum_{i=1}^{r}p(a_i)p^1(b_j/a_i)$中,得到相应的 $p^1(b_j)$,然后用 $p^1(b_j)$代入表达式 $p^2(b_j/a_i)=\dfrac{p^1(b_j)e^{D_1 d(a_i,b_j)}}{\sum_{j=1}^{s}p^1(b_j)e^{D_1 d(a_i,b_j)}}$中,得到相应的 $p^2(b_j/a_i)$。

(3) 再用 $p^2(b_j/a_i)$代入表达式 $p^2(b_j)=\sum_{i=1}^{r}p(a_i)p^2(b_j/a_i)$ 中,得到相应的 $p^2(b_j)$ 代入表达式 $p^3(b_j/a_i)=\dfrac{p^2(b_j)e^{D_1 d(a_i,b_j)}}{\sum_{j=1}^{s}p^2(b_j)e^{D_1 d(a_i,b_j)}}$ 中,得到相应的 $p^3(b_j/a_i)$。

(4) 依此类推进行下去,直到 $D^{(n)}(D_1)=\sum_{i=1}^{r}\sum_{j=1}^{s}p(a_i)p^{(n)}(b_j/a_i)d(a_i,b_j)$ 与 $D^{(n+1)}(D_1)=\sum_{i=1}^{r}\sum_{j=1}^{s}p(a_i)p^{(n+1)}(b_j/a_i)d(a_i,b_j)$ 相当接近,其差别已在允许的精度范围之内,以及 $R^{(n)}(D_1)=\sum_{i=1}^{r}\sum_{j=1}^{s}p(a_i)p^{(n)}(b_j/a_i)\log\dfrac{p^{(n)}(b_j/a_i)}{p^{(n)}(b_j)}$ 与 $R^{(n+1)}(D_1)=\sum_{i=1}^{r}\sum_{j=1}^{s}p(a_i)p^{(n+1)}(b_j/a_i)\log\dfrac{p^{(n+1)}(b_j/a_i)}{p^{(n+1)}(b_j)}$ 相当接近,其差别也在允许的精度范围之内,则 $R^{(n)}(D_1)$或 $R^{(n+1)}(D_1)$就是这个 D_1 值所对应的信息率失真函数 $R(D_1)$的近似值。

(5) 再选定一个略大一些的负数作为 D_2 值,重复以上的迭代计算过程,得到 D_2 值对应的信息率失真函数 $R(D_2)$的近似值。

(6) 这种过程一直到信息率失真函数 $R(D_{\max})$逼近于零为止,随着 $D_1,D_2,\cdots,D_{\max}$的选定就可以得到信息率失真函数 $R(D)$的曲线。

信息率失真函数的迭代算法对应的 MATLAB 子程序 RateDF. m:

```
Function [Pba,Rmin,Dmax,Smax,RS,DS] = RateDF(Pa,d,r,s,S,times)
format long
%d:失真矩阵;
%Pa:输出概率分布;
%r:输入信源数;
```

```
% s:输出信源数;
% S:拉格朗日乘子;
% time:迭代次数;
[r,s] = size(d);
if(length(find(Pa <= 0)) ~= 0)
    error('Not a probability vector,should be positive component!');
end
if(r~ = length(Pa))
    error('The parameters do not match!');
end
pba = [ ];
RS = [ ];
DS = [ ];
m = 1;
for z =  1:times
    Pba(1:r,1:s,1) = 1/(s * r) * ones(r,s);
    for j = 1:r
        Pb(j.1) = 0;
        for i = 1:r
            Pb(j.1) = Pb(j.1) + Pa(i) * Pba(i,j,1);
        end
        for i = 1:r
            temp(i) = 0;
            for j = 1:s
                temp(i) = temp(i) + Pb(j,1) * Pba(i,j,1);
            end
        end
        for i = 1;r
            for j = 1:s
                Pba(i,j,2) = (Pb(j,1) * exp(S(m) * d(i,j)))/temp(i);
            end
            D(1) = 0;
            for i = 1:r
                for j = 1:s
                    D(1) = D(1) + Pba(i,j,1) * d(i,j);
                end
            end
            R(1) = 0;
            for i = 1:r;
                for j = 1:s
                    if(Pba(i,j,1)~ = 0);
                        R(1) = R(1) + Pa(i) + Pba(i,j,1) * log2(Pba(i,j,1)/Pb(j,1));
                    end
                end
            end
            n = 2;
        while(1)
            for j = 1:s
                Pb(j,n) = Pb(j,n) + Pba(i,j,n);
            end
        end
```

```
        for i = 1:r
            temp(i) = 0;
            for j = 1:s
                % disp('SM:):disp(S(m));
                temp(i) = temp(i) + Pb(j,n) * exp(S(m) * d(i,j));
            end
        end
        for i = 1:r
            for j  = 1:s
                if(temp(i)~ = 0)
                    Pba (i,j,n + 1) = (Pb(j,n) * exp(S(m) * d(i,j)))/temp(i);
                end
            end
        end
        D(n) = 0;
        for i = 1:r
            for j = 1:s
                D(n) = D(n) + Pa(i) * Pba(i,j,n) * d(i,j);
            end
        end
        R(n) = 0;
          for i  = 1:r
            for j = 1:s
                if(Pba(i,j,n)~ = 0)
                    R(n) = R(n) + Pa(i) * Pba(i,j,n) * log2(Pba(i,j,n)/Pb(j,n));
                end
            end
          end
          if(abs(D(n) - D(n - 1))< = 10 ^( - 7))
              break;
          end
    end
    n = n + 1;
end
S(m + 1) = S(m) + 0.5;
if(abs(R(n)< 10 ^( - 7)))
end
pba = [Pba(:,:,:)];
RS = [RS R(n)];
DS = [DS D(n)];
m = m + 1;
end
end
[k,l,q] = size(pba);
Pba = pba(;,;,q);
Rmin = min(RS);
Dmax = max(DS);
S(max) = S(m - 1);
```

本节仅给出二元信源和一般离散对称信源以及单符号连续信源和高斯信源的信息率失真函数计算过程。

4.2.1　二元信源的信息率失真函数

二元对称信源 X 为

$$\begin{bmatrix} X \\ P \end{bmatrix} = \begin{bmatrix} 0 & 1 \\ p & 1-p \end{bmatrix} \tag{4.2.2}$$

编码输出 $Y \in \{0,1\}$，汉明失真矩阵为

$$\boldsymbol{d} = \begin{bmatrix} 0 & 1 \\ 1 & 0 \end{bmatrix}$$

失真度最小值 $D_{\min}=0$，失真为零时信源编码后的信息传输率等于编码前信源的信息传输率，即

$$R(0) = I(X;Y) = H(X) = H(p,1-p) \tag{4.2.3}$$

对应的假想信道为无损信道。

根据式(4.1.22)，可计算最大失真度 $D_{\max}$ 为

$$\begin{aligned} D_{\max} &= \min_{j=1,2} \sum_{i=1}^{2} p_i d_{ij} \\ &= \min_{j=1,2} [p(0)d(0,0) + p(1)d(1,0); p(0)d(0,1) + p(1)d(1,1)] \\ &= \min_{j=1,2} (1-p; p) = p \end{aligned} \tag{4.2.4}$$

式中假定 $p \leqslant \frac{1}{2}$，若 $p=\frac{1}{2}$，对应二元对称信源。

当失真达到 $D_{\max}$ 时，对应的假想信道为全损信道，则信源编码后的信息传输率为

$$R(D_{\max}) = 0 \tag{4.2.5}$$

一般情况下，$0<D<D_{\max}$，平均失真为

$$\begin{aligned} \overline{D} &= \sum_{i=1}^{2} \sum_{j=1}^{2} p(x_i y_j) d(x_i, y_j) \\ &= p(01) + p(10) \\ &= P_e \end{aligned} \tag{4.2.6}$$

式中，P_e 为信道的平均错误概率。

式(4.2.6)表明，在汉明失真度的情况下，平均失真度等于平均错误概率。任取一信道使 $\overline{D}=D$，该信道的信息传输率

$$R(D) = I(X;Y) = H(X) - H(X/Y) = H(p,1-p) - H(X/Y) \tag{4.2.7}$$

费诺不等式给出了信道疑义度 $H(X/Y)$ 与信道平均差错概率的关系：

$$H(X/Y) \leqslant H(P_e, 1-P_e) + P_e \log(n-1) \tag{4.2.8}$$

对于二元信源，$n=2$，则

$$H(X/Y) \leqslant H(P_e, 1-P_e) = H(D, 1-D) \tag{4.2.9}$$

当式(4.2.9)取等号时，对应 $R(D)$ 的最小值，即信源编码后信息传输率的下限。则满足失真度上限为 D 的信源编码方法的信息传输率下限为

$$R(D) = H(p,1-p) - H(D,1-D) \tag{4.2.10}$$

其对应的假想信道是给定信源传输信道的反向信道，反向信道的输入为 Y，输出为 X，设该信道的平均错误概率 $P_e=D$。对于二元对称信道，

$$P_e = p(0)P_{e0} + p(1)P_{e1} = P_{e0} = P_{e1} \tag{4.2.11}$$

式中，P_{e0}、P_{e1}分别为0、1符号的错误传输概率。可以假设 $P_{e0}=P_{e1}=D$，则该信道的转移概率分布为

$$p(X=0/Y=0)=1-D$$
$$p(X=1/Y=0)=D$$
$$p(X=0/Y=1)=D$$
$$p(X=1/Y=1)=1-D$$

反向信道的输入符号概率

$$p(y_j)=\sum_{i=1}^{2}p(x_iy_j)$$

则

$$p(Y=0)=\frac{p-D}{1-2D}$$

$$p(Y=1)=\frac{1-p-D}{1-2D}$$

可计算该反向信道的平均失真度为

$$\begin{aligned}\overline{D}&=\sum_{i=1}^{2}\sum_{j=1}^{2}p(x_iy_j)d(x_i,y_j)\\&=p(01)+p(10)\\&=\frac{D(1-p-D)}{1-2D}+\frac{D(p-D)}{1-2D}=D\end{aligned} \tag{4.2.12}$$

其信息传输率为

$$R(D)=H(p,1-p)-H(D,1-D) \tag{4.2.13}$$

式(4.2.13)就是二元信源的信息率失真函数，是满足 $0<D<D_{max}$ 的信源编码信息传输率的下限。

例 4.2.1 二元对称信源 $\begin{bmatrix}X\\P\end{bmatrix}=\begin{bmatrix}0 & 1\\p & 1-p\end{bmatrix}$，若失真矩阵为 $\boldsymbol{d}=\begin{bmatrix}0 & 1\\1 & 0\end{bmatrix}$，求该信源的 D_{max}、D_{min} 和 $R(D)$ 函数。

解：二元对称信源，若失真矩阵为 $\boldsymbol{d}=\begin{bmatrix}0 & 1\\1 & 0\end{bmatrix}$，则可计算得

$$D_{min}=0,\quad D_{max}=\frac{1}{2}$$

根据式(4.2.13)可求得

$$R(D)=\begin{cases}1-H(D), & 0\leqslant D\leqslant\frac{1}{2}\\0, & D>\frac{1}{2}\end{cases}$$

例 4.2.1 对应的 MATLAB 主程序 main_Rate.m：

```
d = [0 1;1 0];
Pa = [0.5 0.5];
r = 2;
```

```
s = 2;
S = -99.5
Times = 200;
[Pba,Rmin,Dmax,Smax,RS,DS] = RateDF(Pa,d,r,s,S,times)
disp('迭代结果如下:');
disp('最小信息率 Rmin:');disp(Rmin);
disp('最大 Dmax:');disp(Dmax);
disp('最佳转移概率分布 Pba:');disp(Pba);
disp('最大拉格朗日乘子 Smax:');disp(Smax);
plot(DS,RS)
xlabel('允许的失真度 D')
ylabel('信息率失真函数 R(D)')
```

输出：

```
迭代结果如下:
最小信息率 Rmin:
       0
最大 Dmax:
        0.500000000000000
最佳转移概率分布 Pba:
   0.623538196045347   0.376461803954653
   0.378620748064199   0.621379251935801
最大拉格朗日乘子 Smax:
     0
```

信息率失真函数 $R(D)$曲线如图 4.2.1 所示。

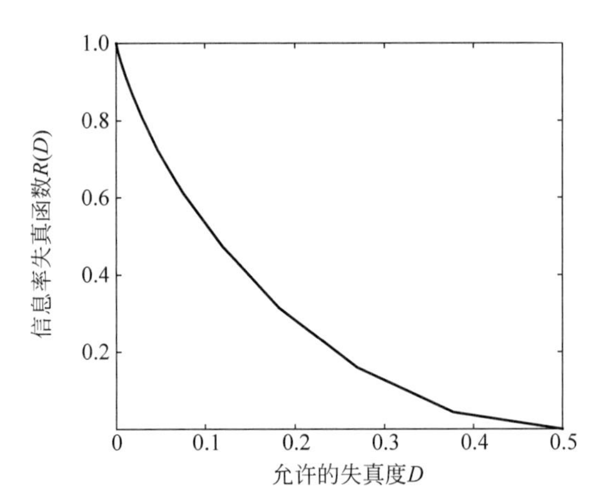

图 4.2.1　二元对称信源的 $R(D)$曲线

4.2.2　离散对称信源的信息率失真函数

与二元对称信源的信息率失真函数分析过程类似，设 n 元对称信源 X 为

$$\begin{bmatrix} X \\ P \end{bmatrix} = \begin{bmatrix} x_1 & x_2 & \cdots & x_n \\ \frac{1}{n} & \frac{1}{n} & \cdots & \frac{1}{n} \end{bmatrix}$$

编码输出 $Y \in \{y_1, y_2, \cdots y_n\}$，汉明失真矩阵

$$\boldsymbol{d} = \begin{bmatrix} 0 & 1 & \cdots & 1 \\ 1 & 0 & \cdots & 1 \\ \vdots & \vdots & & \vdots \\ 1 & 1 & \cdots & 0 \end{bmatrix}$$

经计算，

$$D_{\min} = 0, \quad R(0) = H(X) = \log n \tag{4.2.14}$$

$$D_{\max} = \frac{n-1}{n}, \quad R(D_{\max}) = 0$$

任取一假想信道，使 $\overline{D} = D$，该信道的信息传输率

$$R(D) = I(X;Y) = H(X) - H(X/Y) = \log n - H(X/Y) \tag{4.2.15}$$

费诺不等式给出了信道疑义度 $H(X/Y)$ 与信道平均差错概率的关系：

$$H(X/Y) \leqslant H(P_e, 1-P_e) + P_e \log(n-1) \tag{4.2.16}$$

因此，

$$I(X;Y) \geqslant \log n - H(P_e, 1-P_e) - P_e \log(n-1) \tag{4.2.17}$$

因 $P_e = D$，且当式(4.2.17)取等号时，对应 $R(D)$ 的最小值，即满足失真度上限为 D 的信源编码方法的信息传输率下限为

$$R(D) = \log n - H(D, 1-D) - D\log(n-1) \tag{4.2.18}$$

其对应的假想信道为原假想信道的反向信道，

$$H(X/Y) = H(P_e, 1-P_e) + P_e \log(n-1) \tag{4.2.19}$$

反向信道与正向信道均为离散对称信道，其转移概率分布

$$\begin{cases} p(x_i/y_i) = 1 - D \\ p(x_i/y_j) = \dfrac{D}{n-1} \end{cases} \tag{4.2.20}$$

为强对称信道。据此可得

$$p(y_i) = \frac{1}{n} \tag{4.2.21}$$

经计算，该反向信道中，平均失真度

$$\overline{D} = D$$

且满足 $\overline{D} \leqslant D$ 的信源的编码信息率下限，即信息率失真函数为

$$R(D) = \begin{cases} \log n - H(D, 1-D) - D\log(n-1), & 0 \leqslant D \leqslant \dfrac{n-1}{n} \\ 0, & D > \dfrac{n-1}{n} \end{cases} \tag{4.2.22}$$

如果信源为 n 元等概分布，失真函数为

$$d(x_i, y_j) = \begin{cases} 0, & x_i = y_j \\ a, & x_i \neq y_j \end{cases}$$

则信源的率失真函数为

$$R(D) = \begin{cases} \log n - H\left(\dfrac{D}{a}, \dfrac{a-D}{a}\right) - \dfrac{D}{a}\log(n-1), & 0 \leqslant D \leqslant a\left(1 - \dfrac{1}{n}\right) \\ 0, & D > a\left(1 - \dfrac{1}{n}\right) \end{cases} \tag{4.2.23}$$

式(4.2.22)是式(4.2.23)中 $a=1$ 的情况。由式(4.2.22)可以计算出 n 元等概率分布和汉明失真下的信源的 $R(D_{min})$ 和 $R(D_{max})$ 的值。

引用以上的推导结果,可以计算得出表 4.1.1 中典型信源定义域的上下限。

例 4.2.2 设一个四元对称信源 $\begin{bmatrix} U \\ P \end{bmatrix} = \begin{bmatrix} 0 & 1 & 2 & 3 \\ \frac{1}{4} & \frac{1}{4} & \frac{1}{4} & \frac{1}{4} \end{bmatrix}$,接收符号 $V \in \{0,1,2,3\}$,其失真矩阵为 $\boldsymbol{d} = \begin{bmatrix} 0 & 1 & 1 & 1 \\ 1 & 0 & 1 & 1 \\ 1 & 1 & 0 & 1 \\ 1 & 1 & 1 & 0 \end{bmatrix}$,求 D_{max}、D_{min} 和 $R(D)$ 函数。

解:四元对称信源在汉明失真矩阵下,其平均失真度为

$$\overline{D} = \sum_{i=1}^{n} \sum_{j=1}^{m} p(u_i) p(v_j / u_i) d(u_i, v_j)$$

根据最小允许失真度的定义

$$D_{min} = \sum_{i=1}^{n} p(u_i) \min_j d(u_i, v_j) = 0$$

根据最大允许失真度的定义

$$D_{max} = \min_{p(y_j)} \sum_{j=1}^{m} p(y_j) D_j$$

$$D_j = \sum_{i=1}^{n} p(u_i) d(u_i, v_j) = \left\{ \frac{3}{4}, \frac{3}{4}, \frac{3}{4}, \frac{3}{4} \right\}$$

$$D_{max} = \min(D_1, D_2, D_3, D_4) = \frac{3}{4}$$

由式(4.2.23)可得,四元离散对称信源的信息率失真函数为

$$R(D) = \begin{cases} \log_2 4 - D\log_2 3 - H(D), & 0 \leqslant D \leqslant \frac{3}{4} \\ 0, & D > \frac{3}{4} \end{cases}$$

图 4.2.2 对应的 MATLAB 主程序 main_Rate.m:

```
d = [0 1 1 1;1 0 1 1;1 1 0 1;1 1 1 0];
Pa = [0.25 0.25 0.25 0.25];
r = 4;
s = 4;
S = - 99.5
Times = 100;
[Pba,Rmin,Dmax,Smax,RS,DS] = RateDF(Pa,d,r,s,S,times)
disp('迭代结果如下:');
disp('最小信息率 Rmin:');disp(Rmin);
disp('最大 Dmax:');disp(Dmax);
disp('最佳转移概率分布 Pba:');disp(Pba);
```

```
disp('最大拉格朗日乘子 Smax:');disp(Smax);
plot(DS,RS)
xlabel('允许的失真度 D')
ylabel('信息率失真函数 R(D)')
```

输出：

```
迭代结果如下:
最小信息率 Rmin:
      0
最大 Dmax:
       0.750000000000000
最佳转移概率分布 Pba:
0.358550009459858  0.213816663513381  0.213816663513381  0.213816663513381
0.217988428271626  0.353361908621430  0.214324831553472  0.214324831553472
0.217988428271626  0.214324831553471  0.353361908621431  0.214324831553472
0.217988428271626  0.214324831553471  0.214324831553472  0.353361908621431
最大拉格朗日乘子 Smax:
         0
```

信息率失真函数 $R(D)$曲线如图 4.2.2 所示。

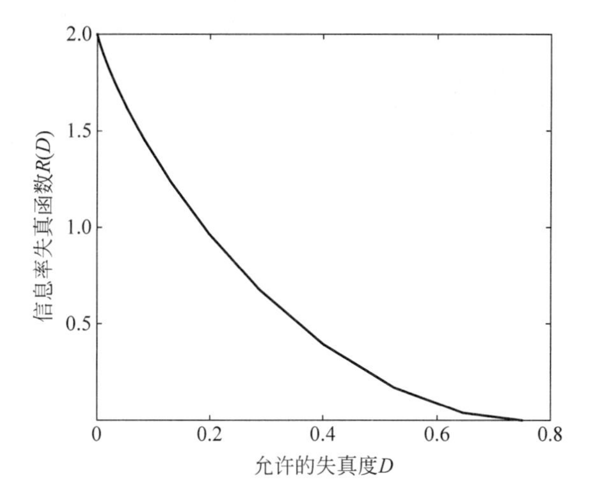

图 4.2.2 四元对称信源的 $R(D)$曲线

4.3 连续信源的信息率失真函数

连续信源 $X\in\mathbf{R}$，概率密度函数为 $p_X(x)$。编码输出 $Y\in\mathbf{R}$，汉明失真函数为 $d(x,y)$。编码器对应的假想信道的转移概率密度为 $p_{Y/X}(y/x)$。可计算平均失真度

$$\overline{D}=\iint_{-\infty}^{\infty}p_X(x)p_{Y/X}(y/x)d(x,y)\mathrm{d}x\mathrm{d}y \tag{4.3.1}$$

假想信道的平均互信息

$$I(X;Y)=H(X)-H(X/Y) \tag{4.3.2}$$

假若允许的失真度为 D，满足 $\overline{D}\leqslant D$ 的假想信道称为 D 允许信道 $P_D:\{p_{Y/X}(y/x):\overline{D}\leqslant D\}$，则连续信源的信息率失真函数为

$$R(D)=\operatorname*{Inf}_{P_D}I(X;Y) \tag{4.3.3}$$

式中，Inf 指下边界，相当于离散信源中的最小值。严格地说，连续信源的取值集合为连续集合，连续信源的信息率失真函数可能不存在最小值，但存在下边界。

连续信源的 $R(D)$的定义域

$$D_{\min}=\int_{-\infty}^{\infty}p_X(x)\operatorname*{Inf}_{y}d(x,y)\mathrm{d}x=\operatorname*{Inf}_{y}\int_{-\infty}^{\infty}p_X(x)d(x,y)\mathrm{d}x \tag{4.3.4}$$

$R(D)$在 $D_{\min}\leqslant D\leqslant D_{\max}$ 内严格递减，如图 4.3.1 所示。

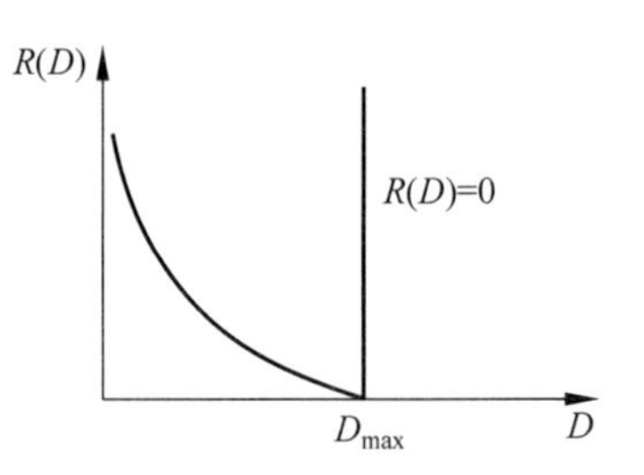

图 4.3.1 连续信源 $R(D)$与 D 的关系

$R(D)$的计算仍是求极值的问题，同样可用拉格朗日乘子法求解。但一般来说，求解会是非常复杂的。这里不准备做复杂的推导过程，只给出几个结果。

（1）当 $d(x,y)=(x-y)^2$，$p(x)=\dfrac{1}{\sqrt{2\pi}\sigma\exp\left(-\dfrac{x^2}{2\sigma^2}\right)}$时，

$$R(D)=\log\frac{\sigma}{\sqrt{D}},\quad D_{\max}=\sigma^2 \tag{4.3.5}$$

（2）当 $d(x,y)=|x-y|$，$p(x)=\dfrac{\lambda}{2}\mathrm{e}^{-\lambda|x|}$时，

$$R(D)=\log\frac{1}{\lambda D},\quad D_{\max}=1/\lambda \tag{4.3.6}$$

例 4.3.1 画出均方误差准则下高斯信源的信息率失真函数曲线。

例 4.3.1 对应的 MATLAB 程序：

```
%%%高斯信源的 R(D)函数%
clc
clear all
siga = 1;
D = 0.001:0.001:2;
Rd = log2(siga./sqrt(D));
figure(1);
```

```
plot(D,Rd);
axis([0 2 0 5])
xlabel('D')
ylabel('R(D)');
```

仿真结果如图 4.3.2 所示。

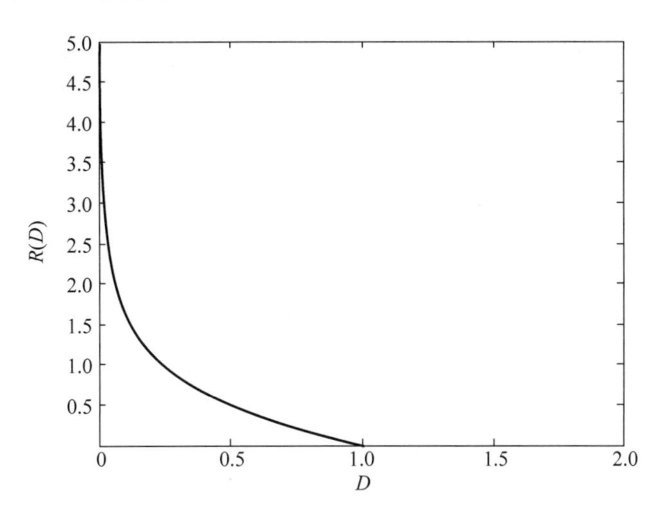

图 4.3.2　高斯信源的信息率失真函数

由图 4.3.2 可知，当 $D=\sigma^2$ 时，$R(D)=0$。这说明，当允许失真等于信源的方差，则信源编码后的信息传输率为零，此时只需要用均值 m 表示信源的输出，不需要传输信源的任何输出。

当 $D=0$ 时，$R(D)=\infty$。这说明要无失真地传输连续信源的输出是不可能的，除非信道容量为无穷大。

从图中还可以看出，当 $D=\frac{\sigma^2}{4}$时，$R(D)=1\text{bit}/$符号。也就是说，当允许失真小于等于$\frac{\sigma^2}{4}$时，连续信源的每个输出值最少采用 1 个二元符号来表示，即连续信号的幅度只需要进行二值量化。二值量化就是将连续随机变量的取值在实数轴上分成正、负两个区域，若选取

$$y=\begin{cases}\sqrt{\dfrac{2}{\pi}}\sigma, & x>0\\ -\sqrt{\dfrac{2}{\pi}}\sigma, & x<0\end{cases}$$

则量化误差为

$$\overline{D}=\frac{\pi-2}{\pi}\sigma^2>\frac{1}{4}\sigma^2$$

那么根据 $R(D)$ 函数的性质，

$$R\left(\frac{\pi-2}{\pi}\sigma^2\right)<R\left(\frac{1}{4}\sigma^2\right)=1$$

上述二值量化仅考虑单符号随机变量情况，导致量化误差大于允许误差，不满足信源编码的信息传输率要求。如果考虑向量量化，即符号序列信源编码，效果将大大改善。香农第三定理证明了这种信源编码的存在性，但实际上要找到这种可实现的最佳信源编码方法非常困难。

4.4 限失真信源编码定理（香农第三定理）

设 $R(D)$ 为一离散无记忆平稳信源的信息率失真函数，并且有有限的失真测度。则对于任意的 $D\geqslant 0$ 和 $\varepsilon>0$，当信息率 $R>R(D)$ 时，一定存在一种编码方法，其译码失真小于或等于 $D+\varepsilon$，条件是编码的信源序列长度 N 足够长；反之，如果 $R<R(D)$，则无论采用什么编码方法，其译码失真必大于 D。

定理说明：在允许失真为 D 的条件下，信源最小可达的信息传输率是信源的 $R(D)$。

保真度准则下的信源编码定理（限失真信源编码定理）是有失真信源压缩的理论基础。定理说明了在允许失真 D 确定后，总存在一种编码方法，使编码的信息传输率大于 $R(D)$ 且可以任意接近 $R(D)$，而平均失真度小于允许失真 D。当信息传输率小于 $R(D)$ 时，编码的平均失真将大于 D。可见，$R(D)$ 是允许失真度为 D 的情况下信源信息压缩的下限值。由香农第三定理可知，当信源给定后，无失真信源压缩对应的失真度 $D=0$，压缩前后信源熵没有变化，都是信源熵 $H(X)$；而有失真信源压缩的极限值是信息率失真函数 $R(D)$，对应的失真度为 D。在给定 D 后，一般 $R(D)<H(X)$。$R(D)$ 可以作为衡量各种压缩编码方法性能优劣的一种尺度。

香农第三定理同样是一个指出存在性的定理，至于如何寻找这种最佳压缩编码方法，定理中并没有给出。在实际应用中，该理论主要存在以下两类问题：

(1) 符合实际信源的 $R(D)$ 函数的计算相当困难。

首先，需要对实际信源的统计特性有确切的数学描述；其次，需要符合主客观实际的失真度量。这些都不是很容易的事情。即使有了这些，率失真函数的计算也是相当困难的。

(2) 达到或接近实际信源的 $R(D)$ 的编码方法不易寻找。

即使求得了符合实际的信息率失真函数，还需要研究采用何种编码方法，才能达到或接近极限值 $R(D)$。

例 4.4.1 设某二元无记忆信源

$$\begin{bmatrix} X \\ P \end{bmatrix} = \begin{bmatrix} 0 & 1 \\ \frac{1}{2} & \frac{1}{2} \end{bmatrix}$$

汉明失真矩阵

$$\boldsymbol{d} = \begin{bmatrix} 0 & 1 \\ 1 & 0 \end{bmatrix}$$

此信源的信息传输率为信源熵

$$H(X) = 1(\text{bit/ 符号})$$

每个信源符号采用一个二元符号来表示，编码过程为

$$0 \to 0$$

$$1 \to 1$$

此时信源输出的信息传输率

$$R = H(X) = 1(\text{bit/ 符号})$$

相当于对信源进行了单符号无失真编码。

考虑符号序列信源编码，序列长度 $N=3$，该序列信源有8个不同的符号序列，如果要实现无失真编码，则需要3bit。如果想要压缩信源的信息传输率，提高传输效率，可采用限失真编码。一种常用的限失真编码映射关系如图4.4.1所示。

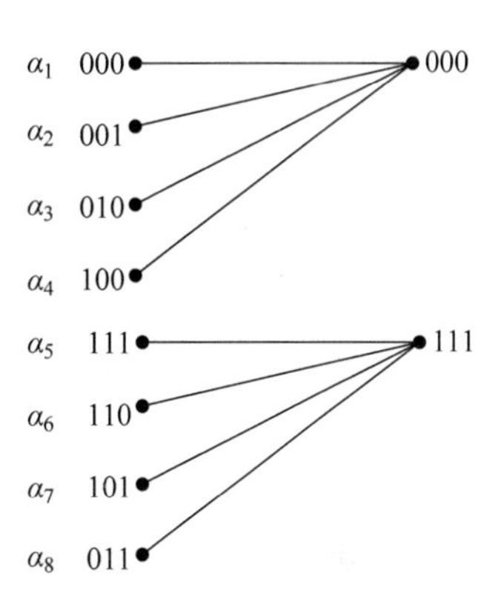

图4.4.1　$L=3$ 符号序列信源编码映射关系

这种压缩编码方法，对有两个0的信源序列都按照000处理，对有两个1的信源序列都按照111处理。编码后的信源符号在二元信道中传输时，若信道为无噪无损信道，且因为输入端只有000和111两种不同的信源符号序列，则可以用0和1来传输。可见，通过这种信源编码方法，把长度为3的信源符号序列压缩成一个二元符号，原来发3bit的信息，现在只发1bit。因此，这种编码后信源的信息传输率为

$$R = \frac{H(X)}{3} = \frac{1}{3}(\text{bit/ 符号})$$

从接收端来看，收到符号0译码成信源序列000，收到符号1译成信源序列111。译码后的信源序列与实际发送的信源序列有很大差异，它们之间存在失真，该失真是信源压缩编码引起的。该过程如图4.4.2所示。

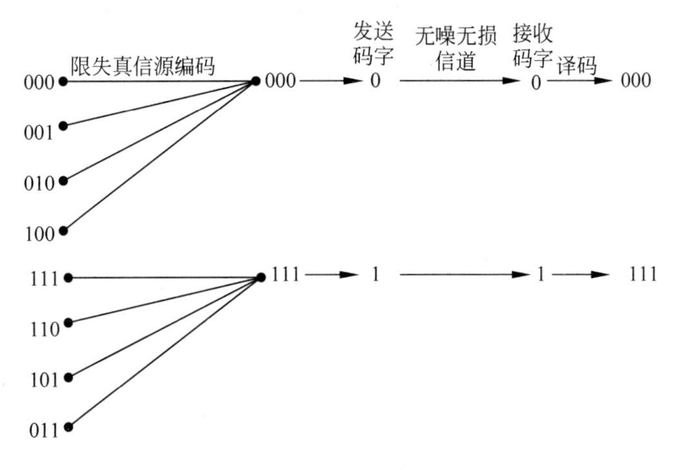

图4.4.2　一个 $L=3$ 符号序列信源编码示例

把该编码过程看作一个假想信道，则该信道为长度为3的离散无记忆扩展信道，信道转移概率 $p(y_j/x_i)$ 为

$$p(000/000) = p(000/001) = p(000/010) = p(000/100) = 1$$
$$p(111/111) = p(111/110) = p(111/101) = p(111/011) = 1$$

其他的 $p(y_j/x_i)=0$，如图 4.4.3 所示。

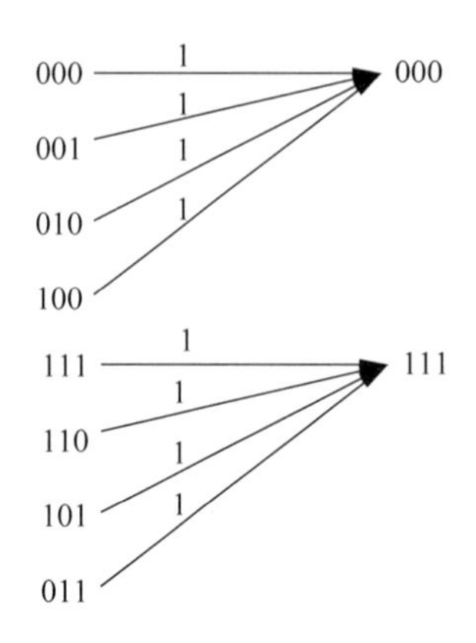

图 4.4.3　$L=3$ 符号序列信源编码等效信道模型

同理，长度为 3 的符号序列信源失真函数 $d(x_i, y_j)$ 为

$$d(000,000) = d(111,111) = 0$$
$$d(001,000) = p(010,000) = d(100,000) = d(110,111) = d(101,111) = d(011,111) = 1$$

则编码过程引入的平均失真为

$$\begin{aligned}\overline{D} &= \frac{1}{N}\sum_{i=1}^{8}\sum_{j=1}^{2} p(x_i)p(y_j/x_i)d(x_i, y_j)\\ &= \frac{1}{3}\cdot\frac{1}{8}\sum_{i=1}^{8}\sum_{j=1}^{2} p(y_j/x_i)d(x_i, y_j)\\ &= \frac{1}{24}[0+1+1+1+0+1+1+1]\\ &= \frac{1}{4}\end{aligned}$$

式中长度为 3 的序列信源中每个序列的概率相等，且

$$p(x_i) = \frac{1}{2}\times\frac{1}{2}\times\frac{1}{2} = \frac{1}{8}$$

可见，该编码方法压缩后信源的信息传输率 R 及带来的平均失真分别为

$$R = \frac{1}{3}$$
$$D = \frac{1}{4}$$

那么，对于例 4.4.1 中给出的等概率分布的二元信源，允许失真度 $D=\frac{1}{4}$ 的条件下，这种压缩方法是否是最佳的呢？信源编码后的信息传输率能压缩到什么程度呢？根据香农第三定理，当允许失真度 $D=\frac{1}{4}$ 时，信源编码后信息传输率的下限是 $R\left(\frac{1}{4}\right)$。根据式(4.3.7)，二元对称信源的信息率失真函数为

$$R\left(\frac{1}{4}\right)=1-H\left(\frac{1}{4},\frac{3}{4}\right)\approx 0.189(\text{bit/ 符号})$$

可见，$R>R\left(\frac{1}{4}\right)$，因此在允许失真 $D=\frac{1}{4}$时，对于等概率分布的二元信源，上述信源编码方法并不是最佳的方法，信源的信息传输率可以进一步压缩。信息率失真函数是满足一定失真度的不同压缩编码方法优劣的评价尺度。但是香农第三定理只给出了满足一定失真度的最佳信源编码的存在性证明，并没有给出如何寻找这种最佳信源方法。

4.5 常见的限失真信源编码方法

限失真信源编码主要适用于波形信源或波形信号，如语音、电视图像、彩色静止图像等信号，它们不要求完全可逆地恢复，而是允许在一定失真限度内的压缩。香农第三定理给出了限失真信源压缩的理论极限，但是并没有给出其实际构造方法。在香农第三定理的指导下，先后出现了许多优良的信源编码方法。这些实用的信源编码方法考虑了信源的具体特点，在此简要介绍部分限失真信源编码方法及其 MATLAB 实现。

4.5.1 向量量化的 MATLAB 实现

连续信源进行编码的主要方法是量化，即将连续的样值 x 离散化成为 $y_i,i=1,2,\cdots,n$，n 为量化级数，这样就把连续值转化为 n 个实数中的一个，可以用 $0,1,\cdots,n-1$ 这 n 个数字来表示。由于 x 是一个标量，因此称为标量量化。在量化过程中，将会引入失真，量化时必须使这些失真最小。

在 MATLAB 仿真中，可以使用量化函数 quantiz，根据预设的量化分区 partition 和码书 codebook 实现标量量化。

例 4.5.1 对一串数据流的量化。

```
partition = [0,1,3];                                              %量化间隔
codebook = [-1, 0.5, 2, 3];                                       %码书
samp = [-2.4, -1, -.2, 0, .2, 1, 1.2, 1.9, 2, 2.9, 3, 3.5, 5];    %待量化数据流
[index,quantized] = quantiz(samp,partition,codebook);
Quantized
```

程序运行结果为

```
quantized =
  Columns 1 through 6
   -1.0000   -1.0000   -1.0000   -1.0000   0.5000   0.5000
  Columns 7 through 12
    2.0000    2.0000    2.0000    2.0000   2.0000   3.0000
  Column 13
    3.0000
```

例 4.5.2 对单音信号进行量化，并采用 Lloyd 算法优化码书和量化间隔。

```
t = [0:.1:2*pi];                                                  %时间
sig = sin(t);                                                     %待量化原始信号
```

```
partition = [-1:.2:1];                                   %量化间隔设置
codebook = [-1.2:.2:1];                                  %码书
[index,quants,distort] = quantiz(sig,partition,codebook);  %量化
[partition2,codebook2] = lloyds(sig,codebook);           %码书和量化间隔优化
[index2,quant2,distort2] = quantiz(sig,partition2,codebook2);  %最优量化
[distort,distort2]                                       %显示量化误差
plot(t,sig,'x',t,quants,'.',t,quant2,'s')                %画出量化前后信号波形
legend('原信号','量化信号','最优量化信号');
axis([-.2 7 -1.2 1.2])
```

程序运行结果如图 4.5.1 所示,量化误差分别为

```
ans =
    0.0148 0.0022
```

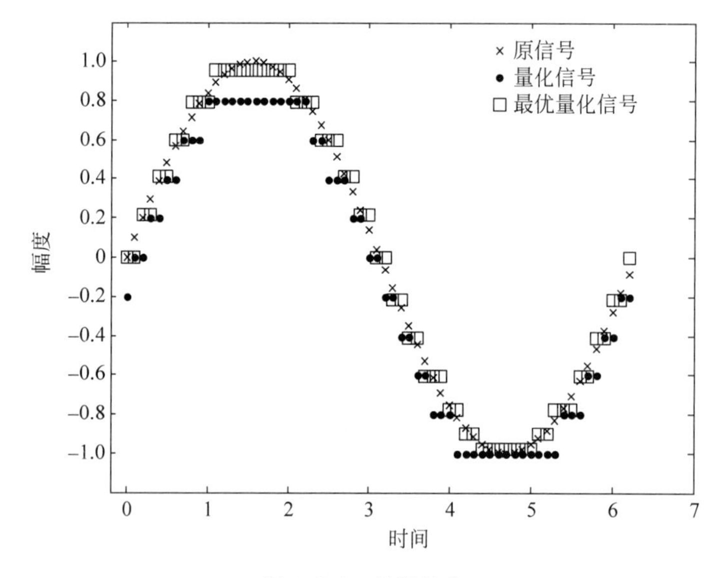

图 4.5.1　标量量化

要想得到更好的性能,仅采用标量量化是不可能的。从前面的讨论可知,把多个信源符号组成一个符号序列进行联合编码可以提高编码效率。连续信源也是如此,当把多个信源符号联合起来形成多维向量,然后进行量化,可以进一步压缩码率,这种量化方法称为向量量化。

实验证明,即使各信源符号相互独立,向量量化也可以压缩信息率,因此,向量量化是当前信源编码的一个热点,而且不仅限于连续信源,对离散信源也可以如此。如图像编码时采用向量量化,但由于联合概率密度不易测定,目前常用的是训练序列的方法,找到其码书,进行量化。还可以与神经网络方法结合,利用神经网络的自组织来得到训练集。

向量量化主要有三个关键技术:码书设计,码字搜索和码字索引分配。其中前两项最为关键。设计码书首先要设定失真测度,如用平方误差测度作为失真测度并且训练向量数为 N,想要生成含有 $M(M<N)$个码字的码书,设计码书的过程就要寻求一种有效的算法,把 N 个训练向量分成 M 类,这 M 类的质心向量作为码书的码字。在寻找码书过程中,为减少计算的复杂程度,可寻求全局最优或接近全局最优的码书来提高码书性能。码书设计完

成后，就可以进行码字搜索，对输入的给定向量，在码书中搜索与输入码字间失真最小的码字。最后为搜索到的码字分配索引，在向量量化编码和解码系统中，如果信道有噪声，则在信道左端的索引 i 经过信道传输发生错误，比如输出索引 j，这样就会导致在解码端引入额外的失真。码字索引进行重新分配可以有效地减少这种失真。

向量量化器分为编码器和解码器。编码器中要将输入向量 $\boldsymbol{X}$ 与码书Ⅰ中的每一个或部分码字进行比较，分别计算它们的失真，搜索到失真最小的码字 $\boldsymbol{Y}$ 的序号 i，并将 i 的编码信号通过信道传输到接收端；接收端的译码器要把从信道传过来的编码信号译成序号 i，再根据序号 i 从码书Ⅱ中查出相应的码字。由于码书Ⅰ和码书Ⅱ相同，此时 $\boldsymbol{X}$ 与 $\boldsymbol{Y}$ 的失真最小，所以 $\boldsymbol{Y}$ 就是输入向量 $\boldsymbol{X}$ 的重构向量。在此编/解码系统中，信道中传输的不是向量 $\boldsymbol{Y}$，而是其序号 i 对应的码字，所以进一步提高了传输速率。在上述编码过程中，失真测度的选择对系统的影响很大。在语音信号处理中常用均方误差失真测度(欧氏距离—均方误差)。

4.5.2 预测编码

预测编码就是从已收到的符号来提取关于未收到的符号的信息，从而预测其最可能的值作为预测值，并对预测值与实际值之差进行编码。由于这个差值一般都比较小，所以在编码时会出现很多连“0”值，再采用游程编码，就可以大大地压缩码率。由此可见，预测编码是利用信源符号之间的相关性来压缩码率的，对于独立信源，预测就没有可能。样本相关性越强，预测模型越准确，就可以获得较高的压缩比。

根据预测模型的不同，预测编码可分为线性预测和非线性预测。线性预测是利用线性方程计算预测值的编码方法，也称差分脉冲编码调制(Differention Pulse Code Modulation，DPCM)；非线性预测是利用非线性方程计算预测值的编码方法。本书主要介绍线性预测编码 DPCM。

1952 年，Bell 实验室的 Oliver 等人开始线性预测编码理论研究。同年，该实验室的 Culter 取得了 DPCM 系统的专利，奠定了真正实用的预测编码系统的基础。

DPCM 算法中，若已知 k 时刻之前的 m 个数据为$\{x(k-1),x(k-2),\cdots,x(k-m)\}$，以这 m 个数据为先验数据预测第 k 时刻的输出为 $y(k)$，可表达为

$$y(k)=p(1)x(k-1)+p(2)x(k-2),\cdots,+p(m)x(k-m)$$

所有输出数据与预测数据之间的差值为待预测量，即

$$[0,p(1),\ p(2),\ p(3),\cdots,\ p(m-1),\ p(m)]$$

求出预测值与实际值的差后，可对其进行压缩编码。由于该差值与实际值相比较小，所以压缩编码的平均码长将大大缩短，从而实现数据的压缩。

例 4.5.3 对单音信号进行差分预测，并采用 MATLAB 中的 dpcmopt 函数优化码书、量化间隔和预测模型系数。

```
Clc
Clear all
init predictor = [0 1];                          % y(k) = x(k - 1) 预测模型
init partition = [ - 1:.1:.9];                   % 初始量化间隔
init codebook = [ - 1:.1:1];                     % 初始化码书
t = [0:pi/50:2 * pi];                            % 时间
x = sin(t);                                      % 待预测信号
```

```
encodedx = dpcmenco(x,initcodebook,initpartition,initpredictor); % DPCM
[predictor,codebook,partition] = dpcmopt(x,1,initcodebook);      % 优化码书等参数
encodedx1  = dpcmenco(x,codebook,partition,predictor);            % 最优 DPCM
decodedx  = dpcmdeco(encodedx,initcodebook,initpredictor);        % 译码
decodedx1  = dpcmdeco(encodedx1,codebook,predictor);              % 译码
plot(t,x,t,decodedx,'--',t,decodedx1,'-.')
legend('原信号','译码信号','最优译码信号');
xlabel('时间');
ylabel('幅度');
distort  =  sum((x - decodedx).^2)/length(x)                       % 均方误差
distort1  =  sum((x - decodedx1).^2)/length(x)
[distort,distort1]
```

程序运行结果如图 4.5.2 所示,量化误差分别为

```
ans =
0.0034   7.5325e-004
```

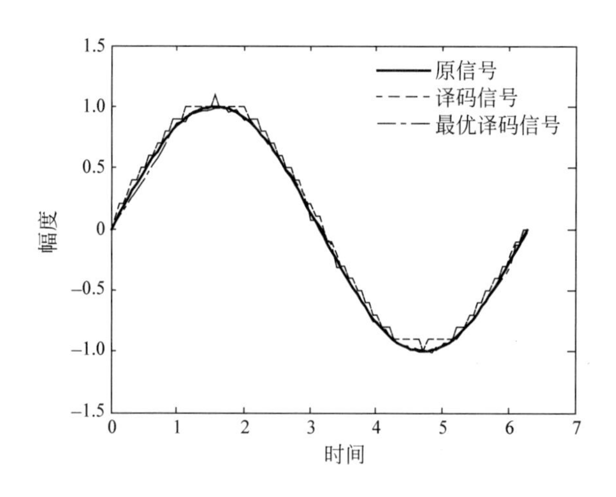

图 4.5.2　DPCM 编码

4.5.3　变换编码

变换是一个广泛的概念。变换编码就是对变换后的信号进行有效编码,也就是通过变换来解除或减弱信源符号间的相关性,以达到压缩码率的效果(如单频率正弦波信号,变换到频域)。一般地,对一个函数 $f(t)$,变换式为

$$f(t) = \sum_{i=0}^{\infty} a_i \varphi(i,t)$$

而反变换为

$$a_i = \int_0^T f(t)\varphi(i,t)\mathrm{d}t$$

要使上式成立,要求 $\varphi(i,t)$必须是正交完备的(相当于欧氏空间的坐标投影),求 a_i 的公式,实际上就是内积运算,把函数 $f(t)$投影到 $\varphi(i,t)$上去。

下面介绍信源编码几种常用的变换。

1. DCT(Discrete Cosine Transform)变换

JPEG、MPEG 等图像压缩标准中,主要就是采用的这种变换压缩方法。

MATLAB 中可采用 dct2 和 idct2 进行数字图像的二维 DCT 变换和逆变换。

例 4.5.4 对数字图像进行 DCT 变换,并将变换域小于 0.1 的系数值置零,再进行 IDCT 图像恢复,实现数据压缩。

```
clc
clear all
mypicture = imread('rice.png');                  % 读入原图像
grayImage = rgb2gray(mypicture);                 % 原图像如果是彩色图像,变换为灰度图像
grayImage = mypicture;
dctgrayImage = dct2(grayImage);                  % 二维 DCT 变换
subplot(1,3,1)
imshow(mypicture);
title('原图像') %
subplot(1,3,2)
imshow(log(abs(dctgrayImage)),[]);
title('DCT 变换图像')
colormap(gray(4));                               % 显示色图
colorbar;                                        % 画色条
dctgrayImage(abs(dctgrayImage)< 0.1) = 0;        % 变换域系数压缩处理
I = idct2(dctgrayImage)/255;                     % 二维 IDCT 变换
subplot(1,3,3)
imshow(I);
title('IDCT 图像')
```

程序运行结果如图 4.5.3 所示。

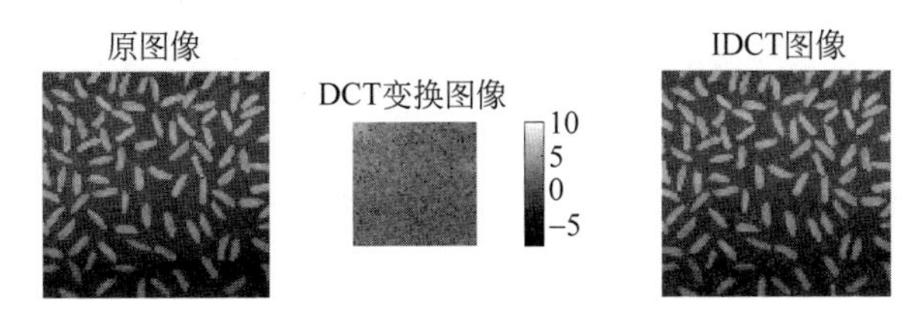

图 4.5.3 DCT 变换编码

2. K-L 变换

K-L 变换是均方误差准则下的最佳变换。它是一种正交变换,变换后的随机变量之间互不相关。一般认为,K-L 变换是最佳变换,其最大缺点是计算复杂,除了需要测定相关函数和解积分方程外,变换时的运算也十分复杂,也没有快速算法,因此,K-L 变换不是一种实用的变换编码方法,但经常用来作为标准,评估其他方法的优劣。

3. 小波变换

小波(Wavelet Transform)变换是当前信号处理以及多种应用科学中广泛用到的一种相当有效的数学工具。小波变换的概念首先是由法国的石油地质工程师 Morlet 于 1980 年提出的,1990 年 Mallat 等人一起建立了多分辨分析的概念。与经典的傅里叶分析相比较,小波的最大优势是变换本身具有时间与频率的双重局部性质,解决了傅里叶分析不能处理

的许多实际问题，因而小波变换被人们称为“数学显微镜”。

20世纪90年代中期以前，图像压缩主要采用离散余弦变换（DCT）技术，著名的JPEG、H.263等图像压缩国际标准均采用DCT方法实现图像压缩。而DCT最大的缺陷是当压缩比较大时，会出现马赛克效应，因而影响图像压缩质量。最近几年来，由于小波变换具有DCT无可比拟的良好压缩性质，在最新推出的静态图像压缩国际标准JPEG2000中，9/7双正交小波变换已经正式取代DCT而作为新的标准变换方法。

例4.5.5 含噪信号的小波分解、去噪及重构。

一般来说，噪声信号多包含在具有较高频率细节中，在对信号进行了小波分解之后，再利用门限阈值等形式对所分解的小波系数进行权重处理，然后对小信号再进行重构即可达到信号去噪的目的。小波滤波原理如图4.5.4所示。

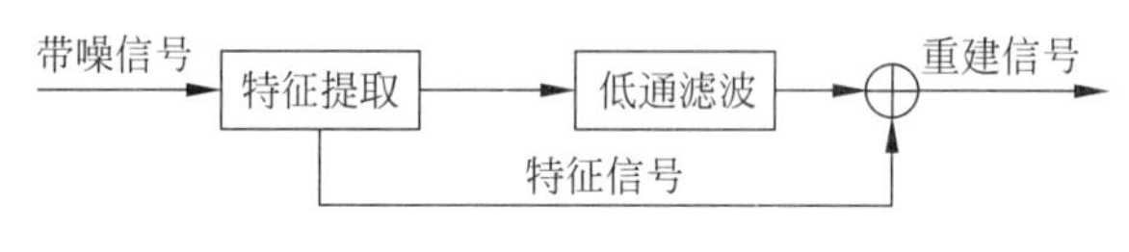

图4.5.4 小波滤波原理

程序如下：

```
clc;
clear all;
load leleccum;                                  %载入信号数据
s = leleccum;
Len = length(s);
[ca1, cd1] = dwt(s, 'db1');                     %采用db1小波基分解
a1 = upcoef('a', ca1, 'db1', 1, Len);           %从系数得到近似信号
d1 = upcoef('d', cd1, 'db1', 1, Len);           %从系数得到细节信号
s1 = a1 + d1;                                   %重构信号
figure;
subplot(2, 2, 1); plot(s);title('初始信号');
subplot(2, 2, 2); plot(ca1); title('一层小波分解的低频信息');
subplot(2, 2, 3); plot(cd1); title('一层小波分解的高频信息');
subplot(2, 2, 4); plot(s1, 'r-'); title('一层小波分解的重构信号');
```

结果如图4.5.5所示。

4. 分形变换

基于块的分形(Fractal Transform)编码是一种利用图像的自相似性来减少图像冗余度的新型编码技术，它具有以下特点：

(1) 较高的压缩比。

(2) 解码图像的分辨率无关性。可按任意高于或低于原编码图像的分辨率来进行解码。当要解码成较高分辨率图像时，引入的细节会与整个图像大致一致，从而比像素复制或插值方法得到的图像看起来更自然。这种缩放能力也可以用作图像增强工具。

(3) 解码速度快。分形压缩是一个非对称过程，虽然编码很耗时，但解码速度快，因此较适用于一次编码多次解码的应用中。

(4) 编码时间过长，实时性差，从而阻碍了该方法在实际中的广泛应用。

还有很多其他的编码方法，这里就不再一一介绍了。

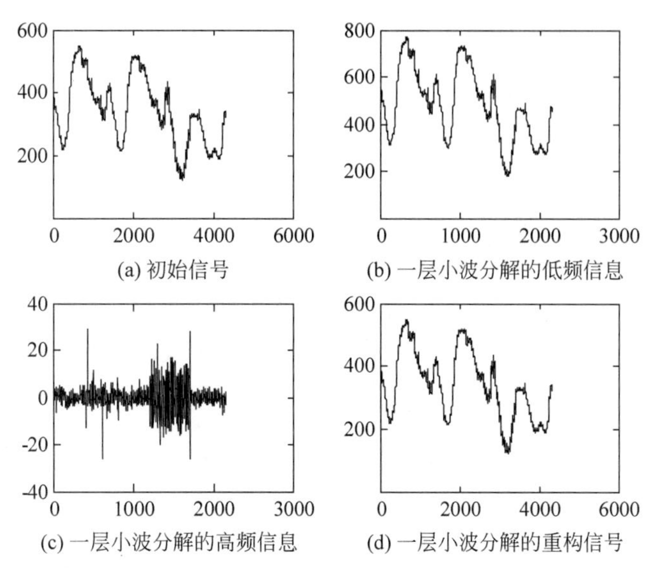

图 4.5.5　小波滤波

习　　题

1. 信源 $X=\{0,1,2,3,4,5\}$，编码输出 $Y=\{0,1,2\}$，若失真函数用输入/输出符号幅度之差的绝对值表示，即绝对失真 $d(x_i,y_j)=|x_i-y_j|$，试求失真矩阵。

2. 一个四元对称信源 $\begin{bmatrix} U \\ P(u) \end{bmatrix}=\begin{bmatrix} 0 & 1 & 2 & 3 \\ \frac{1}{4} & \frac{1}{4} & \frac{1}{4} & \frac{1}{4} \end{bmatrix}$，接收符号为 $V=\{0,1,2,3\}$，其失真函数为 $d(u_i,v_j)=\begin{cases} 0, & i=j \\ 1, & i\neq j \end{cases}$，试求：

(1) 失真矩阵；

(2) $D_{\min}$、$D_{\max}$ 及 $R(D_{\min})$、$R(D_{\max})$；

(3) 信源的 $R(D)$ 函数，并编写 MATLAB 程序画出 $R(D)$ 函数曲线。

3. 对二元信源 $\begin{bmatrix} X \\ P \end{bmatrix}=\begin{bmatrix} 0 & 1 \\ \frac{3}{4} & \frac{1}{4} \end{bmatrix}$，其失真矩阵 $\boldsymbol{D}=\begin{bmatrix} 0 & a \\ a & 0 \end{bmatrix}$，求 $a>0$ 时信息率失真函数的 $D_{\min}$、$D_{\max}$ 及 $R(D_{\min})$、$R(D_{\max})$，并求选择何种信道可达到该 $D_{\min}$ 和 $D_{\max}$ 的失真，给出该信道的转移概率矩阵。

4. 对于语音信源，假设其概率分布为高斯分布，其信号功率为 σ^2，编码后失真为 D，且失真度为平方失真：$d(x_i,y_j)=(x_i-y_j)^2$，当数字电话中要求输入信噪比 σ^2/D 为 26dB 时，试求它的最小传输信息率。

5. 当连续信源呈现非高斯分布，且其率失真函数难于求解时，通常采用

$$H(X)-\log\sqrt{2\pi eD}\leqslant R(D)\leqslant\log\frac{\sigma}{\sqrt{D}}$$

进行保守估计。工程设计时则直接采用高斯分布代替非高斯分布。试编写 MATLAB 程序分析该近似估计的误差。

6. 一个二元信源$\begin{bmatrix} X \\ p(x) \end{bmatrix}=\begin{bmatrix} 0 & 1 \\ 0.5 & 0.5 \end{bmatrix}$每秒输出 2.66 个信源符号，将此信源输出的符号送入一个二元信道进行传输（假设信道无噪无损），信道每秒钟只传递两个二元符号。

(1) 试问信源能否在此信道中进行无失真的传输？

(2) 若此信源失真度测定为汉明失真，问允许信源平均失真多大时，此信源就可以在信道中传输？

7. 有一个二元、等概率、平稳、无记忆信源 $X=\{0,1\}$，接收符号集为 $Y=\{0,1,2\}$且失真矩阵为

$$\boldsymbol{d}=\begin{bmatrix} 0 & \infty & 1 \\ \infty & 0 & 1 \end{bmatrix}$$

求率失真函数 $R(D)$。

8. 有一个 n 元、等概率、平稳、无记忆信源 $x=\{0,1,\cdots,n-1\}$，接收符号集为 $Y=\{0,1,\cdots,n-1\}$，且规定失真矩阵为

$$\boldsymbol{d}=\begin{bmatrix} 0 & 1 & \cdots & 1 \\ 1 & 0 & \cdots & 1 \\ \vdots & \vdots & & \vdots \\ 1 & 1 & \cdots & 0 \end{bmatrix}$$

求率失真函数 $R(D)$。

第5章　无失真信源编码

通信的实质是信息的传输。而高速度、高质量地传送信息是信息传输的基本问题。将信源信息通过信道传送给信宿，怎样才能做到尽可能不失真而又快速呢？这就需要解决两个问题：

(1) 在不失真或允许一定失真的条件下，如何用尽可能少的符号来传送信源信息；

(2) 在信道受干扰的情况下，如何增加信号的抗干扰能力，同时又使得信息传输率最大。

为了解决这两个问题，就要引入信源编码和信道编码。

一般来说，提高抗干扰能力(降低失真或错误概率)往往是以降低信息传输率为代价的；反之，要提高信息传输率常常又会使抗干扰能力减弱。二者是有矛盾的。然而在信息论的编码定理中，已从理论上证明，至少存在某种最佳的编码或信息处理方法能够解决上述矛盾，做到既可靠又有效地传输信息。这些结论对各种通信系统的设计和评价具有重大的理论指导意义。

第4章讨论了满足一定失真限度的限失真信源编码。那么在无失真的条件下如何让信源消息尽可能快地传递到接收端呢？这个问题引出了无失真信源编码。本章将在第2章信源统计特性和信源熵概念的基础上，研究离散信源的无失真编码问题，重点讨论无失真信源编码定理，并给出以香农编码、费诺编码和哈夫曼编码为代表的最佳无失真信源编码方法。

5.1　编码的基本概念

无失真信源编码是一种可逆编码，是指当信源符号转换成码字后，可从接收码字无失真地恢复原信源符号。本节主要讨论对离散信源进行无失真编码的要求和方法，涉及的基本概念有编码器的定义、码字的类型划分、即时码的构造及唯一可译码的判断等。

5.1.1　编码器的定义

编码实质上是对信源的原始符号按一定的数学规则进行的一种变换。

图5.1.1所示是一个信源编码器，它的输入是信源符号序列 $X^N=(X_1X_2\cdots X_N)$，序列中的每个符号 $X_i\in\{a_1,a_2,\cdots,a_n\}$；而每个符号序列依照固定的码表映射成一个码符号序列 $Y^{K_N}=(Y_1Y_2\cdots Y_{K_N})$，码符号序列中的每个符号 $Y_k\in\{b_1,b_2,\cdots,b_m\}$，一般来说，元素 b_j 是适合信道传输的，称为码符号(或者码元)。输出的码符号序列称为码字，长度 K_N 称为码字长度或简称码长。可见，编码就是从信源符号到码符号的一种映射。若要实现无失真编码，则这种映射必须是一一对应，并且是可逆的。

X^N: $\{a_1, a_2, \cdots, a_n\}$　输入信源序列　→　编码器　→　Y^{K_N}: $\{b_1, b_2, \cdots, b_m\}$　输出码元序列

图5.1.1　无失真信源编码器

例5.1.1　如果信源输出的符号序列长度为1，即信源输出符号集

$$X\in\{x_1,x_2,\cdots,x_n\}$$

信源概率空间

$$\begin{bmatrix} X \\ P \end{bmatrix} = \begin{bmatrix} x_1 & x_2 & \cdots & x_n \\ p(x_1) & p(x_2) & \cdots & p(x_n) \end{bmatrix}$$

假设该信道为二元信道，即信道的符号集为{0,1}。若将信源 X 通过该二元信道传输，就必须把信源符号 x_i 变换成由 0、1 符号组成的码符号序列，即要进行编码。$n=2,4,8$ 时，信源符号与码字的一种可能的一一对应关系为

$$\begin{aligned} n=2 \quad & x_1 \to 0, \quad x_2 \to 1 \\ n=4 \quad & x_1 \to 00, \quad x_2 \to 01, \quad x_3 \to 10, \quad x_4 \to 11 \\ n=8 \quad & x_1 \to 000, \quad x_2 \to 001, \quad x_3 \to 010, \quad x_4 \to 011 \\ & x_5 \to 100, \quad x_6 \to 101, \quad x_7 \to 110, \quad x_4 \to 111 \end{aligned}$$

例 5.1.2 为了传输一个由字母 A、B、C、D 组成的符号集，把每个字母编码成二元码脉冲序列，以“00”代表 A，“01”代表 B，“10”代表 C，“11”代表 D，每个二元码脉冲宽度为 5ms。

(1) 不同字母等概率出现时，计算信息的传输速率；

(2) 若每个字母出现的概率分别为 $p_A=\frac{1}{5}, p_B=\frac{1}{4}, p_C=\frac{1}{4}, p_D=\frac{3}{10}$，试计算信息的传输速率。

解：(1) 不同字母等概率出现时，符号集的概率空间为

$$\begin{bmatrix} X \\ P \end{bmatrix} = \begin{bmatrix} A & B & C & D \\ \frac{1}{4} & \frac{1}{4} & \frac{1}{4} & \frac{1}{4} \end{bmatrix}$$

每个符号含有的平均信息量即熵为

$$H(X) = \log_2 4 = 2(\text{bit/ 符号})$$

现在用两个二元码脉冲代表一个字母，每个二元码脉冲宽度为 $\tau=5\text{ms}$，则每个字母占用 $t=2\tau=10\text{ms}$。1s 内可以传输的字母个数为

$$n = \frac{1}{t} = 100(\text{字母 /s})$$

则信息传输速率

$$R_t = nH(X) = 200(\text{b/s})$$

(2) 字母出现概率不同时，据题意其概率空间为

$$\begin{bmatrix} X \\ P \end{bmatrix} = \begin{bmatrix} A & B & C & D \\ \frac{1}{5} & \frac{1}{4} & \frac{1}{4} & \frac{3}{10} \end{bmatrix}$$

则此时每个字母含有的平均信息量为

$$H(X) = -\sum_{i=1}^{4} p(a_i)\log p(a_i) = 1.985(\text{bit/ 符号})$$

同(1)，计算得信息传输速率为

$$R_t = nH(X) = 198.5(\text{b/s})$$

可见，编码后信源的信息传输速率与信源的统计特性有关。

对于固定的信源，信源编码的方式对信源的信息传输速率有什么影响呢？

上例中，将字母 A、B、C、D 编码为由两个码符号组成的等长码。当然，也可以把每个字

母编为长度不同的码字。如

码 1：A→111；B→10；C→01；D→0

码 2：A→0；B→01；C→001；D→111

码 1 和码 2 的性能怎么评价呢？哪个最适合给定的信源，使编码后的信息传输速率最大呢？它们是否满足无失真编码的要求呢？这些问题，将在后续内容中讲到。

无失真码字的性能除了与信源的统计特性相关外，主要由码符号的类型、码长决定。图 5.1.2 是一个码分类图。

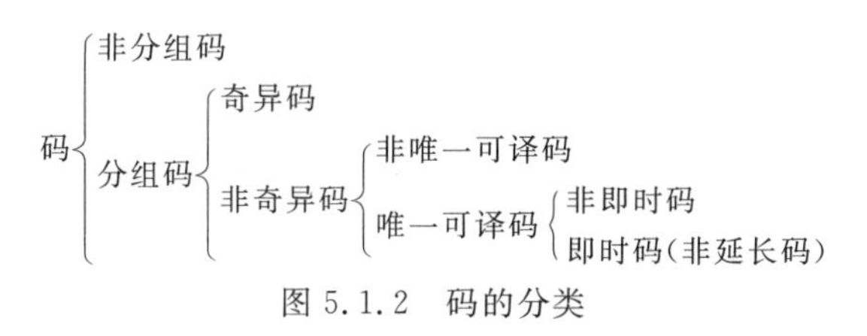

图 5.1.2 码的分类

这些码的定义如下：

分组码与非分组码——将信源消息分成若干组(符号序列)，对每一组按照固定的码表映射成一个码字，这样的码称为分组码，也叫块码。只有分组码有固定的码表，而非分组码中不存在码表。

二元码——若码符号集为 $Y=\{0,1\}$，所有码字都是一些二元序列，则称为二元码。二元码是数字通信和计算机系统中最常用的一种码。

等长码与变长码——若一组码中所有码字的长度都相同，则称为等长码或定长码。若码字的长短不一，则称为变长码。

奇异码与非奇异码——若一组码中所有码字都不相同，则称为非奇异码。非奇异码中，信源符号和码字是一一对应的；反之，若一组码中有相同的码字，则该码为奇异码。奇异码不可能是无失真的码字。

唯一可译码与非唯一可译码——若任意一串有限长的码符号序列只能唯一地被译成所对应的信源符号序列，则此码称为唯一可译码；否则，就称为非唯一可译码。

即时码与非即时码——唯一可译码可分为即时码和非即时码。如果接收端收到一个完整的码字后，不能立即译码，还要等下一个码字开始接收后才能判断是否可以译码，这样的码称为非即时码。如果收到一个完整的码字以后，就可以立即译码，则称为即时码。即时码要求任何一个码字都不是其他码字的前缀部分，也称为异前缀码，又称为非延长码。即时码一定是唯一可译码，但是非即时码并非一定不是唯一可译码，这取决于码字的总体结构，可采用前缀后缀法进行判断。

例 5.1.3 给定信源

$$\begin{bmatrix} X \\ P \end{bmatrix} = \begin{bmatrix} x_1 & x_2 & x_3 & x_4 \\ \frac{1}{2} & \frac{1}{4} & \frac{1}{8} & \frac{1}{8} \end{bmatrix}$$

对该信源进行二元编码，如表 5.1.1 所示。

表 5.1.1　二元信源编码示例

信源	码字					
	码 1	码 2	码 3	码 4	码 5	码 6
x_1	00	0	0	1	1	0
x_2	01	10	11	10	01	01
x_3	10	00	10	100	001	001
x_4	11	11	11	1000	0001	111

码 1 中，每个码字的长度相同，为等长码。每个码字各不相同，为非奇异码。若等长码为非奇异码，则一定是唯一可译码，且为即时码。

码 2、码 3、码 4、码 5 和码 6 均为变长码。码 2 中的每个码字都不相同，为非奇异码。码字"00"有两种译码方法，既可以译成信源符号 x_3，又可以译成 x_1x_1，因此码 2 是非唯一可译码。

码 3 中有相同的码字，为奇异码，一定不是唯一可译码。

码 4 为唯一可译码，也为前缀码，短码是长码的前缀，除去前缀"1"，码字"10"的后缀"0"、码字"100"的后缀"00"及码字"1000"的后缀都不是码组中的码字，因此该非即时码为唯一可译码，这就是前缀后缀判断法。

码 5 为即时码，一定是唯一可译码。

码 6 为前缀码，短码"0"是长码"01""001"的前缀，对应的后缀分别为"1""01"，其中后缀"01"是码组中单独的码字，因此码 6 不是唯一可译码。码符号序列 001 既可以译成信源符号 x_3，又可以译成 x_1x_2。

5.1.2　即时码的码树构造法

即时码一定是唯一可译码。无失真信源编码要求所编的码字必须是唯一可译码，包含两层含义，一是要求信源符号与码字一一对应；二是要求码字的反变换也对应唯一的信源符号，否则就会引起译码带来的错误和失真。

即时码作为唯一可译码以其较快的译码速度得到广泛应用。那么，如何构造即时码呢？

即时码的一种简单构造方法是码树法。

对于给定码字的全体集合

$$C = \{W_1, W_2, \cdots, W_q\}$$

可以用码树来描述它。所谓树，就是既有根、枝，又有节点，如图 5.1.3 所示。图中，最上端 A 为根节点，A、B、C、D、E 皆为节点，E 为终端节点。A、B、C、D 为中间节点，中间节点不安排码字，而只在终端节点安排码字，每个终端节点所对应的码字就是从根节点出发到终端节点走过的路径上所对应的符号组成。终端节点 E，走过的路径为 ABCDE，所对应的码符号分别为 0、0、0、1，则 E 对应的码字为 0001。可以看出，按码树法构成的码一定是即时码，是非前缀的唯一可译码。

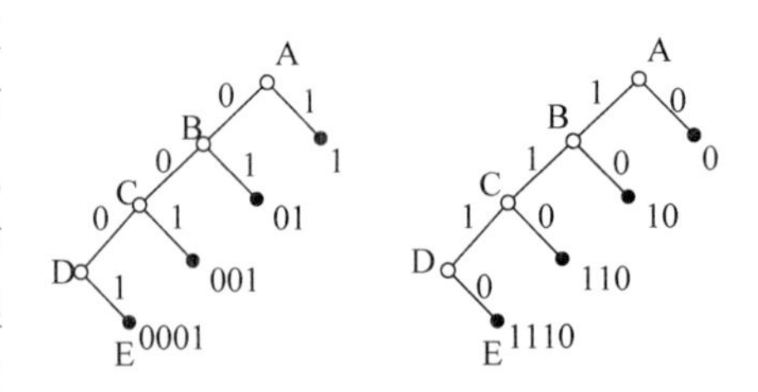

图 5.1.3　码树结构图

从码树上可以得知，当第 i 阶的节点作为终端节点，且分配码字，则码字的码长为 i。任一即时码都可以用码树来表示。当码字长度给定后，用码树法安排的即时码不是唯一的。

如图 5.1.3 中，如果把左树枝安排为 1，右树枝安排为 0，则得到不同的结果。

对一个给定的码，画出其对应的码树，如果有中间节点安排了码字，则该码一定不是即时码。这是最简单的即时码判断方法。

每个中间节点上都有 r(r 为进制数，如为二进制码树，则 $r=2$)个分支的树称为满树，否则为非满树。

即时码的码树还可以用来译码。当收到一串码符号序列后，首先从根节点出发，根据接收到的第一个码符号来选择应走的第一条路径，再根据接收到的第二个符号来选择应走的第二条路径，直到走到终端节点为止，就可以根据终端节点，立即判断出所接收的码字。然后从树根继续下一个码字的判断。这样，就可以将接收到的一串码符号序列译成对应的信源符号序列。

在表 5.1.1 给出的码组中，码 1、码 2 和码 5 对应的码树图分别如图 5.1.4(a)、(b)、(c)所示。

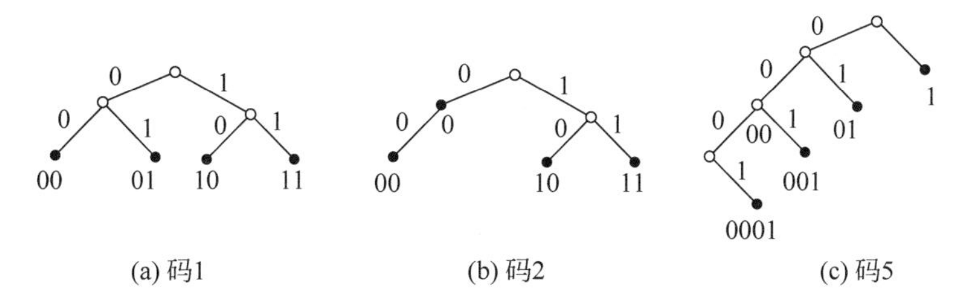

图 5.1.4 码 1、码 2 和码 5 对应的码树

可见，码 1 和码 5 的各码字位于树的终端节点，满足即时码的条件。

5.1.3 唯一可译码与克拉夫特不等式

用码树的概念可以判断、构造即时码，还可以导出唯一可译码存在的充分和必要条件，即各码字的长度 K_i 应符合克拉夫特(Kraft)不等式。

定理 对于码符号为 $Y=\{b_1,b_2,\cdots,b_m\}$的任意唯一可译码，其码字为 $W_1,W_2,\cdots,W_q$，所对应的码长为 $k_1,k_2,\cdots,k_q$，则必定满足克拉夫特不等式

$$\sum_{i=1}^{q} m^{-k_i} \leqslant 1 \tag{5.1.1}$$

反之，若码长满足上面的不等式，则一定存在具有这样码长的唯一可译码。式中，m 为码符号进制数。

克拉夫特不等式只是说明唯一可译码是否存在，并不能作为唯一可译码的判据，但可以作为某码组不是唯一可译码的判据。如{0,10,11,110}不满足克拉夫特不等式，则肯定不是唯一可译码；{0,10,010,111}满足克拉夫特不等式，但却不是唯一可译码。因为，如果收到码字“010”，则存在两种可能的译码方法：既可译为“010”对应的信源符号，又可译为“0”“10”对应的信源符号；而{0,10,110,111}是满足克拉夫特不等式的唯一可译码。

例 5.1.4 设二进制码树中 $X=\{x_1,x_2,x_3,x_4\}$，对应的 $k_1=1,k_2=2,k_3=2,k_4=3$，由上述定理，可得

$$\sum_{i=1}^{4} 2^{-k_i} = 2^{-1}+2^{-2}+2^{-2}+2^{-3} = \frac{9}{8} > 1$$

因此不存在满足这种码长的唯一可译码。{0,10,11,110}的码长分布如题，肯定不是唯一可译码。

根据克拉夫特不等式，结合前缀后缀法即可以判断某码组是否是唯一可译码。

(1) 等长码为唯一可译码的判断法。等长码若为非奇异码，一定是唯一可译码。

(2) 变长码为唯一可译码的判断法。首先，该变长码的各码字长度若不满足克拉夫特不等式，则一定不是唯一可译码；如果变长码的各码字长度满足克拉夫特不等式，则进一步按照前缀后缀法判断。将码 C 中所有可能的尾随后缀组成一个集合 F，当且仅当集合 F 中没有包含任一码字，则可判断此码 C 为唯一可译码。

集合 F 的构成方法：首先，观察码 C 中最短的码字是否是其他码字的前缀，若是，将其所有可能的尾随后缀排列出。而这些尾随后缀又有可能是某些码字的前缀，再将这些尾随后缀产生的新的尾随后缀列出，然后再观察这些新的尾随后缀是否是某些码字的前缀，再将产生的尾随后缀列出，依此下去，直到没有一个尾随后缀是码字的前缀为止。这样，首先获得了由最短的码字能引起的所有尾随后缀，接着，按照上述步骤将次短码字等所有码字可能产生的尾随后缀全部列出。由此得到由码 C 的所有可能的尾随后缀的集合 F。

例 5.1.5 设码 $C=\{0,10,1100,1110,1011,1101\}$，根据唯一可译码前缀后缀判断法，判断其是否是唯一可译码。

解：首先，计算克拉夫特不等式

$$\sum_{i=1}^{6} 2^{-k_i} = 2^{-1} + 2^{-2} + 2^{-4} + 2^{-4} + 2^{-4} + 2^{-4} = 1$$

因此，该码组满足克拉夫特不等式。存在该码长分布的唯一可译码。下面结合前缀后缀法判断具体码字。

(1) 先看最短的码字“0”，它不是其他码字的前缀，所以没有尾随后缀。

(2) 再观察次短码字“10”，它是码字“1011”的前缀，因此有尾随后缀

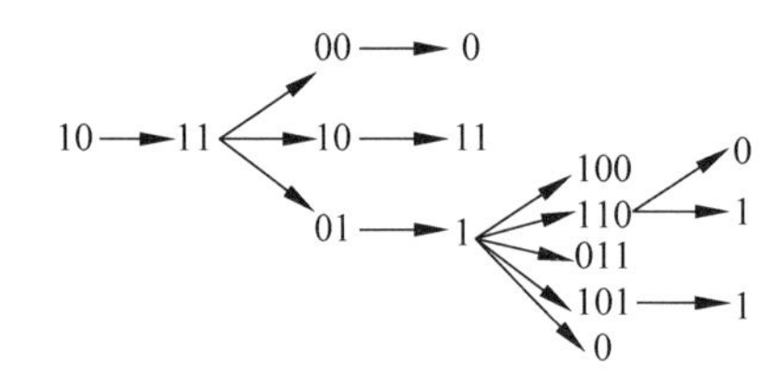

尾随后缀集合 $F=\{11,00,10,01,0,11,1,100,110,011,101\}$，其中“10”“0”为码字，故码 C 不是唯一可译码。

5.1.4 码性能评价参数

无失真码字的性能除了与信源的统计特性相关外，主要由所编码字的特性决定。无失真编码要求所编的码字是唯一可译码，码组中的各码字的码长要满足克拉夫特不等式。无失真编码器的整体性能需要用平均码长、编码信息率、压缩比、编码效率和信道剩余度评价。

1. 平均码长

如果单符号信源概率空间为

$$\begin{bmatrix} X \\ P \end{bmatrix} = \begin{bmatrix} x_1 & x_2 & \cdots & x_n \\ p(x_1) & p(x_2) & \cdots & p(x_n) \end{bmatrix}$$

对每个信源符号进行无失真信源编码，对应码字为 $C=\{W_1,W_2,\cdots,W_n\}$，所对应的码长为 $k_1,k_2,\cdots,k_n$。根据无失真信源编码的要求中信源符号与码字的一一映射关系，码字概率空间和码长概率空间为

$$\begin{bmatrix} C \\ P \end{bmatrix} = \begin{bmatrix} W_1 & W_2 & \cdots & W_n \\ p(x_1) & p(x_2) & \cdots & p(x_n) \end{bmatrix}$$

和

$$\begin{bmatrix} K \\ P \end{bmatrix} = \begin{bmatrix} k_1 & k_2 & \cdots & k_n \\ p(x_1) & p(x_2) & \cdots & p(x_n) \end{bmatrix} \tag{5.1.2}$$

各码字长度的数学期望，即平均码长为

$$\overline{K} = E[k_i] = \sum_{i=1}^{n} k_i p(x_i) \tag{5.1.3}$$

上述信源编码的对象是单符号信源，因此式(5.1.3)的平均码长又称为单符号码长。当然，大多数的情况下，可以对单符号信源的 N 次扩展信源进行编码，所编的码字称为 N 次扩展码。假设 N 次扩展信源的概率空间为

$$\begin{bmatrix} X^N \\ P \end{bmatrix} = \begin{bmatrix} \alpha_1 & \alpha_2 & \cdots & \alpha_q \\ p(\alpha_1) & p(\alpha_2) & \cdots & p(\alpha_q) \end{bmatrix} \tag{5.1.4}$$

对每个信源序列进行无失真信源编码，对应码字为 $C=\{W_1,W_2,\cdots,W_q\}$，所对应的码长为 $k_1,k_2,\cdots,k_q$。

各码字长度的数学期望，即平均码长为

$$\overline{K}_N = \sum_{i=1}^{q} k_i p(\alpha_i) \tag{5.1.5}$$

称 $\overline{K}_N$ 为序列码长，对应的单符号码长为

$$\overline{K} = \frac{\overline{K}_N}{N} \tag{5.1.6}$$

单符号码长的物理意义就是平均一个信源符号对应 $\overline{K}$ 个码符号。那么，单符号信源的熵也将平均分配给 $\overline{K}$ 个码符号。

2. 编码信息率

单符号信源 X 的信源熵就是信源的信息传输速率。若所编码字的单符号码长为 $\overline{K}$，则单符号信源的熵等于 $\overline{K}$ 个码符号的熵。当信源给定时，信源的熵确定，而编码后每个信源符号平均用 $\overline{K}$ 个码符号来替换。那么，每个码符号的平均信息量，即编码信息率为

$$R = \frac{H(X)}{\overline{K}} \tag{5.1.7}$$

若传输一个码符号平均需要 t 秒，则编码后信源每秒钟传输的信息量，即编码后信源的信息传输速率为

$$R_t = \frac{H(X)}{t\overline{K}} \tag{5.1.8}$$

式(5.1.7)和式(5.1.8)给出了单符号信源的编码信息率和信息传输速率；对于如图5.1.1所示的信源序列编码器，只需要把式中的单符号信源熵 $H(X)$ 替换为信源序列的符号熵 $H_N(X)$ 即可。

$$R=\frac{H_N(X)}{\overline{K}} \tag{5.1.9}$$

$$R_t=\frac{H_N(X)}{t\overline{K}} \tag{5.1.10}$$

式中，$\overline{K}=\frac{\overline{K}_N}{N}$，代入式(5.1.9)，可得

$$R=\frac{NH_N(X)}{\overline{K}_N}=\frac{H(X^N)}{\overline{K}_N} \tag{5.1.11}$$

式中，$H(X^N)$ 为无记忆信源序列的序列熵。

编码信息率既可以表示为单符号熵与单符号码长之比，也可以表示为序列熵与序列码长之比。而且，平均码长越短，编码信息率就越大，编码的信息传输速率就越高。为此，信源编码研究中感兴趣的是使平均码长为最短的码。

3. 压缩比

压缩比是衡量数据压缩程度的指标之一。目前常用的压缩比定义为

$$P_r=\frac{L_B-L_d}{L_B}\times 100\% \tag{5.1.12}$$

式中，L_B 为源代码长度；L_d 为压缩后的代码长度。

压缩比的物理意义是被压缩掉的数据占据源数据的百分比。当压缩比 P_r 接近100%时，压缩效果最理想。

4. 编码效率

与信源信息传输速率的定义相类似，编码后信道中传输的是码符号，因为不能完全获得码符号的概率分布，只能按照每个码符号的等概率分布进行估算。也就是说，所设计的信道要具有传输码符号等概率分布时的最大熵的传输能力或手段。

图5.1.1给出的编码器中，码符号序列 $Y^{K_N}=(Y_1Y_2\cdots Y_{K_N})$，码符号序列中的每个符号 $Y_k\in\{b_1,b_2,\cdots,b_m\}$，根据最大熵定理，当码符号等概率分布时，即 $p(b_i)=\frac{1}{m}$，每个码符号携带的平均信息量最大，等于 $\log m$bit，长度为 $\overline{K}_N$ 的码字的最大信息量为 $\overline{K}_N\log m$bit。用该码字表示长为 N 的信源序列，则送出一个信源符号所需要的信息率最大值为

$$R_{\max}=\frac{\overline{K}_N}{N}\log m=\overline{K}\log m \tag{5.1.13}$$

定义编码效率

$$\eta=\frac{H_N(X)}{\overline{K}\log m} \tag{5.1.14}$$

对二元码，$m=2$，代入式(5.1.14)，可得

$$\eta=\frac{H_N(X)}{\overline{K}} \tag{5.1.15}$$

或

$$\eta = \frac{H(X^N)}{\overline{K}_N}$$

从工程观点来看,总希望通信设备经济、简单,并且单位时间内传输的信息量越大越好。

5. **信道剩余度(冗余度)**

信道剩余度表示信道未被利用的程度,所以是冗余的。信道冗余度定义为

$$\gamma = 1 - \eta = 1 - \frac{H_N(X)}{\overline{K}} \tag{5.1.16}$$

可见,对于二元信源编码,编码效率与编码信息率大小相同,只是单位不同。平均码长越短,编码效率和编码信息率越高。当平均码长等于信源熵时,编码效率达到上限100%,编码信息率达到二元对称信道的信道容量1,消除信源冗余度实现了信源与信道的匹配。由上述分析可见,最短的平均码长与信源的统计特性有关,如果某种信源编码方法的平均码长最短,可称之为最佳无失真信源编码。一般情况下,如何使无失真信源编码的平均码长尽可能接近信源熵并可实现是被关心的问题,在解决该问题的过程中需要遵循的是无失真信源编码定理。

5.2 无失真信源编码定理

由5.1节可知,无失真信源编码要求所编码字必须是唯一可译码,这样才能保证无失真或无差错地从Y恢复X,也就是能正确地进行译码;如果进一步考虑编码前后的信息传输率变化,无失真信源编码的编码信息率的最大值必定不能小于信源的信息率,同时希望传送Y时所需要的信息率最小。

无失真信源编码的编码信息率的最大值必定不能小于信源的信息率的数学描述为

$$\frac{\overline{K}_N}{N}\log m \geqslant H_N(X) \tag{5.2.1}$$

可写成

$$\overline{K}\log m \geqslant H_N(X) \tag{5.2.2}$$

即

$$\overline{K} \geqslant \frac{H_N(X)}{\log m} \tag{5.2.3}$$

上式给出了无失真信源编码平均码长的下界,对于二元编码,$\overline{K} \geqslant H_N(X)$。

5.2.1 定长编码定理

前面已经讲过,所谓信源编码,就是将信源符号序列变换成另一个序列(码字)。设信源输出符号序列长度为N,码字的长度为K_N,编码的目的就是要使信源的信息率最小,也就是说,要用最少的符号来代表信源。

在定长编码中,对每一个信源序列,K_N都是定值,编码的目的是寻找最小K_N值。

定长编码定理 由N个符号组成的、每个符号熵为$H_N(X)$的无记忆平稳信源符号序列$X_1X_2\cdots X_N$,可用K_N个符号$Y_1Y_2\cdots Y_{K_N}$(每个符号有m种可能值)进行定长编码。对任

意 $\varepsilon>0,\delta>0$，只要

$$\frac{\overline{K}_N}{N}\log m \geqslant H_N(X)+\varepsilon \tag{5.2.4}$$

则当 N 足够大时，必可使译码差错小于 δ，即可实现几乎无失真编码；反之，当

$$\frac{K_N}{N}\log m < H_N(X)+\varepsilon \tag{5.2.5}$$

时，译码差错一定是有限值(即不可能实现无失真编码)，当 N 足够大时，译码几乎必定出错(译码错误概率近似等于 1)。这就是单符号信源无失真定长编码定理。

定长编码定理是在平稳无记忆信源的条件下论证的，但它同样适用于平稳有记忆信源，只是要求有记忆信源的极限熵存在。对于平稳有记忆信源，定理的两个不等式中的 $H_N(X)$应改为极限熵 $H_\infty(X)$。

对二元编码，$m=2$，式(5.2.4)成为

$$\frac{K_N}{N}\geqslant H_N(X)+\varepsilon \tag{5.2.6}$$

可见，定理给出了等长编码时平均每个信源符号所需的二元码符号的理论极限，这个极限值由信源熵 $H_N(X)$决定。

式(5.2.4)中，左边是输出码字每符号所能载荷的最大信息量(编码后每个信源符号所携带的最大信息量)$\frac{K_N}{N}\log m$，右边是信源序列的符号熵 $H_N(X)$。不等式两边同时乘以信源序列的长度 N，则式(5.2.4)可改写为

$$K_N\log m \geqslant NH_N(X)+\varepsilon$$

或

$$K_N\log m \geqslant H(X^N)+\varepsilon' \tag{5.2.7}$$

这个不等式左边表示长为 K_N 的码符号序列(码字)所载荷的最大信息量，而右边代表长为 N 的信源序列携带的平均信息量。这就是信源序列无失真定长编码定理。

由等长编码定理可知，只要码字传输的信息量大于信源序列携带的信息量，总可以实现几乎无失真的编码，条件是所取的符号数 N 足够大。

例如，某单符号信源有 8 种等概率符号，信源熵最大值为

$$H(X)=\log 8=3(\text{bit/ 符号})$$

即该信源符号肯定可以用 $K=3$ 个二元码符号进行无失真编码。但是，当信源符号概率不相等时，若 $p(x_i)=\{0.4,0.18,0.1,0.1,0.07,0.06,0.05,0.04\}$，则信源熵为

$$H(X)=-\sum_{i=1}^{8}p_i\log_2 p_i=2.55(\text{bit/ 符号}) \tag{5.2.8}$$

小于 3bit，用 $K=2.55$ 个二元码符号表示信源时，只有 $2^{2.55}=5.856$ 种可能码字，信源的 8 个符号中还有部分符号没有对应的码字，就只能用其他码字代替，因而引起差错。差错发生的可能性取决于这些没有对应码字的信源符号出现的概率。当 N 足够大时，有些符号序列发生的概率变得很小，使得差错概率达到足够小。根据切比雪夫不等式可推导得到等长编码的译码错误概率

$$P_\varepsilon\leqslant\frac{\sigma^2(X)}{N\varepsilon^2} \tag{5.2.9}$$

其中，

$$\varepsilon = \frac{1-\eta}{\eta} H_N(X) \tag{5.2.10}$$

且

$$\sigma^2(X) = E\{[I(x_i) - H(X)]^2\} \tag{5.2.11}$$

为信源符号的自方差，称作自信息方差。

当 $\sigma^2(X)$ 和 ε 均为定值时，只要 N 足够大，P_ε 可以小于任一整数 δ，即

$$\frac{\sigma^2(X)}{N\varepsilon^2} \leqslant \delta \tag{5.2.12}$$

此时要求信源序列长度必满足

$$N \geqslant \frac{\sigma^2(X)}{\varepsilon^2 \delta} \tag{5.2.13}$$

只要 δ 足够小，就可以几乎无差错地译码，当然代价是 N 变得更大。

无失真信源编码定理从理论上阐明了编码效率接近于 1 的理想编码器的存在性，它使输出符号的信息率与信源熵之比接近于 1，但要在实际中实现，则要求信源符号序列的 N 非常大，进行统一编码才行，这往往是不现实的。

例 5.2.1　设离散无记忆信源概率空间为

$$\begin{bmatrix} X \\ P \end{bmatrix} = \begin{bmatrix} x_1 & x_2 & x_3 & x_4 & x_5 & x_6 & x_7 & x_8 \\ 0.4 & 0.18 & 0.1 & 0.1 & 0.07 & 0.06 & 0.05 & 0.04 \end{bmatrix}$$

信源熵为

$$H(X) = -\sum_{i=1}^{8} p_i \log_2 p_i = 2.55(\text{bit/符号})$$

自信息方差为

$$\begin{aligned} \sigma^2(X) &= E\{[I(x_i) - H(X)]^2\} = \sum_{i=1}^{8} p_i [-\log_2 p_i - H(X)]^2 \\ &= \sum_{i=1}^{8} p_i \{(\log_2 p_i)^2 + 2H(X)\log_2 p_i + [H(X)]^2\} \\ &= \sum_{i=1}^{8} p_i (\log_2 p_i)^2 + 2H(X)\sum_{i=1}^{8} p_i \log_2 p_i + [H(X)]^2 \sum_{i=1}^{8} p_i \\ &= \sum_{i=1}^{8} p_i (\log_2 p_i)^2 - [H(X)]^2 = 7.82 \end{aligned}$$

对信源符号采用定长二元编码，要求编码效率 $\eta=90\%$，无记忆信源有 $H_N(X)=H(X)$，因此

$$\eta = \frac{H(X)}{H(X)+\varepsilon} \times 100\% = 90\%$$

可以得到 $\varepsilon=0.28$。

如果要求译码错误概率 $\delta \leqslant 10^{-6}$，则

$$N \geqslant \frac{\sigma^2(X)}{\varepsilon^2 \delta} = 9.8 \times 10^7 \approx 10^8$$

由此可见，在对编码效率和译码错误概率的要求不是十分苛刻的情况下，就需要 $N=$

10^8 个信源符号一起进行编码，这对存储和处理技术的要求过高，目前还无法实现。

如果用 3bit 来对上述信源的 8 个符号进行定长二元编码，$N=1$，此时可实现译码无差错，但编码效率只有$(2.55/3)\times 100\%=85\%$。因此，一般来说，当信源序列的长度 N 有限时，高传输效率的定长编码往往要引入一定的失真和译码错误。解决的办法是采用变长编码。

5.2.2 变长编码定理(香农第一定理)

在变长编码中，码长是变化的。对同一信源，其即时码或唯一可译码可以有许多种。究竟哪一种好呢？从高速传输信息的观点来考虑，当然希望选择由短的码符号组成的码字，就是用平均码长来作为选择准则。

1. 单个符号变长编码定理

若一离散无记忆信源的符号熵为 $H(X)$，每个信源符号用 m 进制码元进行变长编码，一定存在一种无失真编码方法，其码字平均长度 $\bar{K}$ 满足下面的不等式：

$$\frac{H(X)}{\log m} \leqslant \bar{K} < \frac{H(X)}{\log m} + 1 \tag{5.2.14}$$

2. 离散平稳无记忆序列变长编码定理(香农第一定理)

对于平均符号熵为 $H_N(X)$的离散平稳无记忆信源，必存在一种无失真信源编码方法，使平均码长 $\bar{K}$ 满足下面的不等式：

$$\frac{H_N(X)}{\log m} \leqslant \bar{K} < \frac{H_N(X)}{\log m} + 1 \tag{5.2.15}$$

上面的两个定理实际上是一样的，可以由第一个推导出第二个。设用 m 进制码元做变长编码，信源序列长度为 N 个符号，则该序列所对应的码字的平均长度 $\bar{K}_N$ 满足下面的不等式：

$$\frac{H(X^N)}{\log m} \leqslant \bar{K}_N < \frac{H(X^N)}{\log m} + \varepsilon \tag{5.2.16}$$

式中，ε 为任意小正数。式中利用了符号码长和序列码长的关系 $\bar{K}_N = N\bar{K}$。

式(5.2.15)也可以表示为

$$H_N(X) \leqslant \bar{R} < H_N(X) + \frac{\log m}{N} \tag{5.2.17}$$

式中，$\bar{R}=\bar{K}\log m$，为编码后每个码符号所能携带的最大信息量，是码符号的最大平均编码信息率。

可见，码符号的最大编码信息率需大于信源的熵(编码前每个信源符号携带的信息量)。式(5.2.17)中，当 N 足够大时，可使$\frac{\log m}{N}<\varepsilon$，故有

$$H_N(X) \leqslant \bar{R} < H_N(X) + \varepsilon \tag{5.2.18}$$

对于二元码，式(5.2.18)重写为

$$H_N(X) \leqslant \bar{K} < H_N(X) + \varepsilon \tag{5.2.19}$$

香农第一编码定理给出了码字平均长度的下界和上界，但并不是说大于这个上界就不能构成唯一可译码，而是因为编码时总是希望 $\bar{K}$ 尽可能短。定理说明当平均码长小于上界时，唯一可译码也存在。也就是说，定理给出的是最佳码的最短平均码长，并指出这个最短的平均码长与信源熵是有关的。

变长编码的编码效率为

$$\eta=\frac{H_N(X)}{\overline{K}}>\frac{H_N(X)}{H_N(X)+\frac{\log m}{N}} \tag{5.2.20}$$

或者

$$\eta=\frac{H(X^N)}{\overline{K}_N}$$

例 5.2.2　设离散无记忆信源的概率空间为

$$\begin{bmatrix}X\\P\end{bmatrix}=\begin{bmatrix}x_1 & x_2\\ \frac{3}{4} & \frac{1}{4}\end{bmatrix}$$

其信源熵为

$$H(X)=\frac{1}{4}\log_2 4+\frac{3}{4}\log_2\frac{4}{3}=0.811(\text{bit/符号})$$

若用二元定长编码(0,1)来构造一个即时码：$x_1\to 0$，$x_2\to 1$，这时平均码长为

$$\overline{K}=1(\text{二元码符号/信源符号})$$

编码效率为

$$\eta=\frac{H(X)}{\overline{K}}=0.811$$

输出的编码信息率为

$$R=0.811(\text{bit/符号})$$

再对长度为2的信源序列进行变长编码，其即时码如表5.2.1所示。

表 5.2.1　长度为 2 的信源序列对应的即时码

序　　列	序列概率	即　时　码	序　　列	序列概率	即　时　码
x_1x_1	9/16	0	x_2x_1	3/16	110
x_1x_2	3/16	10	x_2x_2	1/16	111

这个码的平均长度为

$$\overline{K_2}=\frac{9}{16}\times 1+\frac{3}{16}\times 2+\frac{3}{16}\times 3+\frac{1}{16}\times 3=\frac{27}{16}(\text{二元码符号/信源序列})$$

单个信源符号所编码字的平均码长为

$$\overline{K}=\frac{\overline{K}_2}{2}=\frac{27}{32}(\text{二元码符号/信源符号})$$

其编码效率和编码信息率分别为

$$\eta_2=\frac{32\times 0.811}{27}=0.961$$

$$R_2=0.961(\text{bit/码符号})$$

这说明，虽然编码复杂了，但信息传输率和效率有了提高。同样，可以求得信源序列长度增加到3和4时，进行变长编码所得的编码效率和信息传输速率分别为

$$\eta_3 = 0.985, \quad R_3 = 0.985(\text{bit/码符号})$$
$$\eta_4 = 0.991, \quad R_4 = 0.991(\text{bit/码符号})$$

如果对这一信源采用定长二元码编码，要求编码效率达到 96%，允许译码错误概率 $\delta \leqslant 10^{-5}$，则可以算出自信息方差为

$$\sigma^2(X) = \sum_{i=1}^{2} p_i (\log p_i)^2 - [H(X)]^2 = 0.4715$$

ε 为

$$\varepsilon = \frac{H(X)}{\eta} - H(X) = \frac{0.811}{0.96} - 0.811 = \frac{0.811 \times 0.04}{0.96}$$

需要的信源序列长度为

$$L \geqslant \frac{\sigma^2(X)}{\varepsilon^2 \delta} = 4.13 \times 10^7$$

可以看出，使用定长编码时，为了使编码效率较高(96%)，需要对非常长的信源序列进行编码，且总存在译码差错。而使用变长编码，使编码效率达到 96%，只要 $L=2$ 就行了，且可以实现无失真编码。当然，变长编码的译码相对来说要复杂一些。

5.2.3 最佳变长编码及 MATLAB 实现

香农第一定理给出了信源熵与编码后的平均码长之间的关系，同时也指出可以通过编码使平均码长达到极限值，因此，香农第一定理是一个极限定理。但定理中并没有告知如何来构造这种码。

根据最佳码的编码思想：选择每个码字长度 k_i 满足

$$k_i = \left\lfloor \log \frac{1}{p(x_i)} \right\rfloor \tag{5.2.21}$$

式中，$\lfloor \cdot \rfloor$表示向上取整。

由单符号变长编码定理可知，这样选择的码长一定满足克拉夫特不等式，所以一定存在唯一可译码。然后，按照这个码长 k_i，用树图法就可以编出相应的一组码(即时码)。

式(5.2.21)证明：

根据单符号变长编码定理，$\overline{K} \geqslant \dfrac{H(X)}{\log m}$，即

$$H(X) - \overline{K}\log m \leqslant 0$$

展开式为

$$\begin{aligned} H(X) - \overline{K}\log m &= -\sum_{i=1}^{n} p(x_i)\log p(x_i) - \log m \sum_{i=1}^{n} p(x_i)k_i \\ &= -\sum_{i=1}^{n} p(x_i)\log p(x_i) + \sum_{i=1}^{n} p(x_i)\log m^{-k_i} \\ &\xlongequal{\text{詹姆斯不等式}} \sum_{i=1}^{n} p(x_i)\log \frac{m^{-k_i}}{p(x_i)} \leqslant \log \sum_{i=1}^{n} p(x_i) \frac{m^{-k_i}}{p(x_i)} = \log \sum_{i=1}^{n} m^{-k_i} \end{aligned}$$

因为总可以找到一种唯一可译码，其码长满足克拉夫特不等式，所以

$$H(X) - \overline{K}\log m \leqslant \log \sum_{i=1}^{n} m^{-k_i} \leqslant 0$$

得

$$\overline{K} \geqslant \frac{H(X)}{\log m}$$

上式成立的充要条件是

$$\frac{m^{-k_i}}{p(x_i)} = 1, \quad \text{对所有 } i$$

即

$$p(x_i) = m^{-k_i}$$

两边取对数，得

$$k_i = -\frac{\log p(x_i)}{\log m} = = -\log_m p(x_i)$$

证明完毕。

下面将介绍三种无失真信源编码方法：香农编码、费诺编码以及哈夫曼编码。这三种码的平均码长都比较短。

1. 香农编码方法

因为平均码长是各个码字长度的概率平均，可以想象，应该使出现概率大的信源符号编码后码长尽量短一些，出现概率小的信源符号编码后码长长一些，保证平均码长较短。三种编码方法的出发点都是如此，这也是变长编码的思想。

香农编码严格意义上来说不是最佳编码。

香农编码是采用信源符号的累计概率分布函数来分配码字的。

设信源符号集 $X=\{x_1,x_2,\cdots,x_n\}$，并设所有的 $P(x)>0$，则香农编码方法如下：

(1) 将信源消息符号按其出现的概率大小依次排列：$p(x_1)\geqslant p(x_2)\geqslant\cdots\geqslant p(x_n)$；

(2) 确定满足下列不等式的整数码长 k_i：

$$-\log p(x_i) \leqslant k_i < -\log p(x_i) + 1$$

(3) 为了编成唯一可译码，计算第 i 个消息的累加概率：

$$P_i = \sum_{k=1}^{i-1} p(x_k)$$

(4) 将累加概率 P_i 变换成二进制数；

(5) 取 P_i 二进制数的小数点后 k_i 位即为该消息符号的二进制码字。

可以证明，这样得到的编码一定是唯一可译码，且码长比较短，接近于最佳编码。也可以不对信源消息符号按概率大小排列，这时香农编码方法如下：

(1) 求出修正累计概率分布函数为

$$P_i = \sum_{k=1}^{i-1} p(x_k) + \frac{1}{2} p(x_i) x_k, \quad x_i \in X$$

(2) 确定满足下式的码长：

$$k_i = \left\lceil \log \frac{1}{p(x_i)} \right\rceil + 1$$

(3) 将修正累加概率 P_i 变换成二进制数。

(4) 取 P_i 二进制小数点后 k_i 位即为该消息符号的二进制编码。

例 5.2.3　设信源共由 7 个符号组成，其概率和香农编码过程如表 5.2.2 所示。

表 5.2.2　香农编码过程

信源符号 x_i	符号概率 $p(x_i)$	累加概率 P_i	$-\log p(x_i)$	码字长度 k_i	码　　字
x_1	0.20	0	2.34	3	000
x_2	0.19	0.2	2.41	3	001
x_3	0.18	0.39	2.48	3	011
x_4	0.17	0.57	2.56	3	100
x_5	0.15	0.74	2.74	3	101
x_6	0.10	0.89	3.34	4	1110
x_7	0.01	0.99	6.66	7	1 111 110

以 $i=4$ 为例，第 4 个信源符号所编码的码长为

$$-\log 0.17 \leqslant k_4 < -\log_2 0.17 + 1$$

即

$$2.56 \leqslant k_4 < 3.56$$

取

$$k_4 = 3$$

第 4 个信源符号累加概率 $P_i=0.57$，变成二进制数，为 0.1001…，取 3 位，得第 4 个信源符号所编码字为：100。

小数变二进制数的方法：用 P_i 乘以 2，如果整数部分有进位，则小数点后第一位为 1，否则为 0，将其小数部分再做同样的处理，得到小数点后的第二位，依此类推，直到得到满足要求的位数，或者没有小数部分为止。

例如，现在 $P_i=0.57$，乘以 2 为 1.14，整数部分有进位，所以小数点后第一位为 1，将小数部分即 0.14 再乘以 2，得 0.28，没有整数进位，所以小数点后第二位为 0，依此类推，可得到其对应的二进制数为 0.1001…。

由表 5.2.2 可以看出，编码所得的码字没有相同的，所以是非奇异码，也没有一个码字是其他码字的前缀，所以是即时码、唯一可译码。

香农编码的 MATLAB 程序：主程序 shanoncode.m，子程序 deczbin.m。

```
%%% 主程序 shanoncode.m
clc
clear all
n = input('输入信源符号个数 n = ');
p = zeros(1,n);
while(1)
for i = 1:n
        fprintf('请输入第 % 个符号的概率:',i);
p(1,i) = input('p = ');
end
if sum(p)~ = 1
        disp('输入概率不符合概率分布')
continue
else
        y = fliplr(sort(p));
        d = zeros(n,4);
D(:,1) = y;
```

```
for i = 2:n
            D(1,2) = 0;                          % 令第一行第二行的元素为 0
            D(i,2) = D(i-1,1) + D(i-1,2);        % 第二行其余的元素用此式求得,即为累加概率
end
for i = 1:n
            D(i,3) = -log2(D(i,1));              % 求第三列的元素
            D(i,4) = ceil(D(i,3));               % 求第四列的元素,对 D(i,3)向无穷方向取最小正整数
end
        D
        A = D(:,2)';                             % 取出 D 中第二列元素
        B = D(:,4)';
for j = 1:n
              C = deczbin(A(j),B(j))             % 生成码字
end
end
break
end

function [C] = deczbin(A,B) % 对累加概率求二进制的函数
C = zeros(1,B); % 生成零矩阵用于存储生成的二进制数,对二进制的每一位进行操作 temp = A;
 % temp 赋值
for i = 1:B                 % 累加概率转化为二进制,循环求二进制的每一位,B 控制生成二进制的位数
temp = temp * 2;
if temp > 1
temp = temp - 1;
C(1,i) = 1;
else
C(1,i) = 0;
end
end
```

程序运行结果:

```
输入信源符号个数 n = 7
请输入第 1 个符号的概率:p = 0.2
请输入第 2 个符号的概率:p = 0.19
请输入第 3 个符号的概率:p = 0.18
请输入第 4 个符号的概率:p = 0.17
请输入第 5 个符号的概率:p = 0.15
请输入第 6 个符号的概率:p = 0.1
请输入第 7 个符号的概率:p = 0.01
D =
        0.2000         0    2.3219    3.0000
        0.1900    0.2000    2.3959    3.0000
        0.1800    0.3900    2.4739    3.0000
        0.1700    0.5700    2.5564    3.0000
        0.1500    0.7400    2.7370    3.0000
        0.1000    0.8900    3.3219    4.0000
        0.0100    0.9900    6.6439    7.0000
```

```
C =   0  0  0
C =   0  0  1
C =   0  1  1
C =   1  0  0
C =   1  0  1
C =   1  1  1  0
C =   1  1  1  1  1  1  0
```

例 5.2.3 中香农编码的性能可以用平均码长和平均信息传输率、编码效率评价。

平均码长为

$$\overline{K}=\sum_{i=1}^{7}p(x_i)k_i=3.14(\text{二元码符号 / 信源符号})$$

平均信息传输率为

$$R=\frac{H(X)}{\overline{K}}=\frac{2.61}{3.14}=0.831(\text{bit/ 码符号})$$

编码效率为

$$\eta=\frac{H(X)}{\overline{K}}=83.1\%$$

压缩之前 7 个符号，平均每个符号需要 3bit 表示，经香农编码压缩之后的平均码字长度为 3.14，因此压缩比为

$$P_{\mathrm{r}}=\frac{3-3.14}{3}\times 100\%=-4.67\%$$

香农编码的效率不高，本例中压缩比为负值，并没有对信源进行压缩，实用意义不大，但对其他编码方法有很好的理论指导意义。

2. 费诺编码方法

费诺编码也不是最佳编码方法，但有时可以得到最佳编码。

费诺编码方法如下：首先，将信源符号以概率递减的次序排列起来，将排列好的信源符号分成两组，使每一组的概率之和相接近，并各赋予一个二元码符号"0"或者"1"；然后，将每一组的信源符号再分成两组，使每一小组的符号概率之和也接近相等，并又分别赋予一个二元码符号。依此下去，直到每一个小组只剩下一个信源符号为止。这样，信源符号所对应的码符号序列则为编得的码字。

例 5.2.4 给定信源的费诺编码过程如表 5.2.3 所示。

表 5.2.3 费诺编码过程

消息符号	符号概率	第一次分组	第二次分组	第三次分组	第四次分组	码字	码长
x_1	0.20	0	0			00	2
x_2	0.19		1	0		010	3
x_3	0.18			1		011	3
x_4	0.17	1	0			10	2
x_5	0.15		1	0		110	3
x_6	0.10			1	0	1110	4
x_7	0.01				1	1111	4

费诺编码的 MATLAB 程序：

```
%fanocode.m
clc;
clear all;
fprintf('......................费诺编码程序......................\n');
fprintf('请输入信源符号的个数:');
N=input('N=');%输入信源符号的个数
s=0;l=0;H=0;
for i=1:N
    fprintf('请输入第%d个符号的概率:',i);
    p(i)=input('p=');                   %输入信源符号概率分布向量,0<p(i)<1
if p(i)<=0||p(i)>=1
   error('请注意P的范围是0<P<1')
end
s=s+p(i);
H=H+(-p(i)*log2(p(i)));                %计算信源信息熵
end
if(s~=1)
error('信源符号概率和不等1')
end
tic;
for i=1:N-1                             %按概率分布大小对信源排序
for j=i+1:N
if p(i)<p(j)
m=p(j);p(j)=p(i);p(i)=m;
end
end
end
x=f1(1,N,p,1);
for i=1:N                               %计算平均码长
L(i)=length(find(x(i,:)));
    l=l+p(i)*L(i);
end
n=H/l;                                  %计算编码效率
fprintf('编码后所得码字:\n');
disp(x)                                 %显示按概率降序排列的码字
fprintf('平均码长:K=\n');
disp(l)                                 %显示平均码长
fprintf('信息熵:H(X)=\n');disp(H)      %显示信息熵
fprintf('编码效率:η=\n');disp(n)       %显示编码效率
```

程序运行结果：

```
..................费诺编码程序..................
请输入信源符号的个数:N=7
```

```
请输入第 1 个符号的概率:p = 0.2
请输入第 2 个符号的概率:p = 0.19
请输入第 3 个符号的概率:p = 0.18
请输入第 4 个符号的概率:p = 0.17
请输入第 5 个符号的概率:p = 0.15
请输入第 6 个符号的概率:p = 0.1
请输入第 7 个符号的概率:p = 0.01
编码后所得码字:
00 010 011 10 110 1110 1111
平均码长:K =  2.7400
信息熵:H(X) =  2.6087
编码效率:η =  0.9521
```

由表 5.2.3 可以求得，该费诺编码的平均码长为

$$\overline{K}=\sum_{i=1}^{7}p(x_i)k_i=2.74(\text{二元码符号 / 信源符号})$$

信息传输率为

$$R=\frac{H(X)}{\overline{K}}=\frac{2.61}{2.74}=0.953(\text{bit/ 码符号})$$

编码效率为

$$\eta=95.3\%$$

压缩之前 7 个符号，平均每个符号需要 3bit 表示，经费诺编码压缩之后的平均码字长度为 2.74，因此压缩比为

$$P_r=\frac{3-2.74}{3}\times 100\%=8.67\%$$

3. 哈夫曼编码方法

1952 年哈夫曼提出了一种构造最佳编码的方法。它是一种最佳的逐个符号的编码方法。其编码步骤如下：

(1) 将 n 个信源符号按概率分布的大小，以递减次序排列起来，设

$$p(x_1)\geqslant p(x_2)\geqslant\cdots\geqslant p(x_n)$$

(2) 用“0”和“1”码符号分别代表概率最小的两个信源符号，并将这两个概率最小的符号合并成一个符号，合并的符号概率为两个符号概率之和，从而得到只包含 $n-1$ 个符号的新信源，称为缩减信源。

(3) 把缩减信源的符号仍旧按概率大小以递减次序排列，再将其概率最小的两个信源符号分别用“0”和“1”表示，并将其合并成一个符号，概率为两符号概率之和，这样又形成了 $n-2$ 个符号的缩减信源。

(4) 依此继续下去，直至信源只剩下两个符号为止。将这最后两个信源符号分别用“0”和“1”表示。

(5) 从最后一级缩减信源开始，向前返回，就得出各信源符号所对应的码符号序列，即对应的码字。

例 5.2.5　给定信源的哈夫曼编码过程如表 5.2.4 所示。

表 5.2.4　哈夫曼编码过程

消息符号	符号概率	缩减信源	缩减信源	缩减信源	缩减信源	缩减信源	码字	码长
x_1	0.2	0.2	0.26	0.35	0.39	0.61	10	2
x_2	0.19	0.19	0.20	0.26	0.35	0.39	11	2
x_3	0.18	0.18	0.19	0.20	0.26		000	3
x_4	0.17	0.17	0.18	0.19			001	3
x_5	0.15	0.15	0.17				010	3
x_6	0.10	0.11					0110	4
x_7	0.01						0111	4

哈夫曼编码也可以用树图法实现，如图 5.2.1 所示。

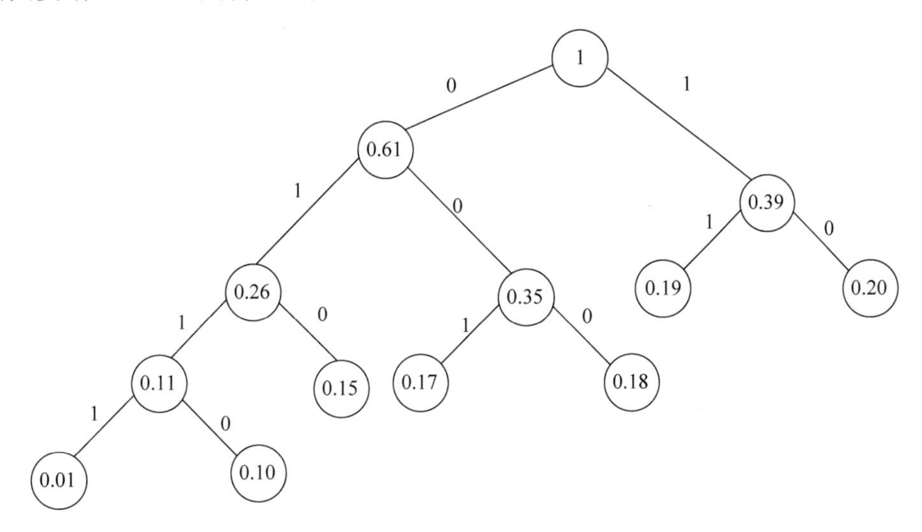

图 5.2.1　树图法哈夫曼编码过程

哈夫曼编码的 MATLAB 程序：

```
% huffmancode.m
clc;
clear all;
n = input('Enter the number of source symbols:');
A = zeros(1,n);
for i = 1:n
A(1,i) = input( 'input source symbol probability:');
end
if sum(A)~ = 1
disp('Input probability is not in conformity with the probability distribution')
break
else A = fliplr(sort(A));                    % 按降序排列
T = A;
[m,n] = size(A)
B = zeros(n,n-1);                            % 空的编码表(矩阵)
```

```
for i = 1:n
    B(i,1) = T(i);                              % 生成编码表的第一列
end
r = B(i,1) + B(i - 1,1);                        % 最后两个元素相加
T(n - 1) = r;
T(n) = 0;
T = fliplr(sort(T));
t = n - 1;
for j = 2:n - 1                                 % 生成编码表的其他各列
for i = 1:t
B(i,j) = T(i);
end
        K = find(T == r);
        B(n,j) = K(end);          % 从第二列开始,每列的最后一个元素记录特征元素在该列的位置
        r = (B(t - 1,j) + B(t,j));              % 最后两个元素相加
T(t - 1) = r;
T(t) = 0;
        T = fliplr(sort(T));
        t = t - 1;
end
B;                                              % 输出编码表
END1 = sym('[0,1]');                            % 给最后一列的元素编码
END = END1;
t = 3;
d = 1;
for j = n - 2: - 1:1                            % 从倒数第二列开始依次对各列元素编码
for i = 1:t - 2
if i > 1 & B(i,j) == B(i - 1,j)
           d = d + 1;
else
            d = 1;
end
B(B(n,j + 1),j + 1) = - 1;
temp = B(:,j + 1);
        x = find(temp == B(i,j));
END(i) = END1(x(d));
end
    y = B(n,j + 1);
END(t - 1) = [char(END1(y)),'0'];
END(t) = [char(END1(y)),'1'];
    t = t + 1;
    END1 = END;
end
    A                                           % 排序后的原概率序列
   END                                          % 编码结果
for i = 1:n
    [a,b] = size(char(END(i)));
L(i) = b;
end
avlen = sum(L. * A)                             % 平均码长
H1 = log2(A);
H = - A * (H1')                                 % 熵
P = H/avlen                                     % 编码效率
end
```

程序运行结果为

```
Enter the number of source symbols:7
input source symbol probability:0.2
input source symbol probability:0.19
input source symbol probability:0.18
input source symbol probability:0.17
input source symbol probability:0.15
input source symbol probability:0.1
input source symbol probability:0.01
m = 1
n = 7
A = 0.2000 0.1900 0.1800 0.1700 0.1500 0.1000 0.0100
END = [10, 11, 000, 001, 010, 0110, 0111]
avlen = 2.7200
H = 2.6087
P = 0.9591
```

哈夫曼编码还可以调用 huffmanenco 和 huffmandeco 函数实现编码和译码：

```
ENCO = HUFFMANENCO(SIG, DICT)——HUFFMANENCO Encode an input signal using Huffman coding
       algorithm.
DECO = HUFFMANDECO(COMP, DICT)——HUFFMANDECO Huffman decoder.
```

上例的 MATLAB 程序如下：

```
Clear all;
clc;
symbols = [1:7];
p = [0.2 0.19 0.18 0.17 0.15 0.1 0.01];
entropy = - p * log2(p');
[dict,avg_len] = huffmandict(symbols,p)
eta = entropy/avg_len;
source_len = 1000;
seq = randsrc(1,source_len,[1 2 3 4 5 6 7;0.2 0.19 0.18 0.17 0.15 0.1 0.01]);
comp = huffmanenco(seq,dict);
[s,codeseq_len] = size(comp)
actual_avg_len = codeseq_len/source_len
actual_eta = entropy/actual_avg_len
dcomp = huffmandeco(comp,dict);
```

输出：

```
dict =  % 编码映射表,第 1 列为信源序号,第 1 列对应码字长度
  [1]  [1x2 double][1,0]
  [2]  [1x2 double] [1,1]
  [3]  [1x3 double][0,0,0]
  [4]  [1x3 double][0,0,1]
  [5]  [1x3 double][0,1,0]
  [6]  [1x4 double] [0,1,1,0]
  [7]  [1x4 double][0,1,1,1]
avg_len = 2.7200                          % 平均码长
codeseq_len = 2750                        % 码序列长度
```

```
actual_avg_len = 2.7500                    % 实际平均码长
actual_eta = 0.9486                        % 实际平均码长
```

平均码长为

$$\overline{K}=\sum_{i=1}^{7}p(x_i)k_i=2.72(\text{二元码符号 / 信源符号})$$

信息传输率为

$$R=\frac{H(X)}{\overline{K}}=\frac{2.61}{2.72}=0.9596(\text{bit/ 码符号})$$

压缩之前 7 个符号，平均每个符号需要 3bit 表示，经哈夫曼编码压缩之后的平均码字长度为 2.72，因此压缩比为

$$P_r=\frac{3-2.72}{3}\times 100\%=9.33\%$$

与香农编码、费诺编码相比，哈夫曼编码的平均码长较短，编码效率和压缩比较高。

从表 5.2.4 可以看出，哈夫曼编码方法得到的码一定是即时码。因为这种编码方法不会使任一码字的前缀为码字。这一点在用码树形式表示时看得更清楚。图 5.2.1 是用码树形式进行哈夫曼编码的过程，由于代表信源符号的节点都是终端节点，因此其编码不可能是其他终端节点对应的码字的前缀。

另外，由于哈夫曼编码总是把概率大的符号安排在离根节点近的终端节点，所以其码长比较小，因此得到的编码整体平均码长就比较小。

哈夫曼编码得到的码不是唯一的，因为每次对缩减信源中两个概率最小的符号编码时，“0”和“1”的安排是任意的。另外，当两个符号的概率相同时，排列的次序也是随意的，所以可能导致不同的编码结果，但最后的平均码长一定是一样的。在这种情况下，怎么样来判断一个码的好坏呢？可以引进码字长度 k_i 偏离平均长度 $\overline{K}$ 的方差，即码方差 σ^2：

$$\sigma^2=E[(k_i-\overline{K})^2]=\sum_{i=1}^{n}p(x_i)(k_i-\overline{K})^2$$

哈夫曼编码时，一般将合并的概率放在上面，这样可获得较小的码方差。

例 5.2.6 对信源{0.4 0.2 0.2 0.1 0.1}进行哈夫曼编码的过程如表 5.2.5 和表 5.2.6 所示。两个表中合并符号概率与原信源符号概率相同时，表 5.2.5 将合并信源符号概率排在上面，表 5.2.6 将合并信源符号概率放在下面。

表 5.2.5 哈夫曼编码过程 1

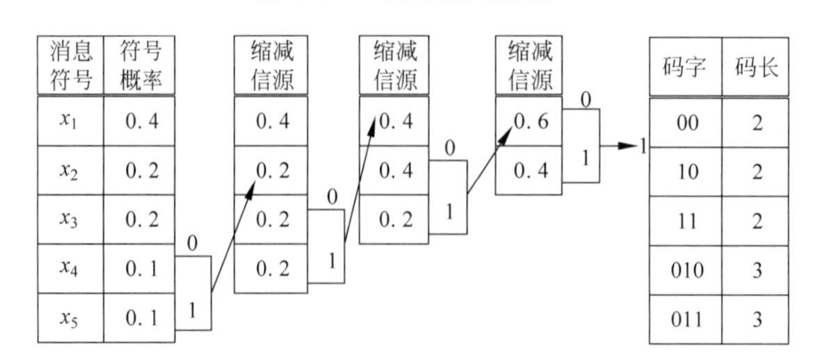

表 5.2.6　哈夫曼编码过程 2

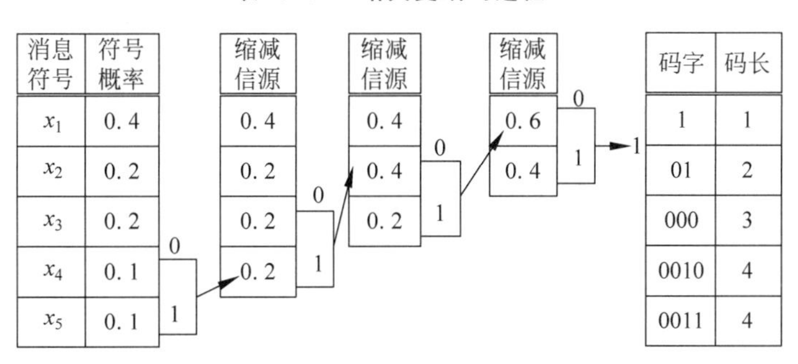

表 5.2.5 所编哈夫曼编码字的平均码长和码方差分别为

$$\overline{K}=0.4\times2+0.2\times2+0.2\times2+0.1\times3+0.1\times3=2.2(\text{二元码符号}/\text{信源符号})$$

$$\sigma_k^2=0.4\times0.2^2+0.2\times0.2^2+0.2\times0.2^2+0.1\times0.8^2+0.1\times0.8^2=0.16$$

表 5.2.6 所编哈夫曼编码字的平均码长和码方差分别为

$$\overline{K}=0.4\times1+0.2\times2+0.2\times3+0.1\times4+0.1\times4=2.2(\text{二元码符号}/\text{信源符号})$$

$$\sigma_k^2=0.4\times1.2^2+0.2\times0.2^2+0.2\times0.8^2+0.1\times1.8^2+0.1\times1.8^2=1.36$$

可见，将合并概率放在同概率信源符号的上面能提供较小的码方差。因此哈夫曼编码中应将合并概率放在同概率信源符号的上面，以保证较好的编码性能。

从以上的编码实例中可以看出，哈夫曼编码具有以下三个特点：

(1) 哈夫曼编码方法保证了概率大的符号对应于短码，概率小的符号对应于长码，且短码得到充分利用。

(2) 每次缩减信源的最后两个码字总是最后一位码元不同，前面各位码元相同。

(3) 每次缩减信源的最长两个码字有相同的码长。

这三个特点保证了所得的哈夫曼编码一定是最佳编码。

5.3　实用的无失真信源编码方法

无失真信源编码主要用于离散信源或数字信号，如文字、数字、数据等。它们要求无失真地数据压缩，且无失真地可逆恢复。目的是增加单位时间内传送的信息量，即提高信息传输的效率。香农第一定理给出了无失真信源压缩的理论极限，由定理可知，信源的熵是信源进行无失真编码的理论极限值，存在最佳的无失真信源编码方法使编码后信源的信息传输率任意接近信源的熵。香农第一定理并没有告知如何找到最佳的无失真信源编码方法，但是，从降低信源冗余度的途径考虑，只要寻找到去除信源符号相关性或者改变信源符号概率分布不均匀性的方法和手段，就能找到最佳无失真信源编码的具体方法和实用码型。

5.2.3 节已经从香农第一定理内容中信源熵与平均码长的关系推导出码长与信源各符号自信息量的关系，讨论了香农编码、费诺编码和哈夫曼编码的原理和方法。它们都是当信源的统计特性一定时，能达到或接近无失真信源压缩极限的典型编码方法。上述编码主要适用于多元信源和无记忆信源。当信源给定时，哈夫曼编码是最佳编码，它在实际中已有所应用，但它仍存在一些分组码所具备的缺点。例如，概率特性必须得到精确的测定，若略有变化,还需要更新码表;对于二元信源,必须对其 N 次扩展信源进行编码,才能取得好的效果,但当合并的符号数不大时编码效率提高不多,特别是二元相关信源;采用哈夫曼编码等分组编码方法会使编译码设备变得复杂,而且没有充分利用扩展信源符号间的相关性,导致这些编码方法的编码效率提高不多。

游程编码、算术编码和字典码是针对相关信源的有效无失真信源编码方法,属于非分组码,尤其适用于二元相关信源。

5.3.1 游程编码及其 MATLAB 实现

对于二元相关信源,输出的信源符号序列中往往会出现多个"0"或"1"符号,游程编码尤其适合对这类信源的编码。游程编码已在图文传真、图像传输等实际通信工程技术中得到应用,实际工程技术中也常与其他变长编码方法进行联合编码,如哈夫曼编码、MH 编码等,能进一步压缩信源,提高传输效率。

游程编码是无失真信源编码,它能够把二元序列编成多元码。

在二元序列中,只有"0"和"1"两种码元,把连续出现的"0"称为"0"游程,连续出现的"1"称为"1"游程。连续出现"0"或者"1"码元的个数称为游程长度(Run-Length,RL),"0"游程长度记为 $L(0)$,"1"游程长度记为 $L(1)$。这样,一个二元序列可以转换成游程序列,游程序列中游程长度一般都用自然数标记。

例如,二元序列 00011111000000011110001000000 可以变换成多元序列 3 574 316。

若规定游程必须从"0"游程开始,第一个游程是"0"游程,则第二个游程必为"1"游程,第三个又是"0"游程……。上述变换是可逆、无失真的。如果连"0"或连"1"非常多,则可以达到信源压缩的目的。

一般传输信道为二元离散信道,游程序列中的各游程长度必须变换成二元码序列。等长游程编码就是将游程长度编成二进制的自然数。上例中,$\max[L(0),L(1)]=7$,则用三位二进制码来编码,上例的游程序列对应的码序列为

011　101　111　100　011　001　110

可见,信源序列由原来的 29 个二元符号,编成 21 个二元码符号,信源序列得到压缩,游程长度越长及长游程较多时压缩效果越好。

为提高压缩比,变长游程编码游程映射变换后常和哈夫曼编码或 MH 编码结合。联合编码过程如下:

首先对游程映射的各多元序列,测定 $L(0)$ 和 $L(1)$ 的概率分布,以游程长度为元素,构造一个新的多元信源,一般 $L(0)$ 和 $L(1)$ 应建立各自的信源;然后对 $L(0)$ 构成的多元信源进行哈夫曼编码,得到不同游程长度映射的码字,从而将游程序列变换成码字序列;同样,对 $L(1)$ 构成的多元信源进行哈夫曼编码,这样就可以得到 $L(0)$ 信源与 $L(1)$ 信源的码字和码表,而且两码表中的码字一般是不同的。在上述编码过程中,考虑到编码的复杂度以及长游程概率随游程长度减小的特点,对较大的游程长度,采用截断处理的方法,将大于一定长度的长游程统一用等长码编码。

游程编码一般不直接应用于多灰度值的图像,因其压缩比很低,但比较适合于黑白图文、图片等二值图像的编码。游程编码与其他一些编码方法的混合使用,能达到较好的压缩效果。如在彩色静止图像压缩的国际标准化算法 JPEG 中,采用了游程编码和离散余弦变

换(Discrete Cosine Transform,DCT)及哈夫曼编码的联合编码方法。

例 5.3.1 二值图像游程编码算法的 MATLAB 实现。

```
clc
clear all
image1 = imread('C:\Program Files\MATLAB71\work\1\girl.jpg'); % 读入图像
figure(1);
imshow(image1);                                    % 显示原图像
% 以下程序是将原图像转换为二值图像
image2 = image1(:);                                % 将原始图像写成一维的数据并设为 image2
image2length = length(image2);                     % 计算 image2 的长度
for i = 1:1:image2length                           % for 循环,目的在于转换为二值图像
Ifimage2(i)> = 127
   image2(i) = 255;
else
   image2(i) = 0;
   end
end
image3 = reshape(image2,146,122);                  % 重建二维数组图像,并设为 image3
figure(2);
imshow(image3);                                    % 以下程序为对原图像进行游程编码,压缩
X = image3(:);                                     % 令 X 为新建的二值图像的一维数据组
x = 1:1:length(X);                                 % 显示游程编码之前的图像数据
figure(3);
plot(x,X(x));
j = 1;
image4(1) = 1;
for z = 1:1:(length(X) - 1)                        % 游程编码程序段
ifX(z) == X(z + 1)
  image4(j) = image4(j) + 1;
else
  data(j) = X(z);                                  % data(j)代表相应的像素数据
  j = j + 1;
  image4(j) = 1;
  end
end
data(j) = X(length(X));                            % 最后一个像素数据赋给 data
image4length = length(image4);
y = 1:1:image4length;
figure(4);
plot(y,image4(y));
PR = (image2length - image4length)/ (image2length; % 压缩比
l = 1;
for m = 1:image4length
  for n = 1:1:image4(m);
  rec_image(l) = data(m);
   l = l + 1;
   end
  end
   u = 1:1:length(rec_image);
  figure(5)
  plot(u,rec_image(u));
```

二值图像游程编码算法的 MATLAB 实现所涉及的原图像、原图像转换的二值图像、二

值图像灰度数据以及游程编码结果如图 5.3.1～图 5.3.4 所示。

图 5.3.1　原图像

图 5.3.2　原图像转换为二值图像

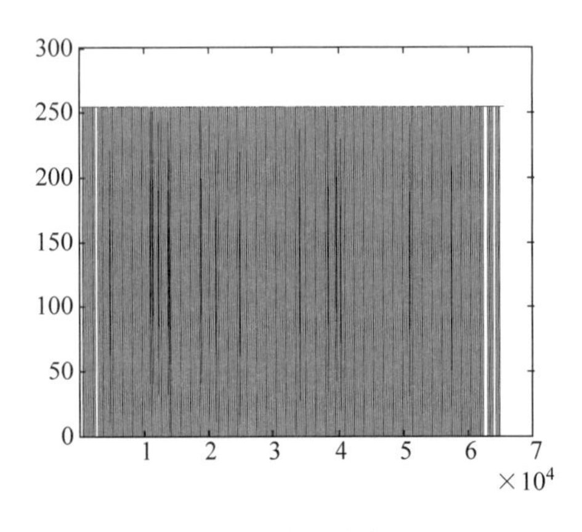

图 5.3.3　二值图像灰度数据

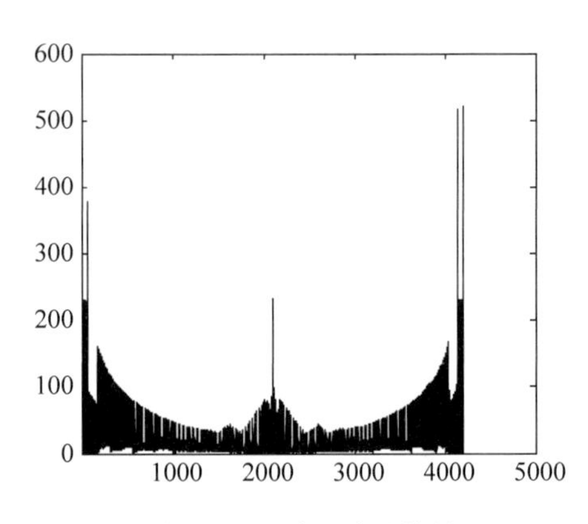

图 5.3.4　游程编码结果

仿真结果显示，压缩比 PR=93.58%。

5.3.2　算术编码及其 MATLAB 实现

算术编码也是一种无失真信源编码方法。

前面讨论的无失真信源编码方法，都是针对单个信源符号的编码，当信源符号之间有相关性时，这些编码方法由于没有考虑到符号之间的相关性，因此编码效率就不可能很高。解决的办法是对信源序列进行编码，编码效率随序列长度增大而提高。但序列中符号之间的相关性以及序列之间的相关性无法考虑，无法真正满足信源编码的匹配原则。比如，某个符号的概率为 0.8，该符号只需要 $-\log 0.8=0.322$ 位二元码符号编码，但香农编码等最佳变长编码会为其分配一位 0 或一位 1 的码字。是否存在与该符号概率相匹配的编码呢？

为了解决这个问题，需要跳出分组码的局限，研究非分组码。算术编码就是一种非分组编码方法。其基本思路：从全序列出发，将不同的信源序列的概率映射到[0,1]区间上，使每个序列对应区间上的一点，即把区间[0,1]分成许多互不重叠的小区间，不同的信源序列对应不同的小区间，每个小区间的长度等于某一序列的概率。在每个小区间内取一个二进制小数用作码字，其长度可与该序列的概率匹配，达到高效率编码的目的。可以证明，只要这些小区间互不重叠，就可以编得即时码。

可见，算术编码的主要编码方法就是计算信源符号序列所对应的小区间。下面将讨论如何找出信源符号序列所对应的区间。

设信源符号集 $A=\{a_1,a_2,\cdots,a_q\}$，其相应的概率分布为 $p(a_i)$，$p(a_i)>0(i=1,2,\cdots,q)$。定义信源符号的累积分布函数为

$$F(a_k)=\sum_{i=1}^{k-1}p(a_i)$$

则

$$F(a_1)=0,\quad F(a_2)=p(a_1),\quad F(a_3)=p(a_1)+p(a_2),\cdots$$

对二元序列，有

$$F(0)=0, F(1)=p(0)$$

现在，来计算二元信源序列 s 的累积分布函数。只讨论二元无记忆信源，结果可推广到一般情况。

(1) 初始时，在[0,1)区间内由 $F(1)$ 划分成二个子区间 $[0,F(1))$ 和 $[F(1),1)$，$F(1)=p(0)$。子区间 $[0,F(1)]$ 的宽度为 $A(0)=p(0)$，子区间 $[F(1),1)$ 的宽度为 $A(1)=p(1)$。子区间 $[0,F(1)]$ 对应于信源符号“0”，子区间 $[F(1),1)$ 对应于信源符号“1”。若输入符号序列的第一个符号为 $s=$“0”，即落入相应的区间为 $[0,F(1))$，得 $F(s=$“0”$)=F(0)=0$。即某序列累积概率分布函数为该序列所对应区间的下界值。

(2) 当输入的第二个符号为“1”时，$s=$“01”，$s=$“01”所对应的区间是在 $[0,F(1))$ 中进行分割。符号序列“00”对应的区间宽度为 $A(00)=A(0)p(0)=p(0)p(0)$；符号序列“01”对应的区间宽度为 $A(01)=A(0)p(1)=p(0)p(1)=p(01)$，也等于 $A(01)=A(0)-A(00)$。“00”对应的区间为 $[0,F(s=$“01”$))$；“01”对应的区间为 $[F(s=$“01”$),F(1))$。其中，$F(s=$“01”$)$ 是符号序列“01”区间的下界值。可见，$F(s=$“01”$)=p(0)p(0)$ 正是符号序列 $s=$“01”的累积分布函数。

(3) 当输入符号序列中第三个符号为“1”时，因前面已输入序列为 $s=$“01”，所以可记做输入序列为 $s1=$“011”(若第三个符号输入为“0”，可记作 $s0=$“010”)。现在，输入序列 $s1=$“011”所对应的区间是对区间 $[F(s),F(1))$ 进行分割。序列 $s0=$“010”对应的区间宽度为 $A(s0=$“010”$)=A(s=$“01”$)p(0)=A(s)p(0)$，其对应的区间为 $[F(s),F(s)+A(s)p(0))$，而序列 $s1=$“011”对应的区间宽度为

$$A(s1=\text{“011”})=A(s)p(1)=A(s=\text{“01”})-A(s0=\text{“010”})$$

即 $A(s1=$“011”$)=A(s)-A(s0)$，其对应的区间为 $[F(s)+A(s)p(0),F(1))$。可得，符号序列 $s1=$“011”的累积概率分布函数为 $F(s1)=F(s)+A(s)p(0)$。

(4) 若第三个符号输入为“0”，由上述分析可得，符号序列 $s0=$“010”的区间下界值仍为 $F(s)$，所以符号 $s0=$“010”的累积概率分布函数为 $F(s0)=\boldsymbol{F}(s)$。

现已输入三个符号串，将这个符号序列标为 s，接着输入第四个符号为“0”或“1”，又可计算出 $s0=$“0110”或 $s1=$“0111”对应的子区间及其累积概率分布函数，如图 5.3.5 所示。

根据前面的分析，可归纳出：

当已知前面输入符号序列 s，若接着输入一个符号“r”，则二元信源符号序列的累积概率分布函数的递推公式为

$$F(sr)=F(s)+p(s)F(r)\quad(r=0,1)\tag{5.3.1}$$

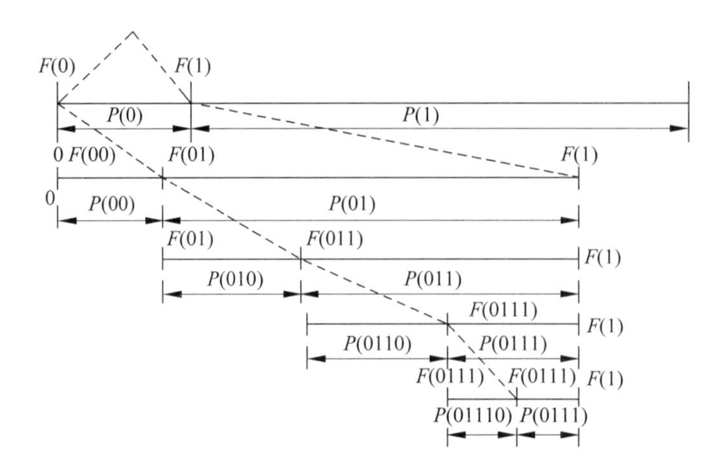

图 5.3.5　信源符号序列的累积概率分布函数 $F(s)$及对应的区间 A

同样，可得信源符号序列所对应区间宽度的递推公式为

$$A(sr)=p(sr)=p(s)p(r) \tag{5.3.2}$$

由此可得，信源符号序列对应的区间宽度等于该符号序列的概率。

例 5.3.2　设二元无记忆信源 $X\in\{0,1\}$，其 $p(0)=1/4$，$p(1)=3/4$。对二元序列 $s=11111100$ 做算术编码。

解：根据式(5.3.1)和式(5.3.2)，二元序列 $s=11111100$ 的累积概率分布函数为

$$\begin{aligned}F(11111100)&=F(1111110)+p(1111110)F(0)\\&=F(111111)+p(111111)F(0)+p(1111110)F(0)\\&=F(11111)+p(11111)F(1)\\&=F(1111)+p(1111)F(1)\\&=F(111)+p(111)F(1)\\&=F(11)+p(11)F(1)\\&=F(1)+p(1)F(1)+p(11)F(1)+p(111)F(1)+p(1111)F(1)+\\&\quad p(11111)F(1)+p(111111)F(0)+p(1111110)F(0)\\&=p(0)+p(10)+p(110)+p(1110)+p(11110)+p(111110)\end{aligned}$$

其对应的区间宽度为

$$A(11111100)=p(11111100)$$

由于累积概率分布函数和子区间宽度都是递推公式，因此在实际应用中，只需要两个存储器，把 $p(s)$和 $F(s)$存储下来，然后随着符号的输入，不断地更新两个存储器中的数值。因为在编码过程中，每输入一个符号就要进行乘法和加法运算，所以称这种编码方法为算术编码。

很容易将其推广到多元信源序列。可以得到一般信源序列的累积概率分布函数和区间宽度的递推公式为

$$\begin{cases}F(sa_k)=F(s)+p(s)F(a_k)\\A(sa_k)=p(sa_k)=p(s)p(a_k)\end{cases} \tag{5.3.3}$$

通过关于信源符号序列的累积概率分布函数计算，$F(s)$可以把区间[0,1)分割成许多小

区间，每个小区间的长度等于各信源序列的概率 $F(s)$，不同的信源符号序列对应于不同的区间$[F(s), F(s)+p(s))$。可取小区间内的一点来代表这个序列。下面讨论如何选择这个点。

将符号序列的累积概率分布函数写成二进制小数，取小数点后 l 位，若后面有尾数，则进位到第 l 位，这样得到的一个数 C，并使 l 满足

$$l=\left\lceil \log \frac{1}{p(s)} \right\rceil \tag{5.3.4}$$

设 $C=0.z_1z_2\cdots z_l$，z_i 取 0 或者 1，得符号 s 的码字为 $z_1z_2\cdots z_l$。这样选取的数值 C，根据二进制小数截去位数的影响，得

$$C-F(s)<\frac{1}{2^l}$$

当 $F(s)$在 l 位以后没有尾数时，$C=F(s)$。另外，由 $l=\left\lceil \log \frac{1}{p(s)} \right\rceil$可知，$p(s)\geqslant\frac{1}{2^l}$，则信源符号序列 s 对应区间的上界为

$$F(s)+p(s)=F(s)+\frac{1}{2^l}>C$$

可见，数值 C 在区间$[F(s), F(s)+p(s))$内。不同的信源序列对应的不同区间（左封右开的区间）是不重叠的，所以编得的码是即时码。符号序列 s 的平均码长满足

$$-\sum_s p(s)\log p(s)\leqslant \bar{L}=\sum_s p(s)l(s)<-\sum_s p(s)\log p(s)+1$$

平均每个信源符号的码长为

$$\frac{H(s)}{n}\leqslant\frac{\bar{L}}{n}<\frac{H(s)}{n}+\frac{1}{n}$$

对无记忆信源，有

$$H(s)=nH_L(s)$$

因此有

$$H_L(s)\leqslant\frac{\bar{L}}{n}<H_L(s)+\frac{1}{n}$$

可以看出，算术编码的编码效率是比较高的。当信源符号序列很长时，n 很大，平均码长接近于信源的符号熵。

例 5.3.2 中，符号序列 $s=11111100$ 对应的累积概率分布函数为

$$\begin{aligned}F(11111100)&=p(0)+p(10)+p(110)+p(1110)+p(11110)+p(111110)\\&=3367/4096=0.82\,202=0.110\,100\,100\,111\end{aligned}$$

且

$$p(11111100)=3^6/4^8$$

$$l=\left\lceil \log\frac{4^8}{3^6} \right\rceil=7$$

得符号序列 s 的码字 $C=1101010$。

因此，平均码字长度为

$$\bar{K}=\frac{7}{8}(\text{二元码符号}/\text{字符})$$

编码效率为

$$\eta = \frac{H(X)}{\bar{K}} = \frac{0.811}{7/8} = 92.7\%$$

算术编码可以通过硬件电路实现，上述乘法运算可以通过右移来实现，因此在算术编码算法中只有加法和移位运算。

例 5.3.3 设二元无记忆信源 $X \in \{0,1\}$，其 $p(0)=1/4, p(1)=3/4$。对二元序列 $s=1011$ 做算术编码。

解：(1) 二进制信源只有两个符号“0”和“1”，且 $p(0)=1/4, p(1)=3/4$；

(2) 设 C 为子区间的左端起始位置，A 为子区间的宽度，符号“0”的子区间为[0,1/4)，符号“1”的子区间为[1/4,1)；

(3) 初始子区间为[0,1)，$C=0, A=1$，子区间按以下各步依次缩小：

步序	符号	C	A
1	1	$0+1\times1/4=1/4$	$1\times3/4=3/4$
2	0	$1/4$	$3/4\times1/4=3/16$
3	1	$1/4+3/16\times1/4=19/64$	$3/16\times3/4=9/64$
4	1	$19/64+9/64\times1/4=85/256$	$9/64\times3/4=27/256$

该过程如图 5.3.6 所示。

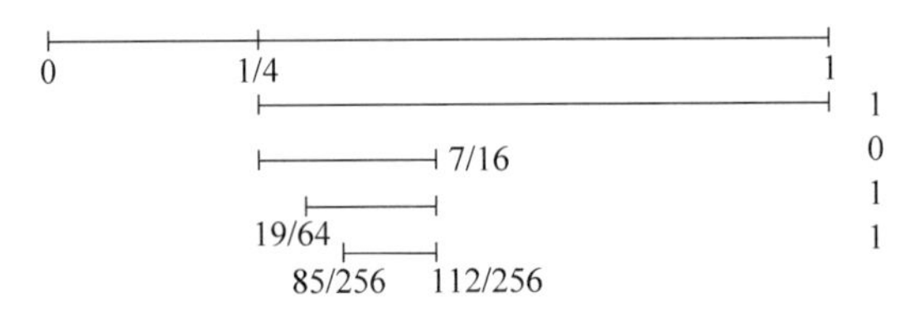

图 5.3.6 算术编码过程

最后的子区间左端(起始位置)为

$$C = 85/256 = 0.01\,010\,101$$

最后的子区间右端(终止位置)为

$$C+A = 112/256 = 0.01\,110\,000$$

编码结果为子区间头、尾之间取值，其值为 0.011，可编码为 011，原来 4 个符号 1011 现被压缩为三个符号 011。

例 5.3.4 一个离散二元无记忆信源，符号集为$\{0,1\}$，其中 $p(0)=0.1, p(1)=0.9$，信源序列长度 100，是 1111111011 的重复。

MATLAB 中的 arithenco 和 arithdeco 函数可以方便地用来实现算术编码和译码。

MATLAB 程序如下：

```
clear all;
clc;
seq = repmat([2 2 2 2 2 2 2 1 2 2],1,10)
counts = [10 90];
len = 100;
code = arithenco(seq,counts)
s2 = length(code)
```

```
dseq = arithdeco(code,counts,len)
comp_ratio = (len - s2)/len
```

输出：

```
code  = % 编码码字
   Columns 1 through 21
1    0    0    0    1    1    0    0    0    0    1    1    1    0    1    1    1
0    0    1    0
   Columns 22 through 42
1    1    1    1    0    1    0    1    1    1    1    1    0    1    1    1    0
1    0    0    1
   Columns 43 through 55
0    1    0    1    0    0    0    1    1    1    1    0    1
s2  =  55                                          % 编码序列长度
comp_ratio  =  45 %                                % 压缩比
```

若对上例中满足信源分布、长度为1000的序列进行算术编码，MATLAB程序如下：

```
clear all;
clc;
counts = [10 90];
len = 1000;
seq = randsrc(1,len,[1 2;0.1 0.9]);
code = arithenco(seq,counts);
s2 = length(code)
dseq = arithdeco(code,counts,len);
comp_ratio = (len - s2)/len
```

输出：

```
s2  =  519
comp_ratio  =  48.1 %
```

若信源序列长度改为1000，则编码序列长度为481，压缩比为48.1%。可见，信源序列越长，压缩效果越好。

5.3.3　MH编码及其MATLAB实现

MH(Modified Huffman)编码是将游程编码和哈夫曼编码相结合，是修正的哈夫曼编码，它是一行一行地对文件传真数据进行编码。此种方法利用了同行像素的同色性，为了保证收/发图文颜色同步，规定每行总是从白游程开始。在大多数文件中黑游程总比白游程短，因此两者的编码位数不同。MH码表如表5.3.1和表5.3.2所示。

表5.3.1　MH码表：组合基干码

游程长度	白游程码字	黑游程码字	游程长度	白游程码字	黑游程码字
64	11011	000001111	640	011010100	0000001110011
128	10010	000011001000	704	011010101	0000001110100
192	010111	000011001001	768	011010110	0000001110101
256	0110111	000001011011	832	011010111	0000001110110
320	00110110	000000110011	896	011011000	0000001110111

续表

游程长度	白游程码字	黑游程码字	游程长度	白游程码字	黑游程码字
384	00110111	000000110100	1280	011011001	0000001010010
448	01100100	000000110101	1344	011011010	0000001010011
512	01100101	0000001101100	1408	011011011	0000001010100
576	01101000	0000001101101	1472	010011000	0000001010101
640	01100111	0000001001010	1536	010011001	0000001011010
704	011001100	0000001001011	1600	010011010	0000001011011
768	011001101	0000001001100	1664	011000	0000001100100
832	011010010	0000001001101	1728	010011011	0000001100101
896	011010011	0000001110010	EOL	000000000001	000000000001

表 5.3.2　MH 码表：结尾码

游程长度	白游程码字	黑游程码字	游程长度	白游程码字	黑游程码字
0	00110101	0001100000110111	32	00011011	000001101010
1	000111	010	33	00010010	000001101011
2	0111	11	34	00010011	000011010010
3	1000	10	35	00010100	000011010011
4	1011	011	36	00010101	000011010100
5	1100	0011	37	00010110	000011010101
6	1110	0010	38	00010111	000011010110
7	1111	00011	39	000101000	000011010111
8	10011	000101	40	00101001	000001101100
9	10100	000100	41	00101010	000001101101
10	00111	0000100	42	00101011	000011011010
11	01000	0000101	43	00101100	000011011011
12	001000	0000111	44	00101101	000001010100
13	000011	00000100	45	00000100	000001010101
14	110100	00000111	46	00000101	000001010110
15	110101	000011000	47	00001010	000001010111
16	101010	0000010111	48	00001011	000001100100
17	101011	0000011000	49	01010010	000001100101
18	0100111	0000001000	50	01010011	000001010010
19	0001100	00001100111	51	01010100	000001010011
20	0001000	00001101000	52	01010101	000000100100
21	0010111	00001101100	53	00100100	000000110111
22	0000011	00000110111	54	00100101	000000111000
23	0000100	00000101000	55	01011000	000000100111
24	0101000	00000010111	56	01011001	000000101000
25	0101011	00000011000	57	01011010	000001011000
26	0010011	000011001010	58	01011011	000001011001
27	0100100	000011001011	59	01001010	000000101011
28	0011000	000011001100	60	01001011	000000101100
29	00000010	000011001101	61	00110010	000001011010
30	00000011	000001101000	62	00110011	000001100110
31	00011010	000001101001	63	00110100	000001100111

MH 编码规则如下：

(1) 游程长度在 0～63 时，码字直接用该游程长度对应的结尾码表示。

(2) 游程长度在 64～1728 时，每个游程的码字分成两部分：前面是组合基干码，后面为结尾码。

(3) 规定每行总是从白游程开始，若第一游程为黑游程，则在行首加上长度为 0 的白游程码字，每行结束时用一个结束码 EOL 作标记。

(4) 传真文件传输时，每页文件的第一个数据前加一个结尾码，每页结尾连续使用 6 个结尾码表示结尾。

(5) 为了实现同步传输，规定 T 为每个编码行的最小传输时间，一般规定 T 最小为 20ms，最大为 5s。若行的传输时间小于 T，则在结尾码之前添上足够的 0 码元作为填充码。

按照上述编码规则，传真信息总的传送数据格式如图 5.3.7 所示。

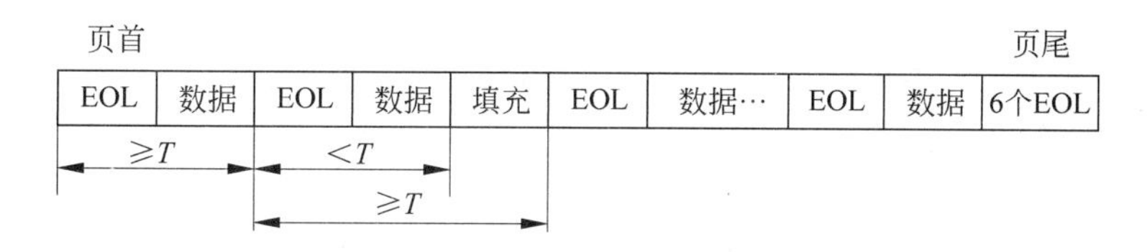

图 5.3.7　传真信息总的传送数据格式

按照 MH 码表进行编码，一次只压缩一扫描行，各行独立不相关，因此是一种一维编码方案。译码时每一行的 MH 码都应恢复出 1728 个像素，否则有错。

例 5.3.5　设有一页传真文件，其中某一扫描线上的像素点如图 5.3.8 所示。

75 个白	5 个黑	9 个白	18 个黑	1621 个白

图 5.3.8　传真文件中某一扫描线上的像素点

求：(1) 该扫描行的 MH 编码；

(2) 编码后的比特总数；

(3) 本编码行的数据压缩比。

解：(1) 根据编码的 3 个规则，表 5.3.1 所示的 MH 码表。

- 75 个白：RL=75，用规则(2)。组合基干码为 64(白)对应的 11011；补充结尾码为 75－64=11(白)所对应的 01000。所以 75 个白对应码字为：1101101000。
- 5 个黑：RL=5，用规则(1)。结尾码为 5(黑)对应的 0011。即为答案。
- 9 个白：结尾码为 9(白)对应的 10100。
- 18 个黑：结尾码为 18(黑)对应的 0000001000。
- 1621 个白：组合基干码为 1600(白)对应的 010011010；补充结尾码为 1621－1600=21(白)所对应的 0010111。所以 1621 个白对应码字为：0100110100010111。
- EOL：结束码，为保证收/发同色，规定每行用一个结束码终止，查表可得为 000000000001。

最后得到的编码结果为

数据：75 白　5 黑　9 白　18 黑　1621 白 EOL

码字：1101101000；0011；10100；0000001000；0100110100010111；000000000001

（2）将码字数一下，编码后的比特总数为 57bit。

（3）压缩前数据总比特：75+5+9+18+1621=1728bit，所以数据压缩比：1728∶57=30.316∶1。

5.3.4 无损压缩的 JPEG 标准

JPEG(Joint Photographic Experts Group)是联合图像专家组的简称，它由两个标准机构——欧洲电信标准组织(CCIT)和国际标准化组织(ISO)联合组成。JPEG 是一个适用于彩色、单色多灰度或连续色调静态数字图像的压缩标准，已广泛应用于电视图像序列的帧内图像压缩编码以及照相机、打印机等方面的图像处理领域，是目前应用最广泛的静态图像压缩方法。

JPEG 中允许四种编解码模式：

（1）基于 DCT 的顺序模式(sequential DCT-based)；

（2）基于 DCT 的渐进模式(progressive DCT-based)；

（3）无失真模式(lossless)；

（4）层次模式(hierarchical)。

其中，模式(1)和(2)是基于 DCT 的有损压缩；模式(3)是基于线性预测的无损压缩；模式(4)可以是 DCT 与线性预测的分层混合。

在本章的前面部分，讨论了用于无损压缩的编码算法。应用这些技术可用少于源数据的比特数来存储或传输其所有的信息内容。传送源数据所有信息所必需的最小比特数取决于信源的熵。

以图像存储和传输的压缩技术为例，考虑 JPEG 图像压缩标准中的无损压缩，涉及 29 种不同的图像压缩编码系统的描述，以满足不同的用户对压缩质量和压缩相对计算时间的不同要求。其中，哈夫曼编码和算术编码是两种应用熵编码的压缩方法。算术编码与哈夫曼编码一样，通过利用数据的概率特征，使信息在传输或存储时使用比源数据更少的比特数。当数据只用到较小的字母集时算术编码的优势是它更接近于对数据流压缩的熵界。当符号出现的概率可表示为 1/2 的整数次幂时哈夫曼编码最优，压缩比最高。算术编码的构造与这些特定的概率值没有相关性，而且其编译码的计算量要大得多。用户可以选择使用哈夫曼编码或算术编码。

基准模式 JPEG 编码器如图 5.3.9 所示，它是无损编码和有损编码相混合的图像压缩格式。基于哈夫曼编码的无损编码的压缩比较低，所以 JPEG 主要应用有损压缩中的 DCT，将由 DCT 得到的参数进行 DPCM、量化、Z 形扫描，然后通过游程编码、哈夫曼编码等，提高压缩比。

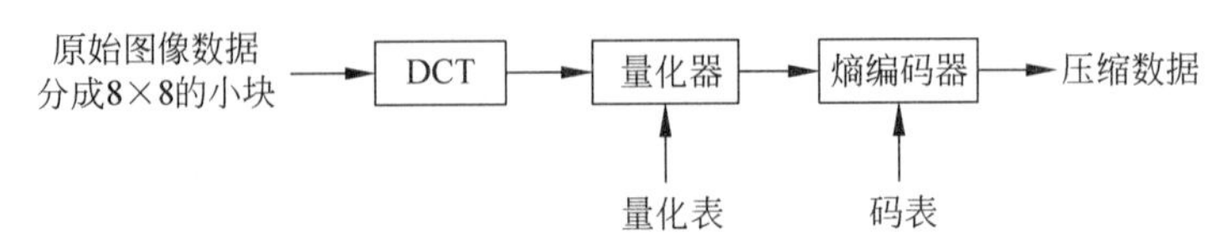

图 5.3.9　基准模式 JPEG 编码器

随着多媒体应用领域的激增，传统 JPEG 压缩技术已经无法满足人们对多媒体图像传输的要求，更高压缩比以及更多新功能的新一代静态图像压缩技术 JPEG2000 应运而生。JPEG2000 正式名称是“ISO 15444”，由 JPEG 组织负责制定，JPEG2000 标准中采用小波变换为主的多解析编码方式，能够同时支持无损和有损压缩。在实现高压缩比的目标并具备“感兴趣区域”特性方面，JPEG2000 与 JPEG 相比优势明显，且向下兼容，其应用领域将越来越广泛。

习　题

1. 数据压缩的一个基本问题是“我们要压缩什么？”，你对此如何理解？

2. 某信源 $X \in \{a_1, a_2, a_3, a_4\}$，各符号概率为 $p(a_1)=0.6$，$p(a_2)=0.2$，$p(a_3)=0.1$，$p(a_4)=0.1$。其对应的三组码 A、B、C 如下：

码组 A：00　01　10　11

码组 B：1　01　110　101

码组 C：0　10　110　111

(1) 试判断这些码中哪些是唯一可译码，为什么？

(2) 对所有唯一可译码，求其平均码长。

3. 有线电报通信采用的莫尔斯编码把英语的 26 个字母和 5 个标点符号通过简单的编码表达出来。编码单元的长度与字母和标点符号出现的频度有关。统计发现英文字母的出现频率如表 5.1 所示。

表 5.1　英文字母的出现频率

字母	A	B	C	D	E	F	G	H	I	J	K	L	M
出现频率/%	8.167	1.492	2.782	4.253	12.7.2	2.228	2.015	6.094	6.966	0.153	0.772	4.025	2.406
字母	N	O	P	Q	R	S	T	U	V	W	X	Y	Z
出现频率/%	6.749	7.507	1.929	0.095	5.987	6.327	9.056	2.758	0.978	2.360	0.15	1.974	0.074

(1) 若信源符号统计独立，求每个电报符号二元无失真编码的最佳码长；

(2) 考虑符号间的相关性，且每个电报符号携带的平均信息量是 $H_\infty=1.4\text{bit}$，则应该如何进行二元无失真编码？与(1)相比，编码效率有什么变化？

4. 已知信源 $X \in \{x_1, x_2, x_3, x_4, x_5, x_6\}$，若 $p(x_1)=0.37$，$p(x_2)=0.25$，$p(x_3)=0.18$，$p(x_4)=0.10$，$p(x_5)=0.07$，$p(x_6)=0.03$。

(1) 分别用香农编码、费诺编码和哈夫曼编码写出各符号的二元码字，并计算编码效率和信息传输率；

(2) 从(1)中能得出什么结论？

(3) 若该信源每秒钟发出 2 个符号，求信源的信息传输速率。

5. 给定信源 $\begin{bmatrix} X \\ P \end{bmatrix} = \begin{bmatrix} s_1 & s_2 \\ 0.8 & 0.2 \end{bmatrix}$，

(1) 对该信源进行哈夫曼编码，求所编出的码字和编码效率；

(2) 对该信源的二次扩展信源 X^2 进行哈夫曼编码，求所编出的码字和编码效率；

(3) 如对该信源的三次扩展信源 X^3 进行哈夫曼编码，预测其编码效率与(1)、(2)相比会发生什么变化，为什么？

6. 已知信源 $X\in\{x_1,x_2,x_3,x_4\}$，若 $p(x_1)=1/2,p(x_2)=1/4,p(x_3)=1/8,p(x_4)=1/8$，用香农编码、费诺编码和哈夫曼编码写出各符号的二元码字，并计算编码效率和信息传输率。

7. 有二元独立信源，已知 $p(0)=0.9,p(1)=0.1$，求信源的熵。当用哈夫曼编码时，以三个二元符号合成一个新符号，求这个新符号的平均码长和编码效率。设输入二元符号的速率是 100 个/s，若信道码率已规定为 50b/s，存储器容量(比特数)将如何选择？

8. 有二元平稳马尔可夫链，已知 $p(0/0)=0.8,p(1/1)=0.7$，求它的符号熵。用三个符号合成一个新符号来编哈夫曼编码，求这个新符号的平均码长和编码效率。

9. 设二元无记忆信源 $X\in\{0,1\}$，其中 $p(0)=\dfrac{1}{4},p(1)=\dfrac{3}{4}$。对二元序列 11111100 做算术编码。

10. 一信源可发出的数字有 1,2,3,4,5,6,7，对应的概率分别为 $p(1)=p(2)=1/3$，$p(3)=p(4)=1/9,p(5)=p(6)=p(7)=1/27$，在二进制或三进制无噪声信道中传输，若二进制信道中传输一个码符号需要 1.8 元，三进制信道中传输一个码符号需要 2.7 元。

(1) 编出二进制符号的霍夫曼编码，求其编码效率。

(2) 编出三进制符号的费诺编码，求其编码效率。

(3) 根据(1)和(2)的结果，确定在哪种信道中传输可得到较小的花费。

11. 设有一页传真文件，其中某一扫描行上的像素点如下所示：

| ←73 白→ | ←7 黑→ | ←11 白→ | ←18 黑→ | ←1619 白→ |

(1) 写出该扫描行的 MH 码；

(2) 求编码后该行的总比特数；

(3) 求本行编码压缩比。

第6章 信道编码

通信的目的是将接收端不知道的信息由信源端传送到信宿端。在传输的过程中，信息不可避免会受到干扰和噪声的影响，会出现差错。为了降低平均差错概率，可以采用分集的方法，将每个消息重复传送若干次，但这样又降低了信息传输速率，损失了有效性。那么，能否找到一种信道编码方法能同时保证差错率和传输速率，权衡可靠性和有效性？

第4章和第5章分别讨论了无失真信源编码以及满足一定失真限度的限失真信源编码，通过压缩编码可在不失真或一定失真限度的条件下让信源消息尽可能快地传递到接收端。本章将在第3章信道容量概念的基础上，研究有噪信道编码问题，以提高通信可靠性。依据香农第二编码定理，当信息传输率 R 低于信道容量 C 时，存在某种信道编译码方法，使差错概率 P_e 任意小。目前已有多种有效的信道编译码方法，并形成了一门新的技术——纠错编码技术。

本章所讲的信道编码，属于纠错编码的范畴。信道编码的基本实现方法：发送端在被传输的信息码元中附加上一些必要的监督码元，这些监督码元与信息码元之间以某种确定的规则相互约束；接收端通过检查这些监督码元与信息码元之间的约束规则是否被破坏，发现差错或纠正差错，以提高接收码元的可靠性，达到一定的误码率指标。

信道编码的目标是以最少的监督码元为代价，换取系统可靠性最大程度的提高。本章将重点讨论有噪信道编码定理（香农第二定理），并给出以线性分组码、循环码、卷积码、Turbo码、LDPC码为代表的信道编译码方法。

6.1 信道编码的基本概念

1948年，香农从理论上得出结论：对于有噪信道，只要通过足够复杂的编码方法，就能使信息传输率达到信道的极限能力——信道容量，同时使平均差错概率逼近于零，这一结论称为香农第二编码定理（有噪信道编码定理）。

依据香农第二编码定理可知：若信道是离散、无记忆、平稳的，且信道容量为 C，信道传输速率为 R，ε 为任意小的正数，只要信息传输率 $R<C$，则一定存在码长为 n、码字数量 $M=2^{nR}$ 的编码和相应的译码规则，使得译码的平均差错概率任意小（$P_e<\varepsilon$）。

香农第二编码定理实际上是一个存在性定理，它指出：在 $R<C$ 时，肯定存在一种好的信道编码方法，用这种好的码字来传送消息可使 P_e 逼近于零。但香农并没有给出能够找到好码的具体方法。尽管如此，香农第二编码定理仍然具有十分重要的指导意义，它可以在理论上指导各种通信系统的设计，并对系统可靠性和编码效率进行评价。在实际通信系统中，由于受到各种因素影响，信道的信息传输率 R 不可能达到信道容量 C，因此设计好的码字应尽可能地逼近信道容量 C，这是信道编码设计者努力的方向。

香农第二编码定理的证明需要使用随机编码和联合渐近等同分割的概念，这里不作具体证明。

6.1.1 差错和差错控制系统分类

由于传输信息的信道并不理想，因此信息在信道中传输时会发生差错。差错的类型与信道有关。为了描述传输过程信息位的差错，引入差错图案/图样描述收/发码字的异同。根据差错图案的特点，可以对差错进行分类。

1. 差错图案

为了定量描述信息的差错，定义收、发码之“差”为差错图案(error pattern)

$$差错图样\ E = 发码\ C - 收码\ R \quad (模\ M)$$

对于二进制 $M=2$ 码元，当发码 $C=(0,0,1,1,0,1,1)$，而收码变为 $R=(0,1,1,1,0,1,1)$ 时，差错图案就是：$E=C-R=(0,1,0,0,0,0,0)$。

可见，对于二进制码，差错图案等于收码与发码的模 2 加，即

$$E = C \oplus R$$

此时差错图案中的“1”既是符号差错也是比特差错，差错的个数称为汉明距离(发码和收码的距离)。

对于收信者，收码 R 是已知的，只要设法找到差错图案 E，就可以利用$\hat{C}=E\oplus R$ 估算出发码$\hat{C}$。

2. 随机差错

若差错图案上各码位的取值既与前后位置无关，又与时间无关，即差错始终以相等的概率独立发生于各码字、各码符号和各比特间，称此类差错为随机差错。

AWGN 信道是典型的随机差错信道，根据该信道输入/输出信号的量化情况，建立了 BSC、DMC 等编码信道模型，这些模型均以常数概率为参数描述差错发生规律。通信工程中，对绞线、同轴电缆、光纤、微波、卫星、深空通信等信道均可视为随机差错信道。

3. 突发差错

前后相关、成堆出现的差错称为突发差错。突发差错总是以差错码元开头、以差错码元结尾，头尾之间并不是每个码元都错，而是码元差错概率超过了某个额定值。例如，某一突发差错的差错图案 $E=C-R=(0,1,1,1,1,0,1,1,1,0,0)$，则突发差错的长度为 8。

通信中的突发差错多由突发噪声引起，如雷电、强脉冲、电火花、时变信道的衰落、移动中信号的多径与快衰落等。存储系统中的突发差错，通常来源于磁带、磁盘、磁片物理介质的缺陷、读写头的抖动、接触不良等。

差错率是衡量传输质量的重要指标之一，它有以下几种不同的定义：

(1) 码元差错率。码元差错率指在传输的码元总数中发生差错的码元数所占的比例(平均值)，简称误码率。

(2) 比特差错率。比特差错率指在传输的比特总数中发生差错的比特数所占的比例(平均值)。在二进制传输系统中，码元差错率就是比特差错率。

不同的应用场合对差错率有不同的要求。例如，在电报传送时，允许的比特差错率为 $10^{-4}\sim10^{-5}$；计算机数据传输，一般要求比特差错率为 $10^{-8}\sim10^{-9}$；在遥控指令和武器系统的指令系统中，要求有更小的误比特率或码组差错率。

下面以重复编码和奇偶校验码为例说明信道编码的纠检错功能。

例 6.1.1　二元离散信道中传输字母 A 和 B 组成的信息，在进入信道之前，需要用二元符号“0”表示字母 A，“1”表示字母 B。如果不进行信道编码直接送入信道传输，如图 6.1.1 所示。

由图 6.1.1 可见，接收端收到的符号“0”直接译码成字母 A，但实际上，该符号“0”也有可能是发送的符号“1”错误传输变成的，但接收端译码时对此无能为力，只能任由差错发生。

如果用“00”表示字母 A，用“11”表示字母 B，即对传输的每个二元符号重复一次后再送入信道传输，如图 6.1.2 所示。

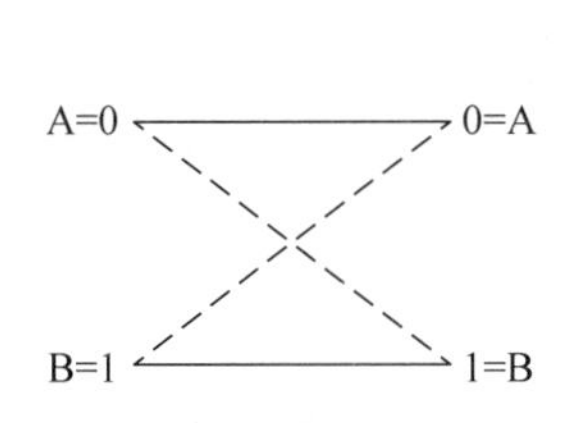

图 6.1.1　未编码直接传输

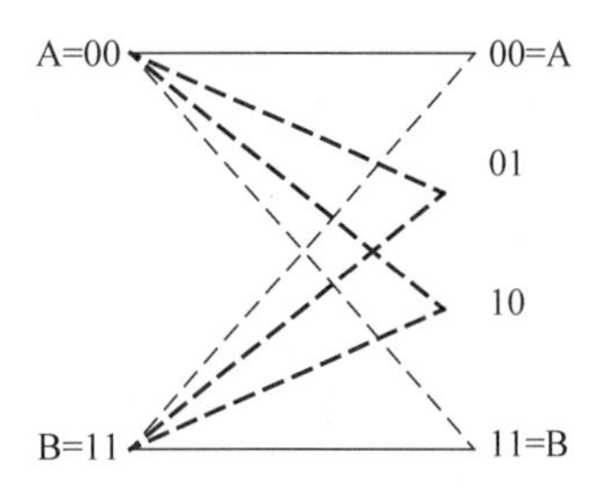

图 6.1.2　重复一次编码

在接收端，收到两个二元符号译码一次，会出现长度为 2 的二元码符号序列共有 00，01，10，11 四种情况，收到 00 译码成字母 A，收到 11 译码成字母 B，收到的 01 或 10 与发送端的 00 和 11 都不相同，肯定是传输过程中出现了符号差错，而且符号差错个数为 1。但是，由于 01 或 10 与 00 和 11 的距离都是 1，都是发生一位差错，因此，不能确定 01 或 10 应该译成 00 还是译成 11。因此这种信道编码方式只能检查出一位错误，但并不能找出错误的位置，也就是不能纠正错误。

如果用“000”表示字母 A，用“111”表示字母 B，即对传输的每个二元符号重复两次后再送入信道传输，如图 6.1.3 所示。

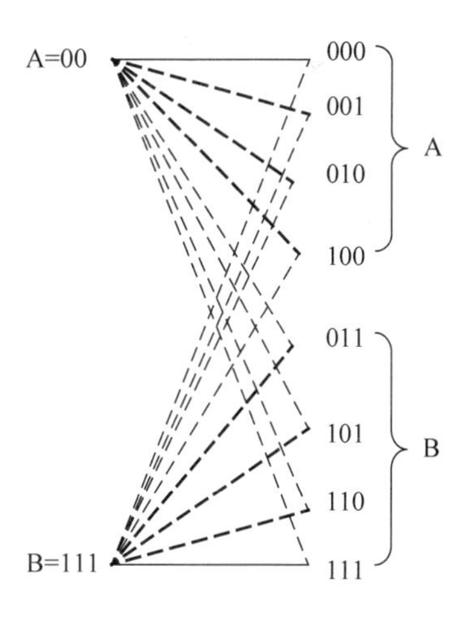

图 6.1.3　重复两次编码

在接收端，收到三个二元符号译码一次，会出现长度为 3 的二元码符号序列共有 000，001，010，…，111 八种情况，收到 000 译码成字母 A，收到 111 译码成字母 B，收到的 001，010，100 与发送端的 000 和 111 都不相同，它们与 000 的汉明距离为 1，却与 111 的汉明距离为 2，所以可以把收到的 001，010，100 译成 000，相当于自动纠正了一位差错。同理，接收端收到的 110，011，101 译成 111。这种译码方式也称为最小距离译码。这种信道编码方式不仅能够检查出两位错误，还能够自动纠正一位错误。显然，纠检错能力增强了，但同时也能看到，编码更加复杂了。

从上例可以看出，n 重复码的码率为 $1/n$，仅有两个码字 C_0 和 C_1，传送 1bit($k=1$) 消息；$C_0=(00\cdots0)$，$C_1=(11\cdots1)$。n 重复码可以检测出任意小于 $n/2$ 个差错的差错图案。

例 6.1.2 奇偶校验码的纠检错原理(以偶数校验码为例)。

偶数校验码编码时，把每 k 个二进制信息位后加上一个监督位(或称校验位)，码长 $n=k+1$，使码序列中“1”的个数恒为偶数。在接收端对接收码字中“1”的个数进行检验，如不是偶数，就断定发生差错。若 k 个二进制信息位表示为 $m=(m_{k-1}m_{k-2},\cdots,m_1m_0)$，偶校验码字表示为 $C=(c_{n-1}c_{n-2},\cdots,c_1c_0)$，编码方程为

$$c_{n-1}=m_{k-1},c_{n-2}=m_{k-2},\cdots,c_1=m_0,c_0=m_{k-1}+m_{k-2}+\cdots+m_1+m_0$$

式中，c_0 为偶校验位，检验方程 $c_0+m_{k-1}+m_{k-2}+\cdots+m_1+m_0=0(\bmod 2)$。则 $C=(m_{k-1}m_{k-2},\cdots,m_0,c_0)$ 为一个偶校验码字。

根据偶校验编码规则，C 中一定有偶数个“1”；接收端每收到长度为 n 的码符号序列 R 译码一次。若 R 中有奇数个“1”，即 R 中有奇数个差错时，可以通过校验方程是否为 0 判断有无可能传输错误。

在实际应用中，奇数/偶数校验编码与译码简单，在信道干扰不太严重，码长 n 不太长时较为常用。特别是在计算机的内部数据传送中，标准 ASCII 码是 7 位，而计算机的一个字节是 8 位，于是可利用多余的 1 位做奇/偶校验用。奇/偶校验码易于硬件实现，商品化的 IC 电路很多，如 74LS280。

例 6.1.3 水平垂直冗余校验码(Longitudinal-Vectical Redundancy Check)。

一个校验位可以由信息位的部分或全部按校验方程产生；水平垂直冗余校验码有多个校验位。具体编码方法：(交错器)信息序列按行进入存储块，每 k 位一组，共 m 个组排成 m 行 k 列方阵。在水平方向上每一行加一个奇偶校验位，形成第 $k+1$ 校验列；垂直方向每一列也加一个奇偶校验位，形成第 $m+1$ 校验行。然后按列的顺序输出，得到一个 $(m+1)\times(k+1)$ 的水平垂直冗余校验码字。

(校验)	→ 入					出↑
1	0	0	1	0	1	1
0	0	$\vec{1}$	0	0	$\vec{1}$	0
1	0	1	0	0	1	1
0	1	$\vec{0}$	0	1	1	1
0	1	1	1	1	0	0
0	0	1	0	0	0	1

图 6.1.4 水平垂直冗余校验码的编码过程

一个水平垂直冗余校验码编码过程如图 6.1.4 所示，可见 $k=6,m=5$。

信息序列：110100,010010,110010,111001,001111

码序列：101101,111100,000110,100010,011011,000110,101000

水平垂直冗余校验码除了能检查出每一行的奇数个差错、每一列的奇数个差错外，还能发现不超过 3 个的随机差错和长度小于 $m+2$ 的突发差错。如果出现 4 个位于矩形顶点的差错，则无法检验。

校验位数增加时，可以检测到差错图案种类数也增加，同时码率减小。

水平垂直冗余校验码有较强的检纠错能力，在 ARQ 系统中使用较多，比如用于计算机的通用同步/异步接收机 UART. USRT。商用的编码 IC 片有 Motorola 的 MC6850 和 ZILOG 公司的 8251 等。

例 6.1.4 等重码/等比码(Constant Ratio Code)。

等重码/等比码是从长度一定的所有可能二进制序列中挑出具有相同重量的序列作为码字。在许用码集的所有码字中，“1”的个数与“0”的个数之比相同，故称之为等比码。因码字中“1”的个数相同，故又称衡重码、定一码。

设计码字中的非 0 符号个数恒为常数，即 C 由全体重量恒等于 m 的 n 重向量组成。

我国电传电报通信中采用5中取3等重码，可以检测出全部奇数位差错，对某些码字的传输则可以检测出部分偶数位差错。

我国电传电报通信中普遍采用的五单位码共有$2^5=32$种组合用来表示字母、数字和其他字符。由于汉字是用国际码传输的，每个字用4位十进制阿拉伯数字代表，因此中文电报中数字的比重特别大，而且其可靠性直接关系到汉字传输的可靠性。为此在五单位码中挑出所有3个“1”、2个“0”的码字组成等比码集来传送数字符号0～9，符合条件的正好有10个，采用等比码后，汉字电报的差错率降低了95%。

中文电报码：数字0对应等比码字01101；1对应01011；2对应11001；3对应10110；4对应11010；5对应00111；6对应10101；7对应11100；8对应01110；9对应10011。

在国际电报通用的ARQ通信系统中，字母和数字同等重要，一般采用3个“1”、4个“0”的3∶4等比码。这种码共有$C_7^4=35$个许用码字。用来代表电传机五单位码的32种组合。实践证明，应用这类码能使国际电报的误码率降到10^{-6}以下。

例6.1.5 加权码(Weighted Code)。

加权码的典型应用是国际标准书号ISBN(International Standard Book Number)，它由9个数字信息和1位校验位组成。

例如，汉明著《编码和信息理论》一书的ISBN号码是：0-13-139139-9。

它的9个信息位分成三部分，分别表示国家码、出版社码和本书书号。

(1) 0代表美国，7代表中国。

(2) 13代表出版商为Prentice-Hall。

(3) 由于总长度9位不变，所以国家码/出版社码越长，书号就越少。书号用完了，只能再申请一个出版社码。

若ISBN码的码元结构为ISBN $C_8C_7C_6C_5C_4C_3C_2C_1C_0C_{校}$，则正确的书号一定满足

$$\left\{C_{校}+\sum_{i=0}^{8}(i+2)C_i\right\}_{\bmod 11}=0$$

书号的各位码分别乘以一个数称为加权，这里的权值是2～10。

事实上，国际标准书号是国际化标准组织ISO 7064《校验码标准系统》标准的具体化，该标准还适合用作各种商品条码。

除了上述码外，凡内含一定规律的号码都可以根据是否违背规律来判断号码的对错。比如，长途电话号码除“0”外有10位，即长途区号码+本地号码。如果长途区号占2位，则允许本地号码为8位；如长途区号占3位，则本地号码为7位。长途区号的数码组成有一定规律，除长途标志“0”外，以“1”开头的长途区号只有北京，若拨出13就不对了。以“2”开头的长途区号为2位，代表直辖市和大区中心。

4. 差错控制系统分类

根据信道编码的纠检错能力，将对应的信息传输系统称为前向纠错系统、反馈重发系统和混合纠错系统。

(1) 前向纠错(Forward Error Correction，FEC)系统中，发送端的信道编码器将信息码组编成具有一定纠错能力的码。接收端信道译码器对接收码字进行译码，若传输中产生的差错数目在码的纠错能力之内时，译码器对差错进行定位并加以纠正。

(2) 反馈重发(Automatic Repeat Request，ARQ)系统中，用于检错的纠错码在译码器

输出端只给出当前码字传输是否可能出错的指示，当有错时按某种协议通过一个反向信道请求发送端重传已发送的全部或部分码字。

(3) 混合纠错(Hybrid Error Correction，HEC)系统是 FEC 与 ARQ 方式的结合。发送端发送同时具有自动纠错和检错能力的码组，接收端收到码组后，检查差错情况，如果差错在码的纠错能力以内，则自动进行纠正。如果信道干扰很严重，错误很多，超过了码的纠错能力，但能检测出来，则经反馈信道请求发送端重发这组数据。

6.1.2 信道差错概率与译码规则的关系

为了减少错误，提高通信的可靠性，就必须分析错误概率与哪些因素有关，有没有办法控制，能控制到什么程度。第 3 章已经讨论过，错误概率与信道的统计特性有关，但并不是唯一相关的因素，译码方法的选择也会影响错误率。

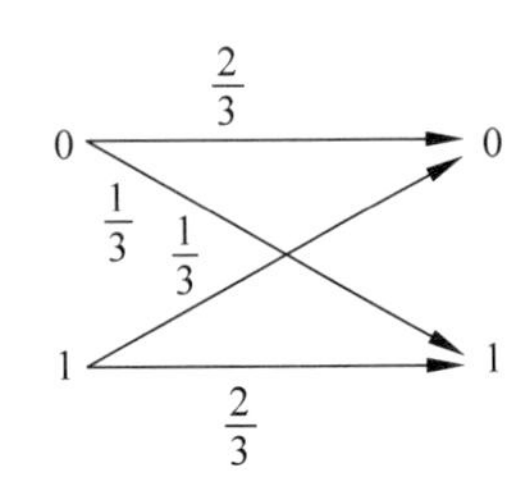

图 6.1.5 BSC 信道模型

例 6.1.6 有一个 BSC 信道，如图 6.1.5 所示。

若收到“0”译作“0”，收到“1”译作“1”，则平均错误概率为

$$P_{\mathrm{E}} = p(0)p_{\mathrm{e}}^{(0)} + p(1)p_{\mathrm{e}}^{(1)} = \frac{1}{3}$$

反之，若收到“0”译作“1”，收到“1”译作“0”，则平均错误概率为 2/3，可见错误概率与译码准则有关。

定义译码规则：

输入符号集　　$A=\{a_{i,}\}i=1,2,\cdots,n$

输出符号集　　$B=\{b_{i,}\}j=1,2,\cdots,m$

译码函数　　$F(b_j)=a_i$

有了译码规则以后，在收到 b_j 的情况下，正确译码的概率为

$$p(F(b_j)/b_j) = p(a_i/b_j) \tag{6.1.1}$$

而错误译码的概率为收到 b_j 后，推测发出除了 a_i 之外其他符号的概率：

$$p(e/b_j) = 1 - p(a_i/b_j) \tag{6.1.2}$$

可以得到平均错误译码概率为

$$P_{\mathrm{E}} = \sum_{j=1}^{m} p(b_j)p(e/b_j) = \sum_{j=1}^{m} p(b_j)(1 - p(a_i/b_j)) \tag{6.1.3}$$

平均错误译码概率表示经过译码后平均收到一个符号所产生错误的大小，也称平均错误概率。

1. 最优译码

下面的问题就是如何选择 $p(a_i/b_j)$。经过前边的讨论可以看出，为使 $p(e/b_j)$最小，就应选择为 $p(F(b_j)/b_j)$最大，即选择译码函数 $F(b_j)=a^*$ 并使之满足条件

$$p(a^*/b_j) \geqslant p(a_i/b_j),\quad a_i \neq a^* \tag{6.1.4}$$

也就是说，收到一个符号以后译成具有最大后验概率的那个输入符号。这种译码规则称为“最大后验概率准则”或“最小错误概率准则”。

2. 最大似然译码规则

根据贝叶斯定律，式(6.1.4)也可以写成

$$\frac{p(b_j/a^*)p(a^*)}{p(b_j)} \geqslant \frac{p(b_j/a_i)p(a_i)}{p(b_j)}$$

即

$$p(b_j/a^*)p(a^*) \geqslant p(b_j/a_i)p(a_i) \tag{6.1.5}$$

当信源等概分布时，上式为

$$p(b_j/a^*) \geqslant p(b_j/a_i) \tag{6.1.6}$$

这称为最大似然译码准则，方法是收到一个 b_j 后，在信道矩阵的第 j 列，选择最大的值所对应的输入符号作为译码输出。

根据最大似然译码准则，可以把式(6.1.4)所示的平均错误概率重写为另一个形式：

$$\begin{aligned} P_E &= \sum_Y p(b_j)p(e/b_j) = \sum_Y p(b_j)(1-p(F(b_j)/b_j)) \\ &= 1-\sum_Y p(F(b_j)b_j) = 1-\sum_Y p(a^* b_j) \end{aligned} \tag{6.1.7}$$

或

$$\begin{aligned} P_E &= \sum_Y p(b_j)p(e/b_j) = \sum_{Y,X-a^*} p(a_ib_j) = \sum_Y \sum_{X-a^*} p(a_ib_j) \\ &= \sum_X p(a_i)\sum_Y p(b_j/a_i)\{a_i \neq a^*\} \end{aligned} \tag{6.1.8}$$

当信源等概率分布时，上式为

$$P_E = p(a_i)\sum_{Y,X-a^*} p(b_j/a_i) \tag{6.1.9}$$

例 6.1.7 某信道的信道转移概率为 $P=\begin{bmatrix} 0.5 & 0.3 & 0.2 \\ 0.2 & 0.3 & 0.5 \\ 0.3 & 0.3 & 0.4 \end{bmatrix}$，信源等概率分布，求最大似然译码准则、最小错误概率译码准则下的译码结果及不同译码规则下系统的错误率。若信源概率分布为 $P(a_1)=\frac{1}{4}, P(a_2)=\frac{1}{4}, P(a_3)=\frac{1}{2}$，译码结果和系统错误率有何不同？

解：(1) 根据最大似然准则，译码函数为 $A:\begin{cases} F(b_1)=a_1 \\ F(b_2)=a_3 \\ F(b_3)=a_2 \end{cases}$

$$P_E = \frac{1}{3}\sum_{Y,X-a^*} p(b_j/a_j) = \frac{1}{3}[(0.3+0.2)+(0.2+0.3)+(0.3+0.4)] = 0.567$$

(2) 若采用最小错误概率译码准则，则联合概率矩阵为

$$[p(a_ib_j)] = [p(a_1) \quad p(a_2) \quad p(a_3)]\begin{bmatrix} 0.5 & 0.3 & 0.2 \\ 0.2 & 0.3 & 0.5 \\ 0.3 & 0.3 & 0.4 \end{bmatrix}$$

如果信源等概率分布，则最小错误概率译码准则与最大似然译码准则的译码结果相同。当信源不等概率分布时，$p(a_1)=\frac{1}{4}, p(a_2)=\frac{1}{4}, p(a_3)=\frac{1}{2}$，此时联合概率矩阵为

$$[p(a_ib_j)]=\begin{bmatrix}0.125 & 0.075 & 0.05\\0.05 & 0.075 & 0.125\\0.15 & 0.15 & 0.2\end{bmatrix}$$

按照最小错误概率译码准则，所得译码函数为 B：$\begin{cases}F(b_1)=a_3\\F(b_2)=a_3\\F(b_3)=a_3\end{cases}$

平均错误率为

$$P_{\mathrm{E}}=\sum_{Y,X-a^*}p(a_ib_j)=(0.125+0.05)+(0.075+0.075)+(0.05+0.125)=0.5$$

按照最大似然译码准则译码的平均错误率为

$$P_{\mathrm{E}}=\sum_X p(a_i)\sum_Y p(b_j/a_i)\{a_i\neq a^*\}$$

$$=\frac{1}{4}(0.3+0.2)+\frac{1}{4}(0.2+0.3)+\frac{1}{2}(0.3+0.4)=0.6$$

可见，当信源非均匀分布时，最小错误概率译码准则下的系统误码率低于最大似然译码准则；当信源等概率分布时，两者相同。

3. 最小汉明距离译码

汉明距离定义为某一码组中任意两个码字之间对应码元（符号）取值不同的个数，即

$$D(c_i,c_j)=c_{ik}\oplus c_{jk}$$

该码组所有码字之间距离的最小值称为最小距离，记为

$$d_{\min}=\min D(c_i,c_j)$$

例 6.1.8 某码组有四个码字，分别为

$$c_1=(0,0,0,0,0)$$
$$c_2=(0,0,1,0,1)$$
$$c_3=(0,1,1,0,0)$$
$$c_4=(1,1,1,1,1)$$

则码字之间的距离分别为

$$D(c_1,c_2)=2,\quad D(c_1,c_3)=2,\quad D(c_1,c_4)=5$$
$$D(c_2,c_3)=2,\quad D(c_2,c_4)=3$$
$$D(c_3,c_4)=3$$

该组码字的最小距离为

$$d_{\min}=2$$

最小码距是码的一种属性，它决定了码的纠错、检错性能（能力）。

(1) 为了检测 e 个错误，要求 $d_{\min}\geqslant e+1$；

(2) 为了纠正 t 个错误，要求 $d_{\min}\geqslant 2t+1$；

(3) 为了纠正 t 个错误，同时检测 e 个错误，要求 $d_{\min}\geqslant t+e+1\quad e>t$。

例 6.1.9 某重复编码方式为

$$0\rightarrow c_1:00000$$
$$1\rightarrow c_2:11111$$

每收到 5bit 译码一次，每个码字译码为与其距离最小的码字。译码结果为

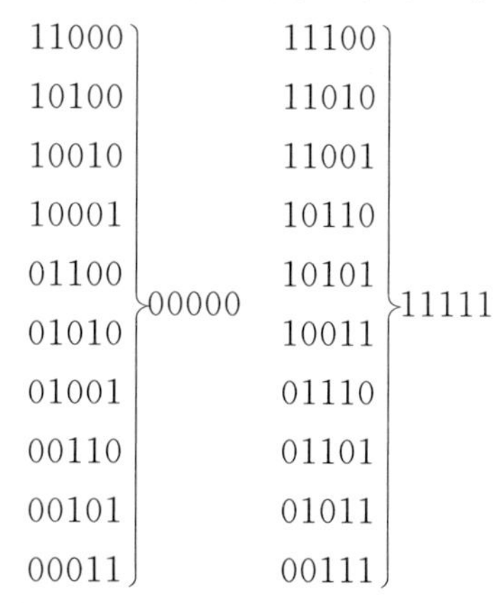

那么最小距离译码与最大似然译码有什么关系呢？

以收到码字 10100 为例，假设 BSC 信道模型如图 6.1.6 所示。

若收到码字 10100，则发送的码字是 00000 或 11111 的可能性分别是

$$p(10100/00000) = \bar{p}^3 p^2$$

$$p(10100/11111) = \bar{p}^2 p^3$$

图 6.1.6　BSC 信道模型

一般有 $\bar{p} > p$，因此 $p(10100/00000) > p(10100/11111)$，因此按照最大似然译码准则，把 10100 译成 00000。若按照最小距离译码准则，10100 与 00000 的距离为 2，10100 与 11111 的距离为 3，因此把 10100 译成 00000。因此，对于二元码，最小距离译码与最大似然译码是等价的。

从上例也可以看出，该编码方式最多能纠正两个错误，这是因为

$$d_{\min} = d(c_1, c_2) = 5 \geqslant 2t + 1 \Rightarrow t \leqslant 2$$

6.1.3　信道差错概率与编码方法的关系

一般信道传输时都会产生错误，可以通过信道编码降低系统错误概率。不同的译码准则并不会消除错误，那么如何减少错误概率呢？下面讨论编码方法与系统错误概率的关系。

例 6.1.10　对于图 6.1.6 所示的二元对称信道，若 $\bar{p} = 0.99$，则 $p = 0.01$。系统误码率为

$$P_E = p(0)p_e(0) + p(1)p_e(1) = 0.01 \times (p(0) + p(1)) = 0.01 = 10^{-2}$$

如何提高信道传输的正确率呢？可以尝试用重复编码的方法，如图 6.1.7 所示。

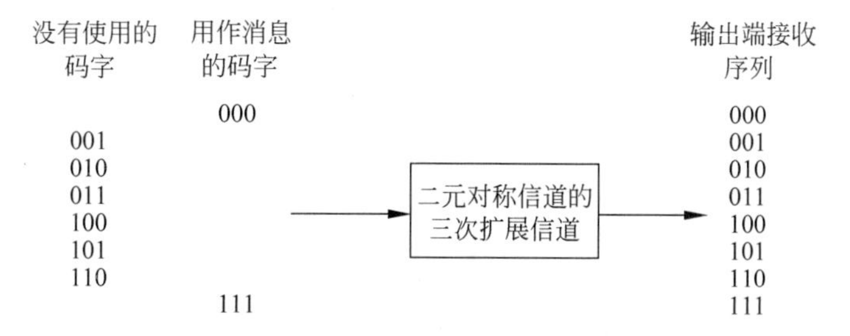

图 6.1.7　二元对称信道的三次扩展信道

图 6.1.7 所示的信道是二元对称信道的三次扩展信道。若二元对称信道无记忆，且 $p_{01}=p_{10}=p, p_{00}=p_{11}=1-p=\bar{p}$，则其三次扩展信道的转移概率矩阵为

$$P=\begin{bmatrix} \bar{p}^3 & \bar{p}^2p & \bar{p}^2p & \bar{p}p^2 & \bar{p}^2p & \bar{p}p^2 & \bar{p}p^2 & p^3 \\ p^3 & \bar{p}p^2 & \bar{p}p^2 & \bar{p}^2p & \bar{p}p^2 & \bar{p}^2p & \bar{p}^2p & \bar{p}^3 \end{bmatrix}$$

根据最大似然译码准则，可得译码函数为

$$F(000)=000,\quad F(001)=000,\quad F(010)=000,\quad F(011)=111$$
$$F(100)=000,\quad F(101)=111,\quad F(110)=111,\quad F(111)=111$$

该系统误码率为

$$\begin{aligned} P_{\mathrm{E}} &= \sum_{Y^3 X^3-\alpha^*} p(\alpha_i)p(\beta_j/\alpha_i) \\ &= p(\alpha_1)p_e(\alpha_1)+p(\alpha_2)p_e(\alpha_2) \\ &= p(000)[p(011/000)+p(101/000)+p(110/000)+p(111/000)] \\ &\quad +p(111)[p(100/111)+p(010/111)+p(001/111)+p(000/111)] \\ &= [p(000)+p(111)(3\,\bar{p}p^2+p^3)=3\,\bar{p}p^2+p^3=p^2(p+3\,\bar{p})=p^2(1+2\,\bar{p}) \\ &= 2.98\times10^{-4} \end{aligned}$$

此时，译码可以采用“择多译码”，即根据接收序列中 0 多还是 1 多，0 多就判作 0，1 多就判作 1，错误概率降低了两个数量级。这种编码可以纠正码字中的一位码元出错，若重复多次可进一步降低错误率。

上例通过重复编码降低了系统误码率，但是信息传输率也降低了。

6.1.4 编码后的信息传输率变化

如果待编码的消息进制数为 M，编码码长为 n，则编码后的信息传输率为

$$R=\frac{\log M}{n} \tag{6.1.10}$$

上例中，$M=2, n=3$，则 $R=1/3$。

若 $n=2, R=1/2$；$n=5, R=1/5$。即所编码越长，系统信息传输率降低越多。这是一个矛盾，有没有好的解决方法呢，香农第二定理解决了这一问题。

从例 6.1.10 可以看出，只用了扩展信源的两个字符{000，111}，因此信息传输率降低了，如果把 8 个字符全用上，信息传输率就会回到 1，但是此时错误率为

$$\begin{aligned} P_{\mathrm{E}} &= p(000)p_e(000)+p(001)p_e(001)+p(010)p_e(010)+p(100)p_e(100)+ \\ &\quad p(011)p_e(011)+p(101)p_e(101)+p(110)p_e(110)+p(111)p_e(111) \\ &= 3\,\bar{p}^2p+3\,\bar{p}p^2+p^3\approx3\times10^{-2} \end{aligned}$$

这比单符号时还大 3 倍。因此在二元信道的 N 次扩展信道中，选取其中的 M 个作为消息，M 越大，系统误码率 P_{E} 越大，编码信息传输率 R 也越大。

例 6.1.11 在例 6.1.10 中，取 $M=4$，如：取 000　011　101　110 为消息，其他的不用，则系统误码率为

$$\begin{aligned} P_{\mathrm{E}} &= p(000)p_e(000)+p(011)p_e(011)+p(101)p_e(101)+p(110)p_e(110) \\ &= 2\,\bar{p}^2p+3\,\bar{p}p^2+p^3\approx2\times10^{-2} \end{aligned}$$

编码信息传输率为

$$R=\frac{2}{3}$$

与 $M=8$ 比较，系统错误概率降低了，但信息传输率也降低了。

当 M 取不同值时，不同消息之间的最小距离、系统错误概率和信息传输率如表 6.1.1 所示。

表 6.1.1 不同 M 时编码的性能对比

比较项目	码 A	码 B	码 C	码 D
码字	000 111	000 011 101 110	000 001 010 100	000 001 010 011 100 101 100 111
消息数 M	2	4	4	8
最小距离 $d_{\min}$	3	2	1	1
信息传输率 R	1/3	2/3	2/3	1
系统错误概率	3×10^{-4}	2×10^{-2}	2.28×10^{-2}	3×10^{-2}

由表 6.1.1 可以明显地看出，$d_{\min}$ 越大，P_E 越小，在 M 相同的情况下也是一样。因此，应该选择这样的编码方法：设法使选取的 M 个码字中任意两两不同码字的距离尽量大。

6.1.5 信道编码的分类

从不同的角度，可对信道编码进行分类。

(1) 从信道编码的功能角度，可把信道编码分为检错码、纠错码以及既能检错又能纠错的信道编码。

(2) 按照对信息码元的处理方法，可把信道编码分为分组码和卷积码。分组码将信息码元序列分割成 K 位一组后独立编译码，分组间无关系；卷积码将信息码元序列分割成 k 位一组，监督码元不但与本组信息码元有关，还与前面若干组信息码元有关。

(3) 按照监督码元与信息码元的关系，可将信道编码分为线性码和非线性码。线性码的监督关系方程是线性方程，目前大部分实用化的信道编码均属于线性码，如线性分组码、线性卷积码等；非线性码的监督关系方程不满足线性规律。

(4) 按照信道编码适用的差错类型，可分为纠随机错误的信道编码和纠突发错误的信道编码。按照信息码元在编码后是否保持原来的形式，分为系统码和非系统码。

综上所述，划分的角度的不同，信道编码的分类就不同，这里不再赘述。本章将主要介绍线性分组码、卷积码、Turbo 码、LDPC 码的编译码原理，并对相关内容进行 MATLAB 仿真实现。

6.2 线性分组码

本节讨论线性分组码，这是一种具有实用价值的信道编码，也是讨论其他各类码的基础。它一般是按照代数规则构造的，故又称为代数编码。

线性分组码中的分组是指该编码方法是按照信息码元分组进行编码的，而线性则是指监督码元与信息码元之间遵从线性规律。线性分组码一般可记为(n,k)码，即k位信息码元为一个分组，编码成n位码元长度的码组，其中$n-k$位为监督码元长度。

6.2.1 线性分组码的编码

下面以(6,3)分组码为例介绍线性分组码。编码器首先将信源信息码元以每3位为一组进行编码，即输入编码器的信息位长度$k=3$，完成编码后输出编码器的码组长度$n=6$。显然，监督位长度$n-k=6-3=3$位，编码效率（编码速率）$R=\frac{k}{n}=\frac{3}{6}=\frac{1}{2}$。

例 6.2.1 在(6,3)二进制线性分组码中，假定输入信源信息码组为$\boldsymbol{m}=(m_2m_1m_0)$，编码输出码组为$\boldsymbol{C}=(c_5c_4c_3c_2c_1c_0)$。已知输入、输出码元之间的关系式为：$c_5=m_2$，$c_4=m_1$，$c_3=m_0$，$c_2=m_2+m_1$，$c_1=m_2+m_1+m_0$，$c_0=m_2+m_0$。试求输出码组$\boldsymbol{C}$以及编码时的映射算法。

解：将关系式列成线性方程组，然后写成矩阵形式，如下式所示：

$$\begin{cases} c_5=m_2 \\ c_4=m_1 \\ c_3=m_0 \\ c_2=m_2+m_1 \\ c_1=m_2+m_1+m_0 \\ c_0=m_2+m_0 \end{cases} \Rightarrow (c_5c_4c_3c_2c_1c_0)=(m_2m_1m_0)\begin{bmatrix} 1 & 0 & 0 & 1 & 1 & 1 \\ 0 & 1 & 0 & 1 & 1 & 0 \\ 0 & 0 & 1 & 0 & 1 & 1 \end{bmatrix} \Rightarrow \boldsymbol{C}=m\boldsymbol{G} \quad (6.2.1)$$

可见，已知信息码元$\boldsymbol{m}$与矩阵$\boldsymbol{G}$，即可生成码组$\boldsymbol{C}$。

矩阵$\boldsymbol{G}$称为生成矩阵。若$\boldsymbol{G}=(\boldsymbol{I}_k \vdots P)$，其中$\boldsymbol{I}_k$为单位矩阵，则称$C$为系统码，否则，为非系统码。系统码的码字$\boldsymbol{C}$，其前$k$位与信源信息$\boldsymbol{m}$完全相同，编码器仅需存储$k(n-k)$个数字（非系统码则要存储$kn$个数字），译码时仅需对前$k$个信息码元纠错，即可恢复原始信源信息。由于系统码的编译码相对简单，而性能与非系统码一样，所以系统码得到了十分广泛的应用。

分别令信源信息组$(m_2m_1m_0)$为(000)，(001)，…，(111)，代入式(6.2.1)，不难得出各信息组对应的码字C：

$$\begin{bmatrix} (m_2m_1m_0) & (c_5c_4c_3c_2c_1c_0) \\ 000 & 000000 \\ 001 & 001011 \\ 010 & 010110 \\ 011 & 011101 \\ 100 & 100111 \\ 101 & 101100 \\ 110 & 110001 \\ 111 & 111010 \end{bmatrix} \quad (6.2.2)$$

可以看出，信息组对应的8个码字中，除全零码字外都是生成矩阵$\boldsymbol{G}$中三个行向量的线性组合。也就是说，生成矩阵$\boldsymbol{G}$中的三个行向量是线性无关的，而且每一个行向量都是许用码集中的一个码字，可以把生成矩阵 $\boldsymbol{G}$ 中的三个行向量称为该线性分组码的基底，三个线性无关的基底可以生成该线性分组码的码集。

上例中，由(6,3)线性分组码的映射方程，可构造各个生成码字之间的约束关系方程：

$$\begin{cases} c_5 + c_4 = c_2 \\ c_5 + c_4 + c_3 = c_1 \\ c_5 + c_3 = c_0 \end{cases} \Rightarrow \begin{cases} c_5 + c_4 + c_2 = 0 \\ c_5 + c_4 + c_3 + c_1 = 0 \\ c_5 + c_3 + c_0 = 0 \end{cases} \tag{6.2.3}$$

矩阵形式为

$$(c_5 c_4 c_3 c_2 c_1 c_0) \begin{bmatrix} 1 & 1 & 0 & 1 & 0 & 0 \\ 1 & 1 & 1 & 0 & 1 & 0 \\ 1 & 0 & 1 & 0 & 0 & 1 \end{bmatrix}^{\mathrm{T}} = 0 \Leftrightarrow \boldsymbol{CH}^{\mathrm{T}} = 0 \tag{6.2.4}$$

$\boldsymbol{H}$ 称为(n,k)码的校验矩阵，即

$$\boldsymbol{H} = \begin{bmatrix} 1 & 1 & 0 & 1 & 0 & 0 \\ 1 & 1 & 1 & 0 & 1 & 0 \\ 1 & 0 & 1 & 0 & 0 & 1 \end{bmatrix} \tag{6.2.5}$$

若校验矩阵 $\boldsymbol{H}$ 中后 $r=n-k$ 列不为单位子阵时，对 $\boldsymbol{H}$ 的各行进行初等变换，将后 $r=n-k$ 列化为单位子阵，一般形式为

$$\boldsymbol{H} = [\boldsymbol{P}^{\mathrm{T}} \vdots \boldsymbol{I}_r] \tag{6.2.6}$$

称为校验矩阵 $\boldsymbol{H}$ 的标准形式。校验矩阵 $\boldsymbol{H}$ 的一般形式可通过行的线性变换化成标准形式。显然，校验矩阵 $\boldsymbol{H}$ 的每一行都代表一个监督方程，它表示与该行中 1 相对应的码元的和为 0。由于(n,k)码的所有码字均按 $\boldsymbol{H}$ 所确定的规则求出，故称 $\boldsymbol{H}$ 为它的一致校验矩阵。

由式(6.2.4)可知，如果收到的码字 $\boldsymbol{R}=(r_{n-1},\cdots,r_1,r_0)$是许用码集中的一个码字，则一定满足

$$\boldsymbol{RH}^{\mathrm{T}} = 0 \tag{6.2.7}$$

上式可用来检验一个 n 重向量是否为码字，若等式不成立，即 $\boldsymbol{RH}^{\mathrm{T}} \neq 0$，则收到的码字 $\boldsymbol{R}$ 必定为错误码字。

推广到一般情况，若二元(n,k)线性分组码的信息 $\boldsymbol{m}$ 表示为

$$\boldsymbol{m} = (m_{k-1},\cdots,m_1,m_0) \tag{6.2.8}$$

码字 C 表示为

$$\boldsymbol{C} = (c_{n-1},\cdots,c_1,c_0) \tag{6.2.9}$$

如果生成矩阵表示为

$$\boldsymbol{G} = (g_{k-1}\cdots g_1 g_0)^{\mathrm{T}} = \begin{bmatrix} g_{(k-1)(n-1)} & \cdots & g_{(k-1)1} & g_{(k-1)0} \\ \vdots & & \vdots & \vdots \\ g_{1(n-1)} & \cdots & g_{11} & g_{10} \\ g_{0(n-1)} & \cdots & g_{01} & g_{00} \end{bmatrix} \tag{6.2.10}$$

则码字可表示成

$$\boldsymbol{C} = (c_{n-1},\cdots,c_1,c_0) = \boldsymbol{mG} = (m_{k-1},\cdots,m_1,m_0)(g_{k-1},\cdots,g_1,g_0)^{\mathrm{T}} \tag{6.2.11}$$

式中，$c_j = m_{k-1}g_{(k-1)j} + \cdots + m_1 g_{1j} + m_0 g_{0j}$。

由于生成矩阵的每一个行向量都是一个码字，将式(6.2.11)代入 $\boldsymbol{CH}^{\mathrm{T}}=0$，必有

$$\boldsymbol{GH}^{\mathrm{T}} = 0 \tag{6.2.12}$$

对于生成矩阵符合 $\boldsymbol{G}=[\boldsymbol{I}_k|\boldsymbol{P}]$的系统码，其校验矩阵也是规则的，必有

$$\boldsymbol{H} = [\boldsymbol{P}^{\mathrm{T}} \mid \boldsymbol{I}_{n-k}] \tag{6.2.13}$$

例 6.2.2 考虑一个(7,4)线性分组码，其生成矩阵为

$$\boldsymbol{G} = \begin{bmatrix} 1 & 0 & 0 & 0 & 1 & 0 & 1 \\ 0 & 1 & 0 & 0 & 1 & 1 & 1 \\ 0 & 0 & 1 & 0 & 1 & 1 & 0 \\ 0 & 0 & 0 & 1 & 0 & 1 & 1 \end{bmatrix} = [\boldsymbol{I}_4 \mid \boldsymbol{P}] \tag{6.2.14}$$

求：(1) 对于信息组 $\boldsymbol{m}=(1011)$，编码输出的码字是什么？

(2) 画出(7,4)分组码编码器的原理图；

(3) 若接收到一个 7 位码 $\boldsymbol{R}=(1001101)$，检验它是否为码字？

解：设输入信息组 $\boldsymbol{m}=(m_3m_2m_1m_0)$，编码输出 $\boldsymbol{C}=(c_6c_5c_4c_3c_2c_1c_0)$。

(1) 分析：由生成矩阵 $\boldsymbol{G}$ 可知，本题为系统码。$\boldsymbol{C}=(m_3m_2m_1m_0c_2c_1c_0)$，前 4 位不必计算，后 3 个校验位可根据生成矩阵 $\boldsymbol{G}$ 的分块阵 $\boldsymbol{P}$ 列出线性方程组如下：

$$\begin{cases} c_2 = m_3 \oplus m_2 \oplus m_1 \\ c_1 = m_2 \oplus m_1 \oplus m_0 \\ c_0 = m_3 \oplus m_2 \oplus m_0 \end{cases} \tag{6.2.15}$$

求得 $\boldsymbol{C}=(m_3m_2m_1m_0c_2c_1c_0)=(1011000)$ 或利用矩阵运算求得

$$\boldsymbol{C} = \boldsymbol{mG} = (1011)\boldsymbol{G} = (1011000) \tag{6.2.16}$$

(2) 一个二进制(n,k)系统线性分组码的编码器可用 k 级移存器和连接到移存器适当位置的 $n-k$ 个加法器组成。(7,4)分组码编码器如图 6.2.1 所示。

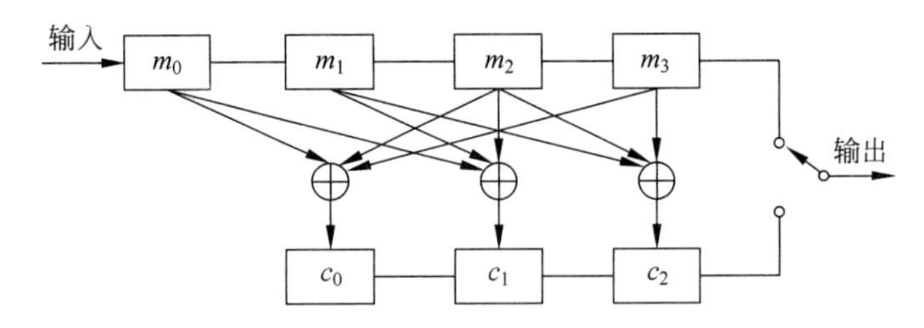

图 6.2.1 二进制(7,4)线性分组码编码器

由图 6.2.1 可知，线性分组码的编码器，只需要使用移位寄存器、乘法器和模 2 加法器等器件就可以了，硬件实现简单。

(3) 由校验矩阵 $\boldsymbol{H}=[\boldsymbol{P}^{\mathrm{T}}|\boldsymbol{I}_{n-k}]=\begin{bmatrix} 1 & 1 & 1 & 0 & 1 & 0 & 0 \\ 0 & 1 & 1 & 1 & 0 & 1 & 0 \\ 1 & 1 & 0 & 1 & 0 & 0 & 1 \end{bmatrix}$可知，验证 $\boldsymbol{R}=(1001101)$是码字的条件是 $\boldsymbol{RH}^{\mathrm{T}}=0$ 是否成立。

$$\boldsymbol{RH}^{\mathrm{T}}=[1001101]\begin{bmatrix}1&0&1\\1&1&1\\1&1&0\\0&1&1\\1&0&0\\0&1&0\\0&0&1\end{bmatrix}=[0\quad 1\quad 1]\neq[0\quad 0\quad 0] \tag{6.2.17}$$

所以 $\boldsymbol{R}$ 不是码字。

6.2.2　线性分组码的译码

1. 最小距离译码

设发送码字 $\boldsymbol{C}=[c_{n-1},c_{n-2},\cdots,c_0]$，接收码字 $\boldsymbol{R}=[r_{n-1},r_{n-2},\cdots,r_0]$。译码器根据编译码规则和信道特性对接收码字 R 作出判断，此过程称为译码。

当给定接收码字 R 时，译码的平均差错概率表示经过译码后平均接收到一个码字所产生的差错大小，其值为

$$p_E=\sum p(\boldsymbol{R})p(\boldsymbol{E}\mid\boldsymbol{R}) \tag{6.2.18}$$

式中，p_E 是平均差错概率；$p(\boldsymbol{E}|\boldsymbol{R})$为条件译码差错概率；$p(\boldsymbol{R})$为接收码字 $\boldsymbol{R}$ 的概率；E 为不等于发送码字 $\boldsymbol{C}$ 的所有差值。

若 $p(\boldsymbol{R}|\boldsymbol{C}_m)$为最大，则判断 $\boldsymbol{C}_m$ 为发送码字。这种译码方法是以发送码字的最大似然概率为依据，故此译码方法称为最大似然译码。如果输入的消息等概率分布，最大似然译码方法总的译码平均差错概率最小，与最小错误概率译码等价，所以称为最佳译码法。针对二元码，最大似然译码方法还与最小距离译码等价，这部分内容详见 6.1.2 节。

2. 伴随式译码

由线性分组码的编码原理可知，当收到一个接收码字 $\boldsymbol{R}$ 后，可用监督矩阵 $\boldsymbol{H}$ 来检验 $\boldsymbol{R}$ 是否满足监督方程，即式(6.2.7)是否成立。若关系式成立，则认为 $\boldsymbol{R}$ 是一个码字，否则判为码字在传输中发生了差错。

将 $\boldsymbol{S}=\boldsymbol{RH}^{\mathrm{T}}$ 或 $\boldsymbol{S}^{\mathrm{T}}=\boldsymbol{HR}^{\mathrm{T}}$ 称为接收码字 $\boldsymbol{R}$ 的伴随式。令发送码字 $\boldsymbol{C}=[c_{n-1},c_{n-2},\cdots,c_0]$；信道的错误图案 $\boldsymbol{E}=[e_{n-1},e_{n-2},\cdots,e_0]$，其中，若 $e_i=0$，表示第 i 位无错；反之，若 $e_i=1$，则表示第 i 位有错，式中 $i=n-1,n-2,\cdots,0$。那么，接收码字为

$$\boldsymbol{R}=[r_{n-1},r_{n-2},\cdots,r_0]=\boldsymbol{C}+\boldsymbol{E}=[c_{n-1}+e_{n-1},c_{n-2}+e_{n-2},\cdots,c_0+e_0] \tag{6.2.19}$$

将接收码字用监督矩阵进行检验，即求得接收码字的伴随式为

$$\boldsymbol{S}^{\mathrm{T}}=\boldsymbol{HR}^{\mathrm{T}}=\boldsymbol{H}(\boldsymbol{C}+\boldsymbol{E})^{\mathrm{T}}=\boldsymbol{HC}^{\mathrm{T}}+\boldsymbol{HE}^{\mathrm{T}} \tag{6.2.20}$$

由于

$$\boldsymbol{HC}^{\mathrm{T}}=0$$

所以

$$\boldsymbol{S}^{\mathrm{T}}=\boldsymbol{HE}^{\mathrm{T}} \tag{6.2.21}$$

由以上分析可得如下结论：

(1) 伴随式仅与信道的错误图案有关，而与发送的具体码字无关，即伴随式仅由信道的

错误图案决定。

(2) 伴随式是判别式。若 $\boldsymbol{S}=\boldsymbol{0}$，则判断为没有出错，接收码字即为发送码字；反之，若 $\boldsymbol{S}\neq\boldsymbol{0}$，则判断有错。

(3) 不同的信道错误图案具有不同的伴随式，它们是一一对应的。

由上述分析可知，可用伴随式是否等于0来检验接收码字是否包含错误。下面讨论如何纠错。

设 (n,k) 线性分组码，发送码字取自于 2^k 个码字集合 $\{\boldsymbol{C}_i\}$。码字经信道传输后，接收码字 $\boldsymbol{R}$ 可以是 2^n 个 n 重向量中的任一个向量。任何译码方法，都是把 2^n 个 n 重向量划分为 2^k 个互不相交的子集 $D_1,D_2,\cdots,D_{2^k}$，使得在每个子集中仅含一个码字。根据码字和子集的一一对应关系，若接收码字 R_x 落在子集 D_x 中，就把 R_x 译为子集 D_x 含有的码字 $\boldsymbol{C}_x$。所以，当接收码字 $\boldsymbol{R}$ 与实际发送码字在同一子集中时，译码就是正确的。

对于给定的 (n,k) 线性分组码，将 2^n 个 n 重向量划分为 2^k 个子集的方法就是构造所谓的"标准阵列"。其方法如下：先将 2^k 个码字排成一行，作为"标准阵列"的第一行，并将全0码字 $\boldsymbol{C}_1=[0,0,\cdots,0]$ 放在最左面的位置上；然后在剩下的 2^n-2^k 个 n 重向量中选取一个码重最轻的 n 重向量 $\boldsymbol{E}_2$ 放在全0码字 C_1 的下面，再将 $\boldsymbol{E}_2$ 分别和码字 $\boldsymbol{C}_2,\boldsymbol{C}_3,\cdots,\boldsymbol{C}_{2^k}$ 相加，放在对应码字下面构成阵列第二行；依此类推，直到全部 n 重向量用完为止。按照上述方法构造的标准阵列如表6.2.1所示。

表6.2.1　(n,k) 码的标准阵列译码表

$\boldsymbol{C}_1(=00\cdots0)$	$\boldsymbol{C}_2$	$\cdots$	$\boldsymbol{C}_i$	$\cdots$	$\boldsymbol{C}_{2^k}$
$\boldsymbol{E}_2$	$\boldsymbol{E}_2+\boldsymbol{C}_2$	$\cdots$	$\boldsymbol{E}_2+\boldsymbol{C}_i$	$\cdots$	$\boldsymbol{E}_2+\boldsymbol{C}_{2^k}$
$\boldsymbol{E}_3$	$\boldsymbol{E}_3+\boldsymbol{C}_2$	$\cdots$	$\boldsymbol{E}_3+\boldsymbol{C}_i$	$\cdots$	$\boldsymbol{E}_3+\boldsymbol{C}_{2^k}$
$\vdots$	$\vdots$	$\cdots$	$\vdots$	$\cdots$	$\vdots$
$\boldsymbol{E}_{2^{n-k}}$	$\boldsymbol{E}_{2^{n-k}}+\boldsymbol{C}_2$	$\cdots$	$\boldsymbol{E}_{2^{n-k}}+\boldsymbol{C}_i$	$\cdots$	$\boldsymbol{E}_{2^{n-k}}+\boldsymbol{C}_{2^k}$

标准阵列译码表中，每一行称为码的一个陪集，每个陪集的第一个元素称为陪集首。若发送码字为 $\boldsymbol{C}_j$，信道的错误图案是陪集首，则接收码字 $\boldsymbol{R}$ 必在 D_j 中，其中 $D_j=[\boldsymbol{C}_j,\boldsymbol{E}_2+\boldsymbol{C}_j,\boldsymbol{E}_3+\boldsymbol{C}_j,\cdots,\boldsymbol{E}_{2^{n-k}}+\boldsymbol{C}_j]$，此时接收码字 R 正确译为发送码字 $\boldsymbol{C}_j$；若信道的错误图案不是陪集首，则接收码字 $\boldsymbol{R}$ 不在 D_j 中，则译成其他码字，造成错误译码。因而当且仅当信道的错误图案为陪集首时，译码才是正确的。所以，这 2^{n-k} 个陪集首称为可纠正的错误图案。

例6.2.3　某(5,2)系统线性码的生成矩阵 $\boldsymbol{G}=\begin{bmatrix}1&0&1&1&1\\0&1&1&0&1\end{bmatrix}$，设收码是 $\boldsymbol{R}=(10101)$，请先构造该码的标准阵列译码表，然后译出发码的估值 $\hat{C}$。

解：分别以信息组 $\boldsymbol{m}=(00)$、(01)、(10)、(11) 以及已知的 $\boldsymbol{G}$ 代入 $C=m\boldsymbol{G}$，求得4个许用码字为 $\boldsymbol{C}_1=(00000)$，$\boldsymbol{C}_2=(01101)$，$\boldsymbol{C}_3=(10111)$，$\boldsymbol{C}_4=(11010)$。

由系统生成矩阵 $\boldsymbol{G}$ 求得校验矩阵为

$$\boldsymbol{H}=[\boldsymbol{P}^{\mathrm{T}}\mid\boldsymbol{I}_3]=\begin{bmatrix}1&1&1&0&0\\1&0&0&1&0\\1&1&0&0&1\end{bmatrix}=\begin{bmatrix}h_{24}&h_{23}&h_{22}&h_{21}&h_{20}\\h_{14}&h_{13}&h_{12}&h_{11}&h_{10}\\h_{04}&h_{03}&h_{02}&h_{01}&h_{00}\end{bmatrix}$$

按 $\boldsymbol{S}=\boldsymbol{E}\boldsymbol{H}^{\mathrm{T}}$ 列出方程为

$$\begin{cases} s_2 = e_4h_{24} + e_3h_{23} + e_2h_{22} + e_1h_{21} + e_0h_{20} = e_4 + e_3 + e_2 \\ s_2 = e_4h_{14} + e_3h_{13} + e_2h_{12} + e_1h_{11} + e_0h_{10} = e_4 + e_1 \\ s_2 = e_4h_{14} + e_3h_{13} + e_2h_{12} + e_1h_{11} + e_0h_{10} = e_4 + e_3 + e_0 \end{cases}$$

伴随式有 $2^{n-k}=2^3=8$ 种组合，而差错图案除了代表无差错的全零图案外，代表一个差错的图案有 $\binom{5}{1}=5$ 种，代表两个差错的图案有 $\binom{5}{2}=10$。要把 8 个伴随式对应到 8 个最小重量的差错图案，无疑应先选择正确译码概率最大的全零图案和 5 个一个差错的图案。剩下的两个伴随式，不得不在 10 种两个差错的图案中选取其中两个。

(1) 先将 $E_j=(00000)$，(10000)，(01000)，(00100)，(00010)，(00001)代入上面的方程，解得对应的 S_j 分别是(000)，(111)，(101)，(100)，(010)，(001)。

(2) 剩下的两个伴随式是(011)(110)。每个有 2^k 个解，对应 2^k 个差错图案。本例(011)的 2^2 个解为(00011)(10100)(01110)(11001)。(00011)(10100)并列为最小重量，并只能选择其中之一作为解。同理，伴随式(110)对应的最小重量差错图案可选择(00110)。

根据 4 个码字和 8 个差错图案可列出标准阵列译码表，如表 6.2.2 所示。

表 6.2.2　(5,2)码的标准阵列译码表

$S_0=000$	$E_0+C_1=00000$	$E_0+C_2=01101$	$E_0+C_3=10111$	$E_0+C_4=11010$
$S_1=111$	$E_1=10000$	11101	00111	01010
$S_2=101$	$E_2=01000$	00101	11111	10010
$S_3=100$	$E_3=00100$	01001	10011	11110
$S_4=010$	$E_4=00010$	01111	10101	11000
$S_5=001$	$E_5=00001$	01100	10110	11011
$S_6=011$	$E_6=00011$	01110	10100	11001
$S_7=110$	$E_7=00110$	01011	10001	11100

若收码 $\boldsymbol{R}=(10101)$，可用以下三种方法之一译码：

第一种：直接对码表作行、列搜索找到(10101)，它所在列的子集头是 10111，因此取译码输出为(10111)。

第二种：先计算伴随式 $\boldsymbol{S}=\boldsymbol{R}\boldsymbol{H}^{\mathrm{T}}=(10101)\boldsymbol{H}^{\mathrm{T}}=[010]=\boldsymbol{S}_4$，确定 $\boldsymbol{S}_4$ 所在行，再沿着行对码表作一维搜索找到(10101)，最后顺着列向上找到码字(10111)。

第三种，先计算伴随式 $\boldsymbol{S}=\boldsymbol{R}\boldsymbol{H}^{\mathrm{T}}=(10101)\boldsymbol{H}^{\mathrm{T}}=[010]=\boldsymbol{S}_4$ 并确定 $\boldsymbol{S}_4$ 所对应的陪集首(差错图案 $\boldsymbol{E}_4=00010$)，再将陪集首与收码相加得到码字 $\hat{\boldsymbol{C}}=\boldsymbol{R}+\boldsymbol{E}_4=(10101)+(00010)=(10111)$。

第三种方法不需要计算整个标准阵列，只要有伴随式方程即可。

利用标准阵列译码时，需要将标准阵列的 2^n 个 $\boldsymbol{R}$ 存入译码器，译码器的复杂性将随 n 呈指数规律增长，这使标准阵列译码方法的适用性受到一定限制。

在具体应用中，也可以利用错误图案与伴随式的对应关系，将标准阵列译码表简化，只构造 S_i 和 E_i 的对应表。如表 6.2.3 所示。

表 6.2.3 (5,2)码的简化标准阵列译码表

S_i	$S_0=000$	$S_1=111$	$S_2=101$	$S_3=100$	$S_4=010$	$S_5=001$	$S_6=011$	$S_7=110$
E_i	$E_0=10000$	$E_1=10000$	$E_2=01000$	$E_3=00100$	$E_4=00010$	$E_5=00001$	$E_6=00011$	$E_7=00110$

采用表 6.2.3 所示的简化标准阵列译码表,译码器只需存储 2^{n-k} 个$(n-k)$重向量 $\boldsymbol{S}_i$ 和 2^{n-k} 个 n 重向量 $\boldsymbol{E}_i$,存储量可大大降低。译码时,先由接收码字 R 计算伴随式 $\boldsymbol{S}=\boldsymbol{RH}^{\mathrm{T}}$,在简化译码表中查出 $\boldsymbol{S}$ 的对应差错图案 $\boldsymbol{E}$,再计算 $\boldsymbol{R}+\boldsymbol{E}=\hat{\boldsymbol{C}}$。输出译出的码字。

如例 6.2.3 中,对接收的 $\boldsymbol{R}=10101$ 的译码过程为:先计算伴随式 $\boldsymbol{S}=\boldsymbol{RH}^{\mathrm{T}}=(10101)\boldsymbol{H}^{\mathrm{T}}=[010]=\boldsymbol{S}_4$,并确定 $\boldsymbol{S}_4$ 所对应的差错图案 $\boldsymbol{E}_4=00010$;再将与 $\boldsymbol{E}_4$ 与接收码 $\boldsymbol{R}$ 相加得到码字 $\hat{\boldsymbol{C}}=\boldsymbol{R}+\boldsymbol{E}_4=(10101)+(00010)=(10111)$即可。

然而,由于(n,k,d)线性码中的 n,k 都比较大,即使只存储简化译码表,有时也很困难,因此如何寻找与设计简化的译码器是线性分组码的中心议题之一。

例 6.2.4 设(6,3)码的生成矩阵为

$$\boldsymbol{G}=\begin{bmatrix}1&0&0&1&1&0\\0&1&0&0&1&1\\0&0&1&1&0&1\end{bmatrix} \tag{6.2.22}$$

其标准阵列如表 6.2.4 所示。

表 6.2.4 (6,3)码的标准阵列译码表

i	S_i	E_i+C_0	E_i+C_1	E_i+C_2	E_i+C_3	E_i+C_4	E_i+C_5	E_i+C_6	E_i+C_7
0	000	000000	001101	010011	011110	100110	101011	110101	111000
1	001	000001	001100	010010	011111	100111	101010	110100	111001
2	010	000010	001111	010001	011100	100100	101001	110111	111010
3	100	000100	001001	010111	011010	100010	101111	110001	111100
4	101	001000	000101	011011	010110	101110	100011	111101	110000
5	011	010000	011101	000011	001110	110110	111011	100101	101000
6	110	100000	101101	110011	111110	000110	001011	010101	011000
7	111	100001	101100	110010	111111	000111	001010	010100	011001

若发送码字为 $\boldsymbol{C}=[101011]$,$\boldsymbol{E}=[010000]$,则接收码字 $\boldsymbol{R}=\boldsymbol{C}+\boldsymbol{E}=[111011]$,查标准阵列表可知,它所在子集的估值$\hat{\boldsymbol{C}}=[101011]$,因此译码正确。又如同一码字,但它的错误图案为 $\boldsymbol{E}=[001100]$,接收码字 $\boldsymbol{R}=\boldsymbol{C}+\boldsymbol{E}=[100111]$,于此 R 对应的$\hat{\boldsymbol{C}}=[100110]$属于错误译码。

综上所述,一般的译码步骤为:

(1) 计算接收码字 $\boldsymbol{R}$ 的伴随式 $\boldsymbol{S}^{\mathrm{T}}=\boldsymbol{HR}^{\mathrm{T}}$。

(2) 根据伴随式和错误图案的一一对应关系,由伴随式译出 $\boldsymbol{R}$ 的错误图案 $\boldsymbol{E}$。

(3) 将接收码字减去错误图样,得发送码字的估值$\hat{\boldsymbol{C}}=\boldsymbol{R}-\boldsymbol{E}$。

上述译码方法称为伴随式译码法或查表译码法,适用于任何(n,k)线性分组码。但是,当 $n-k$ 较大时,逻辑电路将变得很复杂,甚至不切实际。

6.2.3 完备码

1. 完备码定义

由 $\boldsymbol{S}=\boldsymbol{R}\boldsymbol{H}^{\mathrm{T}}=\boldsymbol{E}\boldsymbol{H}^{\mathrm{T}}==(s_{n-k-1},\cdots,s_1,s_0)$可知，二元$(n,k)$线性分组码的伴随式是一个$(n-k)$重向量，有 2^{n-k}种可能的组合。假如该码的纠错能力为 t，则对于任何一个重量小于等于 t 的差错图案，都应有唯一的伴随式组合与之对应，才可能实现纠错译码。也就是说，伴随式组合的数目必须满足条件

$$2^{n-k}\geqslant\binom{n}{0}+\binom{n}{1}+\binom{n}{2}+\cdots+\binom{n}{t}=\sum_{i=1}^{t}\binom{n}{i}$$

这个条件称为汉明限。任何一个纠 t 码都应满足汉明限。

把满足方程

$$2^{n-k}=\sum_{i=1}^{t}\binom{n}{i}$$

的二元(n,k)线性分组码称为完备码(Perfect Code)。此时，接收向量与码字的距离最多为 t，所有重量小于等于 t 的差错图案都能通过最小距离译码得到纠正，所有重量大于等于 $t+1$ 的差错图案都不能纠正。

满足上式的完备码并不多见，迄今发现的二进制完备码有 $t=1$ 的汉明码、$t=3$ 的(23，12) 格雷码(Golay)，以及长度 n 为奇数、由两个码字组成且满足 $d_{\min}=n$ 的任何二进制$(n,1)$码。已发现的三进制完备码有 $t=2$ 的(11,6)格雷码。

2. 汉明码

纠错能力 $t=1$ 的完备码称为汉明码(Hamming Code)。汉明码不仅指某一种码，而是指一类码。汉明码既可以是二进制的，也可以是非二进制的。由完备码定义可知，二进制汉明码应满足条件

$$2^{n-k}=\sum_{i=0}^{1}\binom{n}{i}=\binom{n}{0}+\binom{n}{1}=1+n$$

令 $m=n-k$，汉明码 n 和 k 服从关系式：

(1) 码长 $n=2^{n-k}-1=2^m-1$；

(2) 信息位 $k=n-m=2^m-1-m$；

(3) 最小码距 $d_{\min}=3$。

当 $m=3,4,5,6,\cdots$时，分别对应(7,4)，(15,11)，(31,26)，(63,57)，…汉明码。

汉明码的校验矩阵 $\boldsymbol{H}$ 具有特殊的性质，(n,k)汉明码的校验矩阵是$(n-k)\times n$ 矩阵，可看成 n 个$(n-k)\times 1$ 列向量构成的。二进制$(n-k)$重列向量的全部组合 $2^{n-k}-1=2^m-1=n$，只要排列出所有列，通过列置换将矩阵 $\boldsymbol{H}$ 转换成系统形式，就可得到相应的生成矩阵 $\boldsymbol{G}$。

例 6.2.5　构造一个 $m=3$ 的(7,4)汉明码。

解：(7,4)汉明码的校验矩阵是$(n-k)\times n=3\times 7$ 矩阵，而校验矩阵的列向量不能为全零。因此，$\boldsymbol{H}$ 的 7 个列向量是除全零向量外 3 重向量的全部可能组合。即

$$\boldsymbol{H}=\begin{bmatrix}0&0&0&1&1&1&1\\0&1&1&0&0&1&1\\1&0&1&0&1&0&1\end{bmatrix}\Rightarrow\begin{bmatrix}1&1&1&0&1&0&0\\0&1&1&1&0&1&0\\1&1&0&1&0&0&1\end{bmatrix}=[\boldsymbol{P}^{\mathrm{T}}\mid\boldsymbol{I}_3]$$

系统汉明码的生成矩阵 $\boldsymbol{G}$ 为

$$\boldsymbol{G}=[\boldsymbol{I}_4 \mid \boldsymbol{P}]=\begin{bmatrix}1&0&0&0&1&0&1\\0&1&0&0&1&1&1\\0&0&1&0&1&1&0\\0&0&0&1&0&1&1\end{bmatrix}$$

用汉明码的校验矩阵 $\boldsymbol{H}$ 作为生成矩阵,可以产生该汉明码的$(n,n-k)$对偶码,可以证明该对偶码的最小距离是 $d_{\min}=2^{n-k-1}$。

3. **格雷码**

格雷码是二进制(23,12)线性分组码,其最小距离 $d_{\min}=7$,纠错能力 $t=3$。格雷码属于完备码,满足完备码定义式

$$2^{n-k}=\sum_{i=1}^{t}\binom{n}{i}$$

即

$$2^{23-12}=2048=\sum_{i=0}^{3}\binom{n}{i}=1+\binom{23}{1}+\binom{23}{2}+\binom{23}{3}$$

在(23,12)码上添加一位奇偶位即得二进制线性(24,12)扩展格雷码,其最小距离 $d_{\min}=8$。

6.2.4 线性分组码的实现与仿真

本节介绍几种利用 MATLAB 实现线性分组码编/译码的方法。线性分组码编/译码函数为 encode 和 decode。

1. **线性分组码的编码实现**

(1) 利用库函数(encode)来实现。语法:

```
code = encode(msg,n,k);                %对二进制信息 msg 进行汉明编码
```

信息位为 k 比特,码字长为 n 比特。汉明码是一种可纠正单个错误的线性分组码。

```
code = encode(msg,n,k,method,opt);     %通用形式
```

msg 是信息; method 是编码方式(汉明码、线性分组码、循环码、BCH 码、RS 码、卷积码); n 是码字长度; k 是信息位长度; opt 是有些编码方式所需要的参数。

下面以线性分组码为例,具体阐述 msg 分别为向量、矩阵时使用 encode 函数的方法。

```
M 文件 1:
n = 6; k = 4;                          %信息表述为一个二进制向量
msg = [1 0 0 1 1 0 1 0 1 0 1 1] ;
code = encode(msg,n,k,'cyclic');
运行后: 在 MATLAB 命令窗口中输入 msg'和 code',可以看到输出结果
msg'
ans = 1 0 0 1 1 0 1 0 1 0 1 1
code'
ans = 0 0 1 0 0 1 1 0 1 0 1 0 0 1 1 0 1 1
M 文件 2:
n = 6; k = 4;                          %信息表述为一个二进制列矩阵
```

```
msg = [1 0 0 1; 1 0 1 0; 1 0 1 1]
code = encode(msg,n,k,'cyclic');
运行后：在 MATLAB 命令窗口中输入 msg'和 code',可以看到输出结果
msg'
ans = 1 0 0 1
      1 0 1 0
      1 0 1 1
code'
ans = 0 0 1 0 0 1
      1 0 1 0 1 0
      0 1 1 0 1 1
```

（2）利用生成矩阵实现编码。利用 encode 函数编码，编码过程隐含在 encode 函数内部，为了加深对编码原理的理解，下面根据线性分组码的编码原理来实现编码。

例 6.2.6 生成矩阵 $\boldsymbol{G}=\begin{bmatrix}1&0&0&1&0&1&1\\0&1&0&1&0&1&0\\0&0&1&1&0&0&1\\0&0&0&0&1&1&1\end{bmatrix}$，信息序列 $\boldsymbol{m}=[1\ 0\ 1\ 1]$，求编码后的码序列 $\boldsymbol{C}$。

对应程序如下：

```
G = [1 0 0 1 0 1 1; 0 1 0 1 0 1 0; 0 0 1 1 0 0 1; 0 0 0 0 1 1 1 ];
M = [1 0 1 1];
C = rem(m * G,2);
disp(C)

ans:
1 0 1 0 1 0 1
```

2. 线性分组码的译码实现方法

（1）利用库函数(decode)来实现。语法：

```
msg = decode(code, n, k);                    % 对码长为 n,信息位长度为 k 的汉明码进行译码
msg = decode(code, n, k, method, opt1, opt2, opt3, opt4);   % 对接收到的码字,按 method 指定的
方式(汉明码、线性分组码、循环码、BCH 码译码、RS 码、采用 Viterbi 算法的卷积码)进行译码,opt1,
opt2, opt3, opt4 是可选项参数
```

例 6.2.7 已知(7,4)线性分组码，生成矩阵 $\boldsymbol{G}=\begin{bmatrix}1&0&0&0&1&0&1\\0&1&0&0&1&1&1\\0&0&1&0&0&1&0\\0&0&0&1&0&1&0\end{bmatrix}$，当接收码字 $\boldsymbol{R}=[1001011]$时，求译码结果。

对应程序如下：

```
r = [1 0 0 1 0 1 1];
G = [1 0 0 0 1 0 1; 0 1 0 0 1 1 1; 0 0 1 0 0 1 0; 0 0 0 1 0 1 0];
msg = decode(r,7,4,'linear',G);
ans =
msg =  1 0 0 1
```

（2）利用校验矩阵实现译码。

利用 decode 函数译码，译码过程隐含在 decode 函数内部。下面依据线性分组码的译码原理（校验矩阵）实现译码。

例 6.2.8 已知校验矩阵 $\boldsymbol{H}=\begin{bmatrix}1&1&1&0&1&0&0\\1&1&0&1&0&1&0\\1&0&1&1&0&0&1\end{bmatrix}$，求接收码字 $\boldsymbol{R}=[1\,0\,1\,0\,1\,0\,1]$ 时的译码。

对应程序如下：

```
r = [1 0 1 0 1 0 1];
H = [1 1 1 0 1 0 0; 1 1 0 1 0 1 0; 1 0 1 1 0 0 1];
S0 = rem([0 0 0 0 0 0 0] * H', 2);                    %求错误图案的伴随式
S1 = rem([0 0 0 0 0 0 1] * H', 2);
S2 = rem([0 0 0 0 0 1 0] * H', 2);
S3 = rem([0 0 0 0 1 0 0] * H', 2);
S4 = rem([0 0 0 1 0 0 0] * H', 2);
S5 = rem([0 0 1 0 0 0 0] * H', 2);
S6 = rem([0 1 0 0 0 0 0] * H', 2);
S7 = rem([1 0 0 0 0 0 0] * H', 2);
S = rem(r * H', 2);
if S ==  S0                                           %由接收码字和对应的错误图样求码字
  code = bitxor(r, [0 0 0 0 0 0 0]);
end
if S ==  S1
  code = bitxor(r, [0 0 0 0 0 0 1]);
end
if S ==  S2
  code = bitxor(r, [0 0 0 0 0 1 0]);
end
if S ==  S3
  code = bitxor(r, [0 0 0 0 1 0 0]);
end
if S ==  S4
  code = bitxor(r, [0 0 0 1 0 0 0]);
end
if S ==  S5
  code = bitxor(r, [0 0 1 0 0 0 0]);
end
if S ==  S6
  code = bitxor(r, [0 1 0 0 0 0 0]);
end
if S ==  S7
  code = bitxor(r, [1 0 0 0 0 0 0]);
end
disp(code);
u = zeros(1,4);
u = [code(:,1), code(:,2), code(:,3), code(:,4)];     %系统码，原消息码是编码的前 4 位
```

```
disp(u);

ans =
code
0 0 1 0 1 0 1
u
0 0 1 0
```

6.3 循 环 码

循环码(Cyclic Code,CC)是一种重要的线性分组码。自 1957 年普朗格(Prange)开始研究循环码后,其理论和实践方面都取得了很大进展。循环码在理论上和应用上都是很重要的线性分组码的一个子类,另外,它还具有很精细的代数结构,这使它的编/译码电路更简单及易于实现。由此,目前在各个领域中用于差错控制的几乎都是循环码或其性能更好的子类。

上面提到的完备码是从伴随式与差错图案关系的角度来看的"好"码,是标准阵列最规则,译码最简单的码。

循环码是从码字特点寻找到的好码。完备码并不一定是循环码,但也可以是循环码,可以证明汉明循环码、格雷循环码不但存在,而且是首选对象。同理,循环码有很多属性,满足某些特性的循环码可以构成循环码的某一子类,这些子类除具有循环码的全部优点外,还具有其他优点。例如,BCH 码、RS 码和 QR 码就是循环码的子类,也可以说是循环码的发展。本节重点介绍循环码的基本编/译码原理及其 MATLAB 实现。

6.3.1 循环码的定义

定义:一个(n,k)线性分组码 C,若它的任意一个码字每一循环移位都是 C 的一个码字,则 C 是一个循环码。

说明:如果 $C=[c_{n-1}c_{n-2}\cdots c_0]$是循环码的一个码字,那么对 C 的元素循环移位一次得到的 $C=[c_{n-2}c_{n-3}\cdots c_0c_{n-1}]$也是循环码的一个码字,也就是说 C 的循环移位都是码字。

例 6.3.1 分析二进制码组{000,110,101,011},{00000,01111,10100,11011},{0000,1101,0111,1011,1110}是不是循环码。

解:判断一个码组是不是循环码,就是看它是否符合线性和循环条件。

对于码组{000,110,101,011},它的任意两个码字模 2 加运算后均是该码组中的码字,对模 2 加运算满足封闭性,因此是线性码;它的任意码字通过循环移位后仍是码组中的码字,对循环操作满足封闭性,因此它是循环码。

对于码组{00000,01111,10100,11011},它的任意两个码字模 2 加运算后均是该码组中的码字,对模 2 加运算满足封闭性,因此是线性码;但它的 3 个非全 0 码不能满足任意次循环移位后仍是码组中的码字的要求。如 01111 的一次循环右移位得到 11110,不是码组中的码字。因此它是线性码但不是循环码。

对于码组{0000,1101,0111,1011,1110},它的任意两个码字模 2 加运算后得到的序列不都是码组中的码字。例如,{1101}与{0111}模 2 加,得{1010}不是该码字中的码字,因此不是线性码,故也不是循环码。

例 6.3.2 汉明循环码 $\boldsymbol{C}$ 的生成矩阵 $\boldsymbol{G}$ 和校验矩阵 $\boldsymbol{H}$ 分别为

$$\boldsymbol{G}=[\boldsymbol{I}_4 \mid \boldsymbol{P}]=\begin{bmatrix}1&0&0&0&1&0&1\\0&1&0&0&1&1&1\\0&0&1&0&1&1&0\\0&0&0&1&0&1&1\end{bmatrix} \quad \boldsymbol{H}=\begin{bmatrix}1&1&1&0&1&0&0\\0&1&1&1&0&1&0\\1&1&0&1&0&0&1\end{bmatrix}=[\boldsymbol{P}^{\mathrm{T}} \mid \boldsymbol{I}_3]$$

求出全部码字并分析其中规律。

解:由 $\boldsymbol{C}=\boldsymbol{mG}$,把 $m=(0000),(0001),\cdots,(1111)$分别代入方程,可得 16 个码字。经分析,可将这 16 个码字归结为 4 个循环:

第一循环	第二循环	第三循环	第四循环
(1011000)	1110100	0000000	1111111
(0110001)	1101001		
(1100010)	1010011		
(1000101)	0100111		
(0001011)	1001110		
(0010110)	0011101		
(0101100)	0111010		

可见,循环码是指它的任一码字循环移位后仍然是码字,而不是所有码字都可由一个码字循环而得。

6.3.2 循环码的多项式描述

对于循环码,码字的循环仍是码字,而产生码字的基底也是码字,那么,基底的循环也可以是基底。一般(n,k)线性分组码的 k 个基底之间不存在规则的联系,因此需要用 k 个基底组成的生成矩阵来产生一个码集。对于循环码,张成循环码空间的 k 个基底是由同一个基底循环 $k-1$ 次得到的,因此用一个生成多项式对应一个基底就足以表达码的结构,无须借助生成矩阵。

例 6.3.3 一个(7,4)循环码的一个基底构成的生成矩阵为

$$\boldsymbol{G}=\begin{bmatrix}1&0&1&1&0&0&0\\0&1&0&1&1&0&0\\0&0&1&0&1&1&0\\0&0&0&1&0&1&1\end{bmatrix}=\begin{bmatrix}g_3&g_2&g_1&g_0&0&0&0\\0&g_3&g_2&g_1&g_0&0&0\\0&0&g_3&g_2&g_1&g_0&0\\0&0&0&g_3&g_2&g_1&g_0\end{bmatrix}$$

一个基底对应一个生成多项式,基底$(0,0,0,g_3,g_2,g_1,g_0)$对应的生成多项式为

$$g(x)=g_3x^3+g_2x^2+g_1x^1+g_0 \tag{6.3.1}$$

信息组 $\boldsymbol{m}=(m_3m_2m_1m_0)$对应的信息组多项式为

$$m(x)=m_3x^3+m_2x^2+m_1x^1+m_0 \tag{6.3.2}$$

码字 $C=(c_6c_5c_4c_3c_2c_1c_0)$对应的码多项式为

$$C(x)=m(x)g(x)=m_3x^3g(x)+m_2x^2g(x)+m_1x^1g(x)+m_0g(x) \quad (6.3.3)$$

写成矩阵形式为

$$C(x)=[m_3,m_2,m_1,m_0]\begin{bmatrix}x^3g(x)\\x^2g(x)\\x^1g(x)\\x^0g(x)\end{bmatrix}=[m_3,m_2,m_1,m_0]\begin{bmatrix}g_3x^6+g_2x^5+g_1x^4+g_0x^3\\g_3x^5+g_2x^4+g_1x^3+g_0x^2\\g_3x^4+g_2x^3+g_1x^2+g_0x^1\\g_3x^3+g_2x^2+g_1x^1+g_0x^0\end{bmatrix} \quad (6.3.4)$$

将矩阵中的多项式改写成对应的7重向量形式，得向量的矩阵表达式为

$$\boldsymbol{C}=(c_6c_5c_4c_3c_2c_1c_0)=[m_3,m_2,m_1,m_0]\begin{bmatrix}g_3&g_2&g_1&g_0&0&0&0\\0&g_3&g_2&g_1&g_0&0&0\\0&0&g_3&g_2&g_1&g_0&0\\0&0&0&g_3&g_2&g_1&g_0\end{bmatrix}=\boldsymbol{mG} \quad (6.3.5)$$

可见，循环码的生成矩阵的4个基底是一个基底$(0,0,0,g_3,g_2,g_1,g_0)$的循环移位得出的。

它构成的码字

$$C_0(x)=c_6x^6+c_5x^5+c_4x^4+c_3x^3+c_2x^2+c_1x^1+c_0$$

$$C_1(x)=c_5x^6+c_4x^5+c_3x^4+c_2x^3+c_1x^2+c_0x^1+c_6$$

可见

$$C_1(x)=xC_0(x) \quad \bmod(x^n+1)$$

同理

$$C_2(x)=xC_1(x)=x^2C_0(x) \quad \bmod(x^n+1)$$

$$C_3(x)=xC_2(x)=x^3C_0(x) \quad \bmod(x^n+1)$$

$$C_4(x)=xC_3(x)=x^4C_0(x) \quad \bmod(x^n+1)$$

$$C_5(x)=xC_4(x)=x^5C_0(x) \quad \bmod(x^n+1)$$

$$C_6(x)=xC_5(x)=x^6C_0(x) \quad \bmod(x^n+1)$$

由于码空间的封闭性，码多项式$C_6(x),C_5(x),C_4(x),C_3(x),C_2(x),C_1(x),C_0(x)$的线性组合是

$$\begin{aligned}C(x)&=a_6C_6(x)+a_5C_5(x)+a_4C_4(x)+a_3C_3(x)+a_2C_2(x)+a_1C_1(x)+a_0C_0(x)\\&=a_6x^6C_0(x)+a_5x^5C_0(x)+a_4x^4C_0(x)+a_3x^3C_0(x)+a_2x^2C_0(x)+a_1x^1C_0(x)+a_0C_0(x)\\&=(a_6x^6+a_5x^5+a_4x^4+a_3x^3+a_2x^2+a_1x^1+a_0)C_0(x)=A(x)C_0(x)\end{aligned} \quad (6.3.6)$$

其中，$A(x)=a_6x^6+a_5x^5+a_4x^4+a_3x^3+a_2x^2+a_1x^1+a_0$ 属于7维向量空间。上式说明，码空间的一个向量与7维向量空间的任意向量作运算后，结果一定落回到码空间。码空间C是该向量空间的子空间。

6.3.3 循环码的编码

根据循环码的循环特性，可由一个码字的循环移位得到其他非零码字。并且，码字和码多项式满足一一对应关系。在(n,k)循环码的2^k个码多项式中，取前$(k-1)$位皆为0的码字的码多项式$g(x)$，再经$(k-1)$次循环移位，共得到k个码多项式：$g(x),xg(x),\cdots,x^{k-1}g(x)$。

写成矩阵形式为

$$\boldsymbol{G}(x)=\begin{bmatrix} x^{k-1}g(x) \\ x^{k-2}g(x) \\ \vdots \\ xg(x) \\ g(x) \end{bmatrix} \tag{6.3.7}$$

码的生成矩阵一旦确定，码字就确定了。这就说明，(n,k)循环码可由它的一个$(n-k)$次码多项式$g(x)$来确定。所以说$g(x)$生成了(n,k)循环码，因此称$g(x)$为码的生成多项式，即

$$g(x)=g_{n-k}x^{n-k}+g_{n-k-1}x^{n-k-1}+\cdots+g_1x+g_0 \tag{6.3.8}$$

例 6.3.4 设(7,4)循环码的生成多项式$g(x)=x^3+x+1$，求其生成矩阵$\boldsymbol{G}$及生成的码集。

解：由式(6.3.4)可得

$$\boldsymbol{G}(x)=\begin{bmatrix} x^3g(x) \\ x^2g(x) \\ xg(x) \\ g(x) \end{bmatrix}=\begin{bmatrix} x^6+x^4+x^3 \\ x^5+x^3+x^2 \\ x^4+x^2+x \\ x^3+x+1 \end{bmatrix} \tag{6.3.9}$$

即

$$\boldsymbol{G}(x)=\begin{bmatrix} 1 & 0 & 1 & 1 & 0 & 0 & 0 \\ 0 & 1 & 0 & 1 & 1 & 0 & 0 \\ 0 & 0 & 1 & 0 & 1 & 1 & 0 \\ 0 & 0 & 0 & 1 & 0 & 1 & 1 \end{bmatrix} \tag{6.3.10}$$

由此生成矩阵$\boldsymbol{G}$生成的(7,4)循环码的码字如表6.3.1所示。

表 6.3.1 (7,4)循环码

消息	码字	消息	码字
0000	0000000	1000	1011000
0001	0001011	10001	1010011
0010	0010110	1010	1001110
0011	0011101	1011	1000101
0100	0101100	1100	1110100
0101	0100111	1101	1111111
0110	0111010	1110	1100010
0111	0110001	1111	1101001

也可以直接由生成多项式的循环圈产生码集。如表6.3.2所示，生成多项式对应的码字循环6次构成一个循环圈，加上全零码字，组成该循环码的码集。

表 6.3.2 (7,4)循环码的循环圈

移位次数	码多项式	码字	
0	x^3+x+1	0001011	模(x^7+1)
1	$x(x^3+x+1)=x^4+x^2+x$	0010110	模(x^7+1)
2	$x(x^4+x^2+x)=x^5+x^3+x^2$	0101100	模(x^7+1)
3	$x(x^5+x^3+x^2)=x^6+x^4+x^3$	1011000	模(x^7+1)
4	$x(x^6+x^4+x^3)=x^5+x^4+1$	0110001	模(x^7+1)
5	$x(x^5+x^4+1)=x^6+x^5+x$	1100010	模(x^7+1)
6	$x(x^6+x^5+x)=x^6+x^2+1$	1000101	模(x^7+1)

那么,如何构造(n,k)循环码的生成多项式呢?如何构造系统循环码呢?

1. 循环码的生成多项式

循环码的生成多项式具有以下特性:

(1) 在一个(n,k)循环码中,存在唯一的一个$(n-k)$次码多项式$g(x)$,且常数项为1。

$$g(x)=x^{n-k}+g_{n-k-1}x^{n-k-1}+\cdots+g_1x^1+g_0$$

(2) 循环码的生成多项式$g(x)$是x^n+1的因子,即

$$x^n+1=g(x)h(x)\text{ 或 }g(x)\mid x^n-1$$

式中,$h(x)$称为循环码的校验多项式。循环码的校验矩阵也可以通过$h(x)$来生成。

(3) 若$g(x)$是一个$(n-k)$次多项式,并且是x^n+1的因子,则一定可以生成一个(n,k)循环码。

所有码多项式都是$g(x)$的倍式,意味着所有的码字都可以写成$C(x)=m(x)g(x)$的形式。换言之,$g(x)$一定可以整除所有码多项式$C(x)$,写作$g(x)|C(x)$。

所有小于n次的$g(x)$的倍式都是码多项式,意味着$m(x)g(x)$一定是码字,其中$m(x)$是$GF(2)$域上次数小于k的任意多项式,它与$(n-k)$次的$g(x)$相乘所得的倍式的次数一定小于n次。

2. (n,k)循环码的构成

根据上面的分析,可以找到构成(n,k)循环码的方法如下:

(1) 对x^n-1(在二元域等效于对x^n+1)因式分解,找出其中的$(n-k)$次因式。

(2) 以找出的$(n-k)$次因式为循环码生成多项式$g(x)$,与信息多项式$m(x)$相乘,即得码多项式:

$$C(x)=m(x)g(x)$$

式中,$m(x)$为$(k-1)$次信息多项式,与k重信息向量相对应:

$$m=(m_{k-1},\cdots,m_1,m_0)\Rightarrow m(x)=m_{k-1}x^{k-1}+\cdots+m_1x+m_0$$

例 6.3.5 分析码长$n=7$的二进制循环码的所有可能结构。

(1) 对x^7+1做因式分解,得$x^7+1=(x+1)(x^3+x^2+1)(x^3+x+1)$;

存在1次因式:$(x+1)$

存在3次因式:(x^3+x^2+1)或(x^3+x+1)

存在4次因式:$(x+1)(x^3+x^2+1)$或$(x+1)(x^3+x+1)$

存在6次因式:$(x^3+x^2+1)(x^3+x+1)$

所以，长度为7的二进制循环码的$(n-k)$次因式的$(n-k)$值可取1,3,4,6，分别构成(7,6),(7,4),(7,3),(7,1)循环码，而不存在其他的(7,5)、(7,2)循环码。

(2) 如果要构成(7,3)循环码，则选择x^7+1因式分解中的$n-k=4$次因式作为该码的生成多项式，有两个选择。若选$g(x)=(x+1)(x^3+x+1)=x^4+x^3+x^2+1$为生成多项式，则码多项式为

$$C(x)=m(x)g(x)=(m_2x^2+m_1x+m_0)(x^4+x^3+x^2+1)$$

当输入信息$m=(011)$，对应的信息多项式为

$$m(x)=x+1$$

码多项式为

$$C(x)=(x+1)(x^4+x^3+x^2+1)=x^5+x^2+x+1$$

对应码字为$C=(0\ 1\ 0\ 0\ 1\ 1\ 1)$。

3.(n,k)系统循环码

系统循环码的特征：码字的前k位原封不动地照搬信息位，而后面的$(n-k)$位为校验位，也就是说，码多项式具有如下形式：

$$C(x)=m(x)g(x)=x^{n-k}m(x)+r(x)$$

式中，$r(x)$为与码字中$(n-k)$个校验位相对应的$(n-k-1)$次多项式，其计算方法为：

(1) 将信息多项式$m(x)$预乘x^{n-k}，即右移$(n-k)$位。

(2) 将$x^{n-k}m(x)$除以$g(x)$，得余式$r(x)$；$x^{n-k}m(x)=g(x)q(x)+r(x)$。

(3) 系统循环码的码多项式写成$C(x)=x^{n-k}m(x)+r(x)$的形式。

例6.3.6 (7,3)循环码，生成多项式为$g(x)=x^4+x^3+x^2+1$，试产生系统循环码。

解：当输入信息$m=(011)$，$m(x)=x+1$时，

(1) $x^{n-k}m(x)=x^4(x+1)=x^5+x^4$；

(2) 用x^5+x^4除以$g(x)=x^4+x^3+x^2+1$，得余式$r(x)=x^3+x$；

(3) $C(x)=x^{n-k}m(x)+r(x)=(x^5+x^4)+(x^3+x)$，对应码字：$C=(0\ 1\ 1\ 1\ 0\ 1\ 0)$。

4.循环码的校验多项式

根据生成多项式的特性二，(n,k)循环码的生成多项式一定是x^n-1的因式，即一定存在一个多项式$h(x)$，满足$x^n-1=g(x)h(x)$。如果$g(x)$是循环码的生成多项式，则$h(x)$一定是循环码的校验多项式。这是因为，对于任意一个码多项式$C(x)$，必有

$$C(x)h(x)=0 \quad \mathrm{mod}(x^n-1)$$

即

$$g(x)h(x)=(g_{n-k}x^{n-k}+\cdots+g_1x^1+g_0)(h_kx^k+\cdots+h_1x^1+h_0)=x^n+1$$

其中，$g_0h_0=1$，$g_{n-k}h_k=1$，其余各次系数均应为零。则循环码的$(n-k)\times n$校验矩阵可写为

$$\boldsymbol{H}=\begin{bmatrix} h_0 & h_1 & \cdots & h_k & 0 & 0 & 0 \\ h_1 & h_2 & \cdots & 0 & h_0 & 0 & 0 \\ 0 & \vdots & & \vdots & \vdots & \vdots & \vdots \\ 0 & 0 & h_0 & \cdots & h_{k-1} & h_k & 0 \\ 0 & 0 & 0 & h_0 & \cdots & h_{k-1} & h_k \end{bmatrix}$$

例 6.3.7 以(x^3+x+1)为生成多项式生成一个(7,4)循环码，求此码的生成矩阵和校验矩阵。如果要求生成的的循环码是系统的，生成矩阵该做如何改变？

解：(1) 对 x^7+1 做因式分解，得 $x^7+1=(x+1)(x^3+x^2+1)(x^3+x+1)$；存在两个3次因式：$(x^3+x^2+1)$或$(x^3+x+1)$，取 $g(x)=x^3+x+1$，则

$$h(x)=(x+1)(x^3+x^2+1)=x^4+x^2+x+1$$

则该循环码的生成矩阵为

$$\boldsymbol{G}=\begin{bmatrix}1&0&1&1&0&0&0\\0&1&0&1&1&0&0\\0&0&1&0&1&1&0\\0&0&0&1&0&1&1\end{bmatrix}$$

校验矩阵为

$$\boldsymbol{H}=\begin{bmatrix}1&1&1&0&1&0&0\\0&1&1&1&0&1&0\\0&0&1&1&1&0&1\end{bmatrix}$$

(2) 对矩阵 $\boldsymbol{G}$ 的行进行运算，将(1)(3)(4)行相加后作为第1行，第(2)(4)行相加后作为第2行，得

$$\boldsymbol{G}_{\text{sys}}=\begin{bmatrix}1&0&0&0&1&0&1\\0&1&0&0&1&1&1\\0&0&1&0&1&1&0\\0&0&0&1&0&1&1\end{bmatrix}==[\boldsymbol{I}_4\mid\boldsymbol{P}]$$

$$\boldsymbol{H}_{\text{sys}}=\begin{bmatrix}1&1&1&0&1&0&0\\0&1&1&1&0&1&0\\1&1&0&1&0&0&1\end{bmatrix}=[\boldsymbol{P}^{\text{T}}\mid\boldsymbol{I}_3]$$

例 6.3.8 例6.3.6中，(7,3)循环码的生成多项式为 $g(x)=x^4+x^3+x^2+1$，试检查收到的码字 $R=(0\ 1\ 0\ 1\ 1\ 1\ 1)$是否有错误。

解：对 x^7+1 做因式分解，得 $x^7+1=(x+1)(x^3+x^2+1)(x^3+x+1)$；该(7,3)码的生成多项式为 $g(x)=x^4+x^3+x^2+1=(x+1)(x^3+x+1)$，因此该循环码的一致校验多项式为

$$h(x)=x^3+x^2+1$$

收到的码字 $R=(0\ 1\ 0\ 1\ 1\ 1\ 1)$对应的码多项式为

$$R(x)=x^5+x^3+x^2+x+1$$

计算 $R(x)$与 $h(x)$的乘积：

$$R(x)h(x)=(x^5+x^3+x^2+x+1)(x^3+x^2+1)=x^6+x^5+x^3\neq 0$$

因此该接收码字 R 有差错。

6.3.4 循环码的编码电路

循环码的编码电路主要有两种：一种是 $g(x)$的乘法电路，另一种是 $g(x)$的除法电路。前者主要利用 $C(x)=m(x)g(x)$进行编码，但这样编出的码为非系统码，而后者是系统码编码器中常用的电路。

系统循环码的编码是将信息多项式 $m(x)$乘以 x^{n-k}，再除以生成多项式 $g(x)$，把所得余

式 $r(x)$ 与 $x^{n-k}m(x)$ 模 2 加，便得到码字 $C(x)=x^{n-k}m(x)+r(x)$。除法电路由一组带反馈的移存器构成。当除式 $g(x)$ 为 $n-k$ 次多项式时，完成除法运算的电路如图 6.3.1 所示，称为除法电路。只要除式 $g(x)$ 确定，与它相对应的除法电路也唯一地被确定。

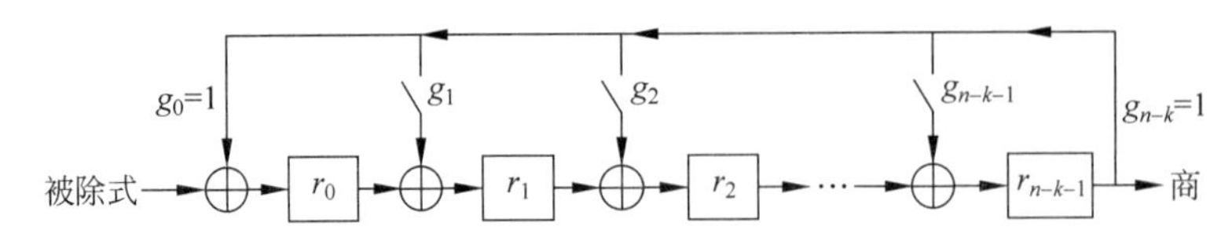

图 6.3.1 (n,k)循环码除法电路

例 6.3.9 (7,4)循环码的生成多项式为 $g(x)=x^3+x+1$，对应的高端输入除法电路如图 6.3.2 所示，它由生成多项式 $g(x)$ 唯一地确定。

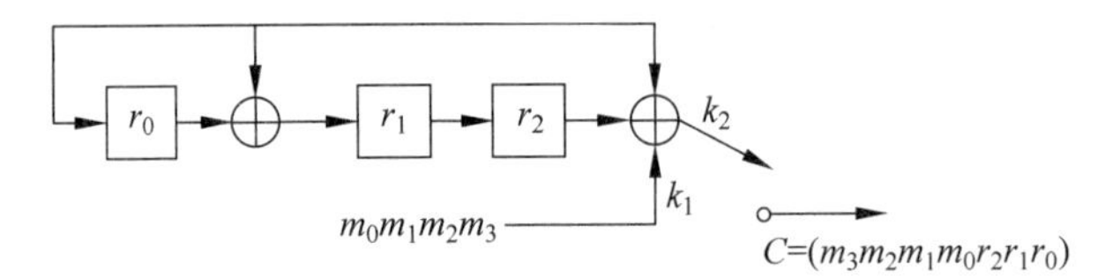

图 6.3.2 (7,4)循环码除法电路

如果被除数为信息序列 1111，即 $m(x)=x^3+x^2+x+1$，当信息序列送入该除法电路时，除法电路的运算过程如表 6.3.3 所示。这时电路经过 4 次移位运算得到余式 111。

表 6.3.3 (7,4)循环码除法电路运算过程

移位节拍	信息位	r_0 r_1 r_2	输出码字
初态		0 0 0	
1	1	1 1 0	1
2	1	1 0 1	1
3	1	0 1 0	1
4	1	1 1 1	1
5		0 1 1	1
6		0 0 1	1
7		0 0 0	1

若输入信息位 1001，则当信息序列送入该除法电路时，除法电路的运算过程如表 6.3.4 所示。这时电路经过 4 次移位运算得到余式 110。

表 6.3.4 (7,4)循环码除法电路运算过程

移位节拍	信息位	r_0 r_1 r_2	输出码字
初态		0 0 0	
1	1	1 1 0	1
2	0	0 1 1	0
3	0	1 1 1	0
4	1	0 1 1	1
5		0 0 1	1
6		0 0 0	1
7		0 0 0	0

6.3.5　循环码的译码

循环码是线性分组码的一种，故线性分组码的译码方法也完全适用于循环码。在此基础上，循环码具有循环特性，各种译码算法、电路等可以利用循环码的循环特性来简化译码。译码方法主要有伴随式译码、软件译码、大数逻辑译码等。常见的译码电路有梅吉特(Meggitt)译码器、捕错译码器等。

接收端译码的要求有两个：检错和纠错。检错：由于循环码中任意一个码组多项式$C(x)$都应该能被生成多项式$g(x)$整除，所以在接收端可以将接收码组$R(x)$除以生成多项式$g(x)$。当传输中未发生错误时，接收码组与发送码组相同，即$R(x)=C(x)$，故接收码组$R(x)$必定能被$g(x)$整除；若码组在传输中发生错误，则$R(x)\neq C(x)$。因此，循环码以余项是否为零来判断接收码组中有无错码。

需要指出的是，有错码的接收码组也有可能被$g(x)$整除。这时的错码就不能检出了。这种错误称为不可检错误。不可检错误中的误码数必定超过了这种编码的检错能力。

循环码是线性码的一个特殊子类，其纠错包括三个步骤：①计算接收多项式的伴随式；②求伴随式对应的差错图案；③用差错图案纠错。设循环码的码多项式、差错图案多项式、接收多项式和伴随多项式分别为

$$C(x)=c_{n-1}x^{n-1}+c_{n-2}x^{n-2}+\cdots+c_1x+c_0$$

$$E(x)=e_{n-1}x^{n-1}+e_{n-2}x^{n-2}+\cdots+e_1x+e_0$$

$$R(x)=r_{n-1}x^{n-1}+r_{n-2}x^{n-2}+\cdots+r_1x+r_0$$

$$\begin{aligned}S(x)&=R(x)\quad(\bmod g(x))\\&=s_{n-k-1}x^{n-k-1}+s_{n-k-2}x^{n-k-2}+\cdots+s_1x+s_0\end{aligned}$$

由于

$$R(x)=C(x)+E(x)$$

$$C(x)=A(x)g(x)=0\quad(\bmod g(x))$$

因此

$$S(x)=E(x)\quad(\bmod g(x))$$

由此可见，$S(x)\neq 0$ 则一定有差错产生，或者说满足 $E(x)(\bmod g(x))\neq 0$ 的差错图案$E(x)$产生。$S(x)=0$ 则没有差错产生，它满足 $E(x)(\bmod g(x))=0$。

循环码的检错译码即是计算$S(x)$并判断其是否为零。

循环码的伴随式有如下特点：

(1) 若$S(x)$是$R(x)$的伴随式，则$R(x)$循环移位一次$xR(x)$(在模x^n+1运算下)的伴随式$S_1(x)$，是$S(x)$在伴随式计算电路中无输入时(自发运算)右移一位的结果，即

$$S_1(x)=xS(x)\quad \bmod g(x)$$

(2) $x^jR(x)$的伴随式$S_j(x)=x^jS(x)\bmod g(x)$，$j=0,1,2,\cdots,n-1$，而任意多项式$A(x)$乘$R(x)$所对应的伴随式为

$$S_A(x)=A(x)S(x)\quad \bmod g(x)$$

循环码的通用译码器如图6.3.3所示。

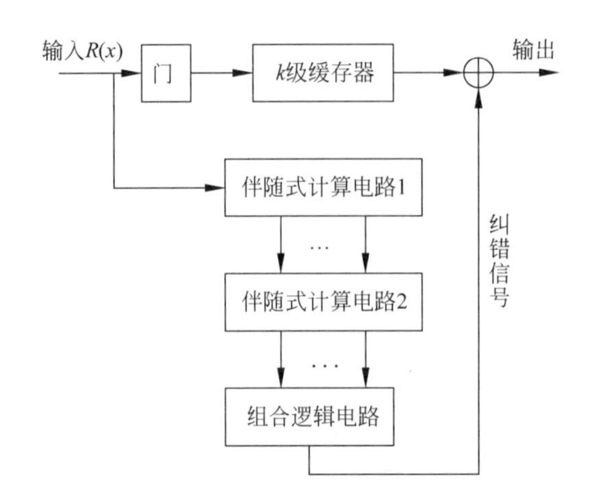

图 6.3.3 循环码的通用译码器

6.3.6 循环码的仿真实现

循环码属于线性分组码，因此，可以利用 code 和 decode 进行编码和译码。循环码因具有独特的循环性，使得其编/译码方法和线性分组码相比又有许多不同之处。

1. 循环码的编码实现方法

(1) 利用库函数(encode)实现循环码的编码。

例 6.3.10 已知 $n=15,k=7$，生成多项式为 $g(x)=x^8+x^4+x^2+x+1$，则生成多项式各项的系数为[1 0 0 0 1 0 1 1 1]。

对应程序为：

```
msg = [0 1 1 0 1 0 0];       % 已知的信息序列
code = encode(msg,15,7,'cyclic',[1 0 0 0 1 0 1 1 1]);
```

运行结果为：

```
code = 1 1 1 1 0 1 0 1 0 1 1 0 1 0 0
```

(2) 利用生成矩阵实现编码。

例 6.3.11 求(15,4)循环码的编码。

对应程序为：

```
n = 15;
k = 4;
msg = [1 0 0 1];              % k 位信息
p = cyclpoly(n,k,'min');      % 产生符合要求的多项式系数
[H,G] = cyclgen(n,p);         % 校验矩阵和生成矩阵
encoded = mod(msg * G,2);     % 生成编码的码字
disp(encoded)
```

(3) 利用 cyclpoly 函数生成循环码的生成多项式。

```
p = cyclpoly(n,k,flag);
```

说明：

p = cyclpoly(n,k)可以找到一个给定码长 n 和信息位长度 k 的生成多项式 p. 由于循环多项式不止一个，因此，p = cyclpoly(n,k,flag)可以根据 flag 寻找生成多项式

例 6.3.12 求(15,8)循环码的生成多项式。

```
p = cyclpoly(15,8,'all')
p =
1 0 0 0 1 0 1 1
1 1 0 1 0 0 0 1
1 1 1 0 0 1 1 1
p = cyclpoly(15,8,'max')
p =
1 1 1 0 0 1 1 1
p = cyclpoly(15,8,'min')
p =
1 0 0 0 1 0 1 1
p = cyclpoly(15,8,4)
p =
1 0 0 0 1 0 1 1
1 1 0 1 0 0 0 1
```

(4) 利用 cyclgen 函数生成循环码的生成矩阵和校验矩阵。

语法：

```
H = cyclgen(n,p,opt);        % 依据选项 opt 产生一个校验矩阵;
[H,G] = cyclgen(n,p, opt); % 生成长度 n、生成多项式为 p 的校验矩阵 H 和生成矩阵 G
```

例 6.3.13 依据 cyclgen 函数中选项 opt 产生循环码的校验矩阵和生成矩阵

```
H = cyclgen(7, [1 1 0 1], 'nonsys');
H = 1 0 1 1 1 0 0
    0 1 0 1 1 1 0
    0 0 1 0 1 1 1
H = cyclgen(7, [1 1 0 1], 'system');
H = 1 0 0 1 0 1 1
    0 1 0 1 1 1 0
    0 0 1 0 1 1 1
[H,G] = cyclgen(7, [1 1 0 1], 'nonsys');
H = 1 0 1 1 1 0 0
    0 1 0 1 1 1 0
    0 0 1 0 1 1 1
G = 1 1 0 1 0 0 0
    0 1 1 0 1 0 0
    0 0 1 1 0 1 0
    0 0 0 1 1 0 1
[H,G] = cyclgen(7, [1 1 0 1], 'system');
H = 1 0 0 1 0 1 1
```

```
    0 1 0 1 1 1 0
    0 0 1 0 1 1 1
G = 1 1 0 1 0 0 0
    0 1 1 0 1 0 0
    1 1 1 0 0 1 0
    1 0 1 0 0 0 1
```

2. 循环码的译码实现方法

(1) 利用库函数(decode)实现译码。在已知接收码字 r 和生成多项式系数 p 的情况下，使用 decode 进行译码。

例 6.3.14 如果接收到的序列 $r=[1\ 0\ 1\ 0\ 1\ 1\ 0\ 0\ 1\ 1\ 1\ 0\ 1\ 1\ 0]$，生成多项式系数 $p=[1\ 0\ 0\ 1\ 1\ 0\ 1]$，则译码的程序为：

```
r = [1 0 1 0 1 1 0 0 1 1 1 0 1 1 0];
p = [1 0 0 1 1 0 1];
msg = decode(r,15,9,'cyclic',p);
```

运行结果为：

```
msg =
0 0 1 1 1 1 1 1 0
```

(2) 利用校验矩阵译码。由于循环码是一种特殊的线性分组码，因此，循环码的译码也可通过校验矩阵来实现。具体步骤，请参考 6.2.4 节线性分组码的仿真实现。

6.4 卷 积 码

分组码编码器输出的 n 个码元中，每一个码元仅和此时刻输入的 k 个信息元有关，以孤立码块为单位编/译码。从信息论的角度，信息流割裂成孤立块后丧失了分组间的相关信息，信息流切割得越碎(码字越短)，丧失的信息越多。从另一角度，编码定理已指出分组码长 n 越大越好，但译码复杂度随 n 指数上升的事实又限制了 n 的进一步增大。

1955 年，埃里亚斯(Elias)提出了卷积码的概念，一定程度上解决了此问题。卷积码不同于分组码之处在于：在任意给定单元时刻，编码器输出的 n 个码元中，每一个码元不仅和本时刻输入的 k 个信息元有关，还与本时刻之前的连续 L 个时刻输入的信息元有关。称 $L+1$ 为约束长度，并把该卷积码写成(n,k,L)的形式。

卷积码是无线数字通信系统的一个十分重要的组成部分，在实际中广泛应用。例如，GPRS、DVB、IEEE802.11、W-CDMA 中都使用了卷积码。由于其出色的纠错性能，常在级联码中作为内码使用，为外码的有效工作而服务，大大提高了整个系统的纠错能力。

6.4.1 卷积码的编码

一般情况下卷积码的纠错能力优于分组码，但卷积法缺乏严密和有效的数学分析工具。目前卷积码的研究主要采用基于生成矩阵的解析法，以及基于状态流程图和网格图的图解法。

下面以二元(3,2,1)卷积码为例，阐述卷积码编码的原理。(3,2,1)卷积码编码器的结构如图 6.4.1 所示。若本时刻输入信息 $m^0=(m_0^0m_1^0)=(01)$,上一时刻输入信息 $m^1=(m_0^1m_1^1)=(10)$,计算输出码字。

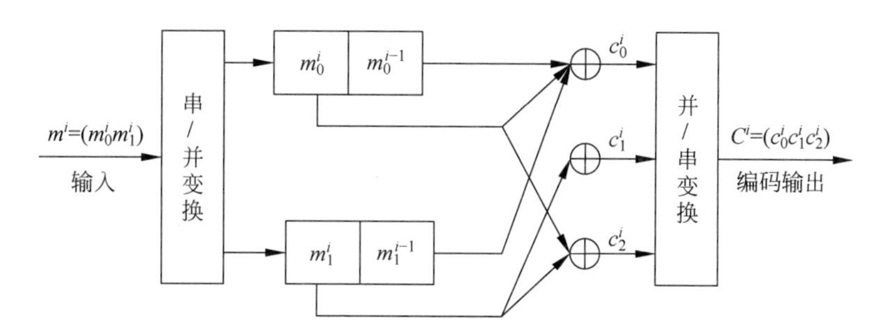

图 6.4.1 (3,2,1)卷积码编码器结构

1. 生成矩阵法

本例编码器记忆阵列为 $k=2$ 行、$L+1=2$ 列、编码输出 $n=3$ 个码元。用 g_{pq}^l 表示记忆阵列第 p 行第 l 列对第 q 个输出码元的影响。图中连接到模 2 加法器的系数 $g_{pq}^l=1$,否则 $g_{pq}^l=0$。那么

$$g_{00}^0=1,\quad g_{02}^0=1,\quad g_{11}^0=1,\quad g_{12}^0=1,\quad g_{00}^1=1,\quad g_{10}^1=1$$

根据图 6.4.1 中的连线可知,i 时刻输出码字 $C^i=(c_0^ic_1^ic_2^i)$中各码元为

$$\begin{cases}c_0^i=m_0^i+m_0^{i-1}+m_1^{i-1}\\ c_1^i=m_1^i\\ c_2^i=m_0^i+m_1^i\end{cases}\tag{6.4.1}$$

式中,上标表示时序,下标表示码字中码元及信息组中信息元的顺序号,而且是以 0,1,2,…,$n-1$ 排序,并以升序号为先进后出的输入/输出顺序,它是不同于前面分组码中的标号顺序。

设输入信息序列为 $m_0m_1m_2m_3\cdots$,因为 $k=2$,所以每两个信息分成一组,改标为 $m_0^0m_1^0m_0^1m_1^1m_0^2m_1^2\cdots$,通过编码器输出的码字序列应为

$$\begin{aligned}&(C^0C^1C^2\cdots C^i\cdots)\\&=(m_0^0\ m_0^0\ m_0^0+m_1^0)(m_0^1+m_0^0+m_1^0\ m_1^1\ m_0^1+m_1^1)(m_0^2+m_0^1+m_1^1\ m_1^2\ m_0^2+m_1^2)\\&\quad\cdots(m_0^i+m_0^{i-1}+m_1^{i-1}\ m_1^i\ m_0^i+m_1^i)\cdots\end{aligned}\tag{6.4.2}$$

它是一个有头无尾的半无限序列。将上式输出码字写成矩阵形式为

$$\begin{aligned}&(C^0C^1C^2\cdots)\\&=(m_0^0m_1^0\ m_0^1m_1^1m_0^2m_1^2\cdots)\begin{bmatrix}101 & 100 & 000 & \cdots\\ 011 & 100 & 000 & \cdots\\ 000 & 101 & 100 & \cdots\\ 000 & 011 & 100 & \cdots\\ \vdots & \vdots & & \vdots\end{bmatrix}\end{aligned}\tag{6.4.3}$$

若令 $\boldsymbol{C}=(C^0C^1C^2\cdots)$,$\boldsymbol{m}=(m_0^0m_1^0\ m_0^1m_1^1\ m_0^2m_1^2\cdots)=(m^0\ m^1\ m^2\cdots)$,半无穷矩阵 $\boldsymbol{G}_\infty$,则

$$\boldsymbol{C}=\boldsymbol{m}\boldsymbol{G}_\infty\tag{6.4.4}$$

这和分组码的定义类似,称 $\boldsymbol{G}_\infty$ 为卷积码的生成矩阵。

用 k 行 n 列的系数矩阵 $\boldsymbol{G}^0$ 和 $\boldsymbol{G}^1$ 分别描述本时刻和上一时刻的输入对编码输出的影响。本例中，

$$\boldsymbol{G}^0=\begin{bmatrix} g_{00}^0 & g_{01}^0 & g_{02}^0 \\ g_{10}^0 & g_{11}^0 & g_{12}^0 \end{bmatrix}=\begin{bmatrix} 1 & 0 & 1 \\ 0 & 1 & 1 \end{bmatrix}$$

$$\boldsymbol{G}^1=\begin{bmatrix} g_{00}^1 & g_{01}^1 & g_{02}^1 \\ g_{10}^1 & g_{11}^1 & g_{12}^1 \end{bmatrix}=\begin{bmatrix} 1 & 0 & 0 \\ 1 & 0 & 0 \end{bmatrix}$$

则

$$\boldsymbol{G}_\infty=\begin{bmatrix} \boldsymbol{G}^0 & \boldsymbol{G}^1 & \cdots & 0 & 0 & 0 & 0 \\ 0 & \boldsymbol{G}^0 & \boldsymbol{G}^1 & \cdots & 0 & 0 & 0 \\ 0 & 0 & \boldsymbol{G}^0 & \boldsymbol{G}^1 & \cdots & 0 & 0 \\ 0 & 0 & 0 & \ddots & \ddots & \cdots & \ddots \end{bmatrix} \tag{6.4.5}$$

其中，

$$\boldsymbol{g}_\infty=[\boldsymbol{G}^0\ \boldsymbol{G}^1\ 0\ 0\cdots] \tag{6.4.6}$$

称为卷积码的基本生成矩阵。

根据式(6.4.3)，编码器输出码字为

$$\boldsymbol{C}=(C^0C^1C^2\cdots)=(m^0m^1\ m^2\cdots)\boldsymbol{G}_\infty=\boldsymbol{m}\boldsymbol{G}_\infty$$

则式(6.4.1)的矩阵形式为

$$\boldsymbol{C}^i=(m^im^{i-1})\boldsymbol{G}_\infty=m^i\boldsymbol{G}^0+m^{i-1}\boldsymbol{G}^1$$

这是卷积码在时刻 i 输出码字各码元的取值。

本例中，若本时刻输入信息 $m^0=(m_0^0m_1^0)=(01)$，上一时刻输入信息 $m^1=(m_0^1m_1^1)=(10)$，则本时刻编码输出为

$$C^0=(c_0^0c_1^0c_2^0)=m^0G^0+m^1G^1=(01)\begin{bmatrix} 1 & 0 & 0 \\ 1 & 0 & 0 \end{bmatrix}+(10)\begin{bmatrix} 1 & 0 & 1 \\ 0 & 1 & 1 \end{bmatrix}$$

$$=(100)+(101)+=(001)$$

若编码器输入信源序列为 01101100…，则编码器输出的码字为

$$\boldsymbol{C}=(01,10,10,\cdots)\begin{bmatrix} 101 & 100 & & & \\ 011 & 100 & & & \\ & 101 & 100 & & \\ & 011 & 100 & & \\ & & 101 & \cdots & \\ & & 011 & \cdots & \\ & & & & \ddots \end{bmatrix}=(011,001,001,\cdots)$$

设编码器的初始状态为零，随着时刻 i 的递推和 k 比特信息组 $(m^0,m^1,\cdots,m^N,m^{N+1},\cdots)$ 的连续输入，码字 $(C^0,C^1,\cdots,C^N,C^{N+1},\cdots)$ 也连续输出。

在时刻 $i=0,1,2,\cdots,L$，编码器输出的码字分别为

$$C^0=m^0\boldsymbol{G}^0$$

$$C^1=m^1\boldsymbol{G}^0+m^0\boldsymbol{G}^1$$

$$\vdots$$

$$C^N = m^N \boldsymbol{G}^0 + m^{N-1} \boldsymbol{G}^1$$
$$\vdots$$

在时刻 i 的输出码字可用下式表示：

$$C^i = \sum_{l=0}^{L-1} m^{i-l} G^l = m^i \circledast G^l$$

式中，$\circledast$表示卷积运算，这就是卷积码的来历。

2. 图解法

卷积码的编码器是有记忆的，根据该特点可用状态流程图和网格图等图解方法描述卷积码。图解法能较好地反映卷积码的编码和译码路径，在卷积码的译码中也是最有力的工具。对(n,k,L)卷积码，当前时刻输出的码字 C^i 是由 i 时刻输入的信息组和已输入的前 L 个信息组共同决定。若将编码器中存储的 L 个信息组内容的移位寄存器阵列称为记忆阵列，那么当输入新的信息组时，编码器中的记忆阵列存储的内容会随之改变。记忆阵列存储的内容称为编码器的状态 S_i，且 $S_i=(m^{i-1}m^{i-2}\cdots m^{i-L})$，下一时刻 m^{i-L}移出，m^i 移入。则编码器的状态为

$$S_{i+1} = (m^i m^{i-1} m^{i-2} \cdots m^{i-L+1})$$

这样的状态变化称为状态转移。对于二元码，记忆阵列的状态最多有 2^{kL} 个。在新的状态 S_{i+1}中，只有 m^i 是新的输入信息组，其余都是已有的。对二元码，m^i 只有 2^k 种不同组合，所以只有 2^k 种状态转移。

以图 6.4.1 所示的二元(3,2,1)卷积码为例，因为 $k=2,L=1$，记忆阵列只有 2 行 1 列，i 时刻记忆阵列的内容是 $m_0^{i-1}m_1^{i-1}$，其取值决定了记忆状态，共有 4 个状态，记为 $S_0=(00)$，$S_1=(01)$，$S_2=(10)$，$S_3=(11)$。当输入分别为 00，01，10，11 时状态就发生转移，如表 6.4.1 所示。

表 6.4.1 记忆阵列状态和输入输出码元的关系

移存器前一状态 $m_0^{i-1}m_1^{i-1}$	当前输入信息位 $m_0^i m_1^i$	输出码元 $C^i=(c_0^i c_1^i c_2^i)$	移存器下一状态 $m_0^i m_1^i$
$S_0(00)$	00	000	$S_0(00)$
	01	011	$S_1(01)$
	10	101	$S_2(10)$
	11	110	$S_3(11)$
$S_1(01)$	00	100	$S_0(00)$
	01	111	$S_1(01)$
	10	001	$S_2(10)$
	11	010	$S_3(11)$
$S_2(10)$	00	100	$S_0(00)$
	01	111	$S_1(01)$
	10	001	$S_2(10)$
	11	010	$S_3(11)$

续表

移存器前一状态 $m_0^{i-1}m_1^{i-1}$	当前输入信息位 $m_0^i m_1^i$	输出码元 $C^i=(c_0^i c_1^i c_2^i)$	移存器下一状态 $m_0^i m_1^i$
$S_3(11)$	00	000	$S_0(00)$
	01	011	$S_1(01)$
	10	101	$S_2(10)$
	11	110	$S_3(11)$

例 6.4.1 二元(3,1,2)卷积码的编码器结构如图 6.4.2 所示。

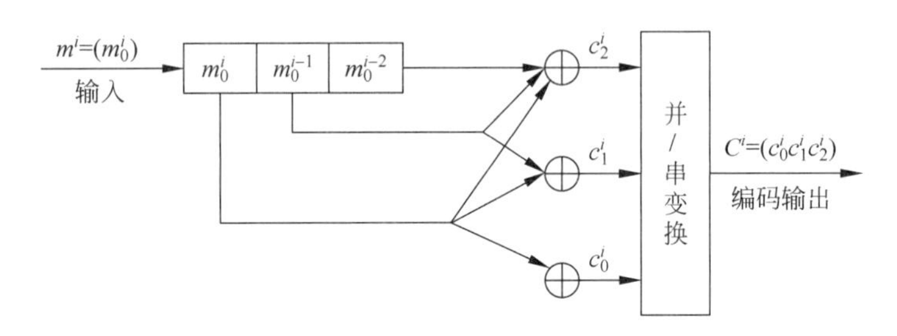

图 6.4.2 (3,1,2)卷积码编码器结构

图中的编码方程为

$$
\begin{cases}
c_0^i = m_0^i \\
c_1^i = m_0^i + m_0^{i-1} \\
c_2^i = m_0^i + m_0^{i-1} + m_0^{i-2}
\end{cases}
$$

对应的基本生成矩阵为

$$
\boldsymbol{g}_\infty = [\boldsymbol{G}^0\ \boldsymbol{G}^1\ \boldsymbol{G}^2\ 000\cdots] = [111\ 011\ 001\ 000\cdots]
$$

因为 $k=1,L=2$，记忆阵列只有 1 行 2 列，i 时刻记忆阵列的内容是 $m_0^{i-1}m_0^{i-2}$，其取值决定了记忆状态，共有 4 个状态，记为 $S_0=(00),S_1=(01),S_2=(10),S_3=(11)$。当输入分别为 0,1 时状态就发生转移。如表 6.4.2 所示。

表 6.4.2 记忆阵列状态和输入/输出码元的关系

移存器前一状态 $m_0^{i-1}m_0^{i-2}$	当前输入信息位 m_0^i	输出码元 $C^i=(c_0^i c_1^i c_2^i)$	移存器下一状态 $m_0^i m_0^{i-1}$
$S_0(00)$	0	000	$S_0(00)$
	1	111	$S_2(10)$
$S_1(01)$	0	001	$S_0(00)$
	1	110	$S_2(10)$
$S_2(10)$	0	011	$S_1(01)$
	1	100	$S_3(11)$
$S_3(11)$	0	010	$S_1(01)$
	1	101	$S_3(11)$

图 6.4.3 给出了表 6.4.2 对应的状态流程图，用 4 个小圆代表 4 种状态，箭头表示状态转移，其上的数字如 0/001 表示输入信息 0 时，输出码字为 001。

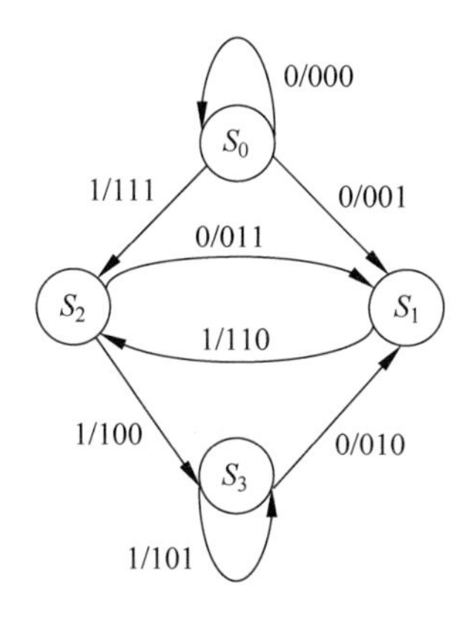

图 6.4.3　(3,1,2) 卷积码状态流程图

图 6.4.4 给出了表 6.4.2 对应的卷积码网格图。网格图中画出了时间轴横线，状态用小黑圆点表示。

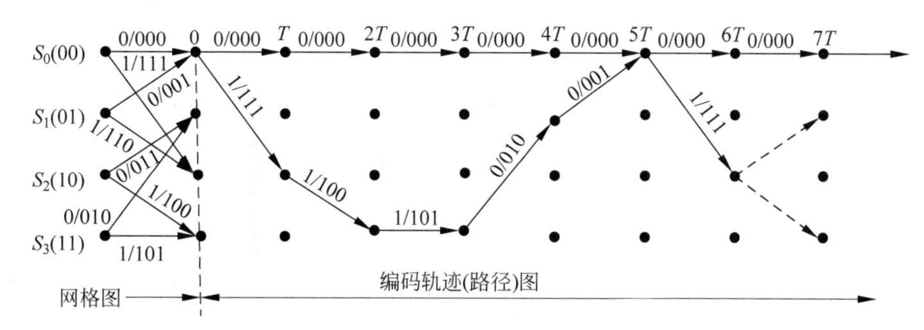

图 6.4.4　(3,1,2)卷积码网格图

若输入信息序列 111001…，可根据如图 6.4.3 所示的状态流程图逐步找到相应箭头和状态的转移轨迹，得

$$S_0 \xrightarrow{1/111} S_2 \xrightarrow{1/100} S_3 \xrightarrow{1/101} S_3 \xrightarrow{0/010} S_1 \xrightarrow{0/001} S_0 \xrightarrow{1/111} S_2 \cdots$$

由此可以求得输入信息序列为 111001…时，输出的码字序列为 111，100，101，010，001，111，…。

当然，也可以通过卷积码编码器的生成矩阵进行求解，得

$$\boldsymbol{C} = (111001\cdots)\begin{bmatrix} 111 & 011 & 001 & & & & \cdots \\ & 111 & 011 & 001 & & & \cdots \\ & & 111 & 011 & 001 & & \cdots \\ & & & 111 & 011 & 001 & \cdots \\ & & & & 111 & 011 & \cdots \\ & & & & & 111 & \cdots \\ & & & & & & \ddots \end{bmatrix} = (111,100,101,010,001,111,\cdots)$$

很明显可以看出，采用网格图的方法可以快速地求出码字序列，而且能够获取输入信息序列对应的编码轨迹图或路径图。在卷积码的译码过程中，网格图也是一个有力的工具。

6.4.2 卷积码的译码

1957 年 Wozencraft 提出了一种有效的译码方法，即序列译码。1963 年梅西(Massey)提出了一种性能稍差，但比较实用的门限译码方法。门限译码是一种代数译码法，其主要特点是算法简单，易于实现，为译出每一个信息元所需的译码运算时间是一个常数，即译码延时是固定的。这一特性使卷积码从理论走向实用化。1967 年维特比(Viterbi)提出了最大似然译码法。它对存储器级数较小的卷积码的译码很容易实现，被称为维特比算法或维特比译码，并被广泛应用于现代通信中。本小节重点介绍维特比译码方法。

卷积码的维特比译码是基于卷积码的几何表述。在网格图的基础上，维特比译码算法的基本原理是将接收到的信号序列和所有可能的发送信号序列相比较，选择其中汉明距离最小的序列，作为当前发送信号序列。

以(3,1,2)卷积码为例，若发送信息序列为 11，输出的码字序列应为 111 100。若接收序列为 111 000，则第 4 个码元为错码。

由网格图可知，沿路径每一级有 4 种状态 $S_0=(00)$，$S_1=(01)$，$S_2=(10)$，$S_3=(11)$。每种状态只有两条路径可以到达。现比较网格图中的这 8 条路径和接收序列之间的汉明距离，并将到达每个状态的两条路径的汉明距离作比较，将距离小的一条路径保留，称为幸存路径。若两条路径的汉明距离相同，则可以任意保存一条，如表 6.4.3 所示。

表 6.4.3 维特比算法译码计算结果

序　号	路　径	对应序列	汉明距离	幸存否
1	$S_0S_0S_0$	000 000	3	否
2	$S_0S_0S_2$	000 111	6	否
3	$S_0S_2S_1$	111 011	2	否
4	$S_0S_2S_3$	111 100	1	是

表 6.4.3 中，最小的距离等于 1，其路径是 $S_0S_2S_3$，对应序列为 111 100。它和发送序列相同，故对应发送信息 11。如果译码序列较长，则继续进行不同译码路径对应序列与接收码序列的最小距离进行译码。如果(3,1,2)卷积码中，若发送信息序列为 111，则输出的码字序列为 111 100 101。若接收序列为 111 000 100，则第 4 个码元和第 9 个码元为错码。在表 6.4.3 基础上，维特比算法译码的计算结果如表 6.4.4 所示。

表 6.4.4 维特比算法译码计算结果

序　号	路　径	对应序列	汉明距离	幸存否
1	$S_0S_0S_0+S_0$	000 000 000	3+1	否
2	$S_0S_0S_0+S_2$	000 000 111	3+2	否
3	$S_0S_0S_2+S_1$	000 111 011	6+3	否
4	$S_0S_0S_2+S_3$	000 111 100	6+0	否
5	$S_0S_2S_1+S_0$	111 011 001	2+2	否
6	$S_0S_2S_1+S_2$	111 011 110	2+1	否
7	$S_0S_2S_3+S_1$	111 100 010	1+2	否
8	$S_0S_2S_3+S_3$	111 100 101	1+1	是

表 6.4.4 中，最小汉明距离等于 2，其路径是 $S_0S_2S_3S_3$，对应序列为 111 100 101。它和发送序列相同，故对应发送信息为 111。

目前，Aitera、Xilinx 等公司都已推出了符合 IEEE 标准的维特比译码器内核，功能非常全面，可以选择软硬判决方式、凿孔码率、约束长度等，而 Minx 公司的维特比译码器内核的约束长度、回溯长度、码率以及判决形式都是参数化的，可以选择全并行结构或者全串行结构。

6.4.3 卷积码的仿真实现

1. 卷积码的编码实现方法

利用库函数（convenc）实现编码：

```
code = convenc(msg,trellis);
trellis = poli2trellis(constraintlength,codegenerator);
```

例 6.4.2 对于例 6.4.2 所示的（3，1，2）卷积码编码器，已知 $\begin{cases} c_0^i = m_0^i \\ c_1^i = m_0^i + m_0^{i-1} \\ c_2^i = m_0^i + m_0^{i-1} + m_0^{i-2} \end{cases}$，对应的基本生成矩阵为 $\boldsymbol{g}_\infty = [\boldsymbol{G}^0\ \boldsymbol{G}^1\ \boldsymbol{G}^2\ 000\cdots] = [111\ \ 011\ \ 001\ \ 000\cdots]$，则 $g^0 = (100)$，$g^1 = (110)$，$g^2 = (111)$。当输入信息序列 111001 时，输出的码字序列为 111，100，101，010，001，111。

对应程序如下：

```
msg = [1 1 1 0 0 1];          % 输入信息序列;
trellis = poli2trellis([3],[4,6,7]);
code = convenc(msg,trellis);
```

运行结果为：

```
111 100 101 010 001 111
```

例 6.4.3 对于（2，1，3）卷积码编码器，已知 $\begin{cases} c_0^i = m_0^i + m_0^{i-2} + m_0^{i-3} \\ c_1^i = m_0^i + m_0^{i-1} + m_0^{i-2} + m_0^{i-3} \end{cases}$，则 $g^0 = (1011)$，$g^1 = (1111)$，输入信息序列为 $m = [10111]$，求编码器的输出。

例中，$\boldsymbol{G}^0 = [11]$，$\boldsymbol{G}^1 = [01]$，$\boldsymbol{G}^2 = [11]$，$\boldsymbol{G}^3 = [11]$。则

$$\boldsymbol{G}_\infty = \begin{bmatrix} 11 & 01 & 11 & 11 & & & & & \\ & 11 & 01 & 11 & 11 & & & & \\ & & 11 & 01 & 11 & 11 & & & \\ & & & 11 & 01 & 11 & 11 & & \\ & & & & 11 & 01 & 11 & 11 & \cdots \\ & & & & & 11 & 01 & 11 & \cdots \\ & & & & & & & \vdots & \end{bmatrix}$$

当输入信息序列为 $m = [10111]$，编码器的输出为 11 01 00 01 01。

对应程序如下：

```
msg = [1 0 1 1 1];                              % 输入信息序列;
trellis = poli2trellis([4],[13, 17]);   % 13 和 17 分别是 1011 和 1111 的八进制表示
code = convenc(msg,trellis);
```

运行结果为：

```
11 01 00 01 01
```

这和采用生成矩阵运算的结果一致。

2. 卷积码的译码实现方法

利用库函数(viterbi)实现译码。

例 6.4.4 (2,1,3)卷积码译码器的接收码字 r=[0 0 0 0 1 1 1 0 1 1 1 0 1 0 1 0 1 1 0 0]；$g^1=(1011)$，$g^2=(1111)$，求译码后的信息序列。

对应程序为：

```
r = [0 0 0 0 1 1 1 0 1 1 1 0 1 0 1 0 1 1 0 0]; % 接收码字
trellis = poli2trellis([4],[13, 17]);         % 网格参数,13 和 17 分别是 1011 和 1111 的八进制表示
msg = vitdec(r,trellis,3,'trunc','hard');     % 没有延迟,硬判决
```

运行结果为：

```
00110000
```

若 r=[1101000101]则运行结果为 10111，与例 6.4.4 编码器的输入信息序列一致。

维特比译码函数 vitdec 的参数设置不同，译码结果有可能不同。若采用

```
msg = vitdec(r,trellis,3,'cont','hard');          % 编码器是全零的初始状态,有延迟,硬判决
```

则译码结果为：00010。

若采用

```
msg = vitdec(r,trellis,3,'term','hard');          % 编码器是全零的初始状态和最终状态,硬判决
```

则译码结果为：10000。

6.5 Turbo 码

1993 年，Berrou 等人在 ICC'93 会议上提出了 Turbo 码，即并行级联卷积码(PCCC)。研究结果表明：65535 随机交织器，18 次迭代，当 $E_b/N_0 \geq 0.7$dB 时，码率为 1/2 的 Turbo 码在加性高斯白噪声(Additive White Gaussian Noise，AWGN)信道上的误码率小于等于 10^{-5}，这个结果与 1/2 码率的香农限仅差 0.7dB(1/2 码率的香农限为 0dB)。这一优异性能引起了轰动，掀起了研究 Turbo 码的热潮。

Turbo 码具备优异的性能主要是它将卷积码和随机交织器结合在一起，实现了随机编码的思想；而且 Turbo 码采用软输出迭代译码逼近了最大似然译码。依据有噪信道编码定理，信息传输速率达到信道容量可实现无差错传输需满足三个基本条件：①随机编/译码；②编码长度趋于无穷；③最大似然译码。Turbo 码取得了较好的性能。

Turbo码以其优异的性能，获得众多研究学者的青睐，编/译码方法已经有了很大的发展，并走向了实用性阶段。

6.5.1　Turbo码的编/译码原理

Turbo码的编码结构可以分为并行级联卷积码(PCCC)、串行级联卷积码(SCCC)和混合级联卷积码(HCCC)。

1. 并行级联卷积码

并行级联卷积码主要由分量编码器、交织器、凿孔矩阵和复接器组成。研究表明，PCCC构成的Turbo码在AWGN信道上误比特率会随着信噪比的增加而降低，但是当误比特率降低到一定程度时，信噪比的增加对误比特率几乎没有影响，出现了平台效应。串行级联卷积码和混合级联卷积码可以解决此问题。

2. 串行级联卷积码

为了使SCCC形式的Turbo码获得较好的译码性能，至少内码采用递归系统卷积码，外码也要选择距离特性较好的卷积码。

3. 混合级联卷积码

将PCCC和SCCC结合起来的编码方案就称为HCCC。这样既可以保证在低信噪比的情况下优异的译码性能，又可以消除PCCC的平台效应。

尽管编码方法决定了纠错能力，但译码方法决定实际的性能。Turbo码的译码采用迭代译码，这与经典的代数译码是完全不同的。

依据香农信息论，最优的译码算法是最大后验概率算法(MAP)。但在Turbo码出现之前，经典的信道编码使用的概率译码算法是最大似然算法(ML)。ML算法是MAP算法的简化，即假设信源符号等概率出现，是次优算法。Turbo码采用MAP算法，并引入了迭代反馈的概念，在性能和复杂度之间进行了博弈。

6.5.2　Turbo码的仿真实现

下面利用MATLAB对通信系统进行仿真实现，以此说明Turbo码对通信系统性能的改善情况。仿真中，Turbo码的编码速率为1/2，编码后的码字经二进制相移键控(Binary Phase Shift Keying，BPSK)调制后，发送至AWGN信道中传输至信宿端。本章附录A中给出了相应的MATLAB仿真程序。

该编码是基于校验矩阵定义和构造的一类线性分组码，其校验矩阵为稀疏矩阵，也就是说，其校验矩阵大部分元素均为零，只有极少量的非零元素。在接收端，主要使用置信传播(Belief Propagation，BP)算法对该编码进行译码。使用稀疏校验矩阵构造编码，有利于降低译码复杂度，具有潜在的快速译码优势。同时，保存校验矩阵所需要的存储器也不大(只需要存储非零元素以及相应的索引值)。

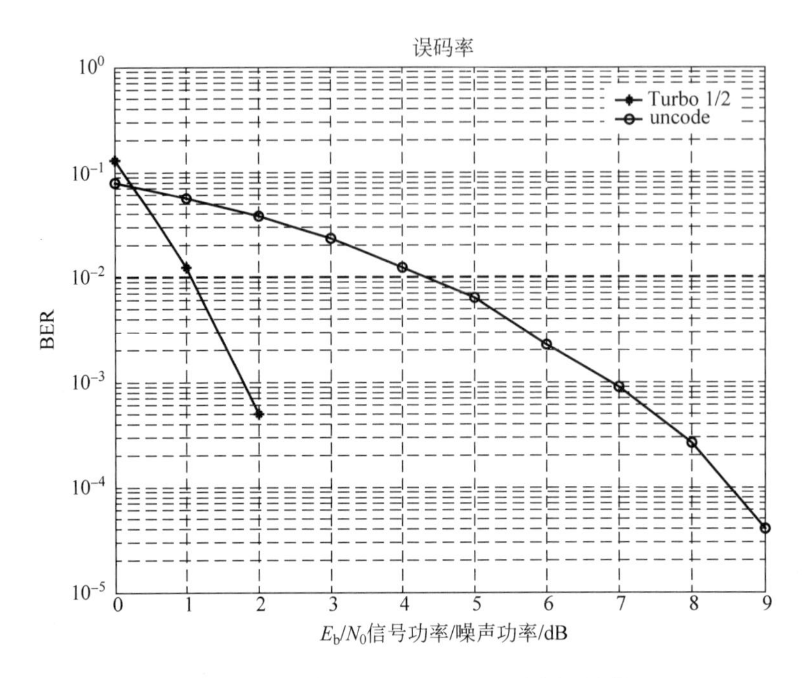

图 6.5.1　码率为 1/2 Turbo 码的编译码性能

6.6　LDPC 码

目前人们已经将该编码从最初的二进制推广到多进制编码，由规则码推广到非规则码，并且将 LDPC 码和多进制调制技术联合起来实现带宽有效传输。值得一提的是，选择 LDPC 码还有一条十分重要的理由，那就是该编码的专利已经过期，可以使用该编码而不必付费。

LDPC 码可分为规则 LDPC 码和非规则 LDPC 码两类。规则 LDPC 码中 $\boldsymbol{H}$ 矩阵每列具有相同个数的“1”，否则称为非规则 LDPC 码。本节以 Gallager 提出的二进制 LDPC 码为例，阐述二进制规则 LDPC 码的构造。

6.6.1　LDPC 码的编码原理

Gallager 于 1960 年在他的博士论文里提出 LDPC 时，虽然也考虑了基于群码的多进制 LDPC 码，但主要研究的还是二进制规则码。LDPC 编码采用校验矩阵来定义和构造，其校验矩阵 $\boldsymbol{H}$ 除了极少量的非零元素外，主要由零元素组成。Gallager 采用三个参数 n、p 和 q 来定义长度为 n 的 (n,p,q) 二进制规则 LDPC 编码，其校验矩阵 H 每行所含“1”的数量相同，为 q；其每列所包含“1”的数量也相同，为 p。同时还需要满足 $p\geqslant 3$。并且，矩阵所有行所含“1”元素之和应与其所有列所含“1”元素数量之和相同，即 $m\cdot q=n\cdot p$。此时，如果校验矩阵 $\boldsymbol{H}$ 为满秩矩阵，则编码速率为 $R=(n-m)/n=1-q/p$。如果校验矩阵 $\boldsymbol{H}$ 的秩为 p'，则该编码的码率为 $R=(n-p')/n$。图 6.6.1 给出了由 Gallager 给出的一个(20,3,4)规则 LDPC 编码示例。

图 6.6.1 中，该编码码长为 20，其校验矩阵每行有 4 个“1”，每列有 3 个“1”。目前，

$$
\begin{array}{cccccccccccccccccccc}
\hline
1 & 1 & 1 & 1 & 0 & 0 & 0 & 0 & 0 & 0 & 0 & 0 & 0 & 0 & 0 & 0 & 0 & 0 & 0 & 0 \\
0 & 0 & 0 & 0 & 1 & 1 & 1 & 1 & 0 & 0 & 0 & 0 & 0 & 0 & 0 & 0 & 0 & 0 & 0 & 0 \\
0 & 0 & 0 & 0 & 0 & 0 & 0 & 0 & 1 & 1 & 1 & 1 & 0 & 0 & 0 & 0 & 0 & 0 & 0 & 0 \\
0 & 0 & 0 & 0 & 0 & 0 & 0 & 0 & 0 & 0 & 0 & 0 & 1 & 1 & 1 & 1 & 0 & 0 & 0 & 0 \\
0 & 0 & 0 & 0 & 0 & 0 & 0 & 0 & 0 & 0 & 0 & 0 & 0 & 0 & 0 & 0 & 1 & 1 & 1 & 1 \\
\hline
1 & 0 & 0 & 0 & 1 & 0 & 0 & 0 & 1 & 0 & 0 & 0 & 1 & 0 & 0 & 0 & 0 & 0 & 0 & 0 \\
0 & 1 & 0 & 0 & 0 & 1 & 0 & 0 & 0 & 1 & 0 & 0 & 0 & 0 & 0 & 0 & 1 & 0 & 0 & 0 \\
0 & 0 & 1 & 0 & 0 & 0 & 1 & 0 & 0 & 0 & 0 & 0 & 0 & 1 & 0 & 0 & 0 & 1 & 0 & 0 \\
0 & 0 & 0 & 1 & 0 & 0 & 0 & 0 & 0 & 0 & 1 & 0 & 0 & 0 & 1 & 0 & 0 & 0 & 1 & 0 \\
0 & 0 & 0 & 0 & 0 & 0 & 0 & 1 & 0 & 0 & 0 & 1 & 0 & 0 & 0 & 1 & 0 & 0 & 0 & 1 \\
\hline
1 & 0 & 0 & 0 & 0 & 1 & 0 & 0 & 0 & 0 & 0 & 1 & 0 & 0 & 0 & 0 & 0 & 1 & 0 & 0 \\
0 & 1 & 0 & 0 & 0 & 0 & 1 & 0 & 0 & 0 & 1 & 0 & 0 & 0 & 0 & 1 & 0 & 0 & 0 & 0 \\
0 & 0 & 1 & 0 & 0 & 0 & 0 & 1 & 0 & 0 & 0 & 0 & 1 & 0 & 0 & 0 & 0 & 0 & 1 & 0 \\
0 & 0 & 0 & 1 & 0 & 0 & 0 & 0 & 1 & 0 & 0 & 0 & 0 & 1 & 0 & 0 & 1 & 0 & 0 & 0 \\
0 & 0 & 0 & 0 & 1 & 0 & 0 & 0 & 0 & 1 & 0 & 0 & 0 & 0 & 1 & 0 & 0 & 0 & 0 & 1 \\
\hline
\end{array}
$$

图 6.6.1 (20,3,4)二进制规则 LDPC 编码示例

LDPC 码主要的编码方法为高斯消元法、基于近似三角化等。本节采用高斯消元法(本章附录 B 中给出了二进制 LDPC 编码的校验矩阵实现对角化的一个 MATLAB 程序实例),证明此矩阵的秩为 13,因此其码率为 7/20。

LDPC 编码时,校验矩阵 $\boldsymbol{H}_a$ 构造出来之后,采用高斯消元法进行初等变换和列置换可以得到系统码形式的校验矩阵 $\boldsymbol{H}_b=[-P\,|\,I_m]$,从而得到生成矩阵 $\boldsymbol{G}=[\boldsymbol{I}_k\,|\,\boldsymbol{P}]$,完成 LDPC 编码。但一般来说,生成矩阵 $\boldsymbol{G}$ 不是稀疏阵,因而采用 $\boldsymbol{G}$ 进行编码,其实现复杂度较高($O(n^2)$)。考虑校验矩阵 H 为稀疏阵,一个自然的想法就是使用 H 矩阵来进行编码以降低复杂度。Richardson 和 Urbanke 对此进行了研究,有兴趣的读者可参阅相关文献。

6.6.2 LDPC 码的译码原理

LDPC 码有很多种译码方法。根据消息迭代过程中传送消息的不同形式,可以分为硬判决译码和软判决译码。硬判决译码计算比较简单,但性能稍差。软判决译码计算比较复杂,但性能较好,主要包括 BP 算法、min-sum 算法等。其中,BP 算法不需要信号送入译码器前先判决,只需要将每一信道符号的概率密度输入译码器即可,是求最大后验概率,需要进行多次迭代运算,逐步逼近最优的译码值。

关于 LDPC 码的其他编译码方法,例如多进制非规则 LDPC 码等,算法较复杂,这里不再进行深入探讨。

习 题

1. 设有一离散信道,其信道转移概率矩阵为

$$
\boldsymbol{P}=\begin{bmatrix}
\frac{1}{2} & \frac{1}{3} & \frac{1}{6} \\[2mm]
\frac{1}{6} & \frac{1}{2} & \frac{1}{3} \\[2mm]
\frac{1}{3} & \frac{1}{6} & \frac{1}{2}
\end{bmatrix}
$$

并设信源符号概率为 $p(x_1)=\frac{1}{4}$,$p(x_2)=\frac{1}{2}$,$p(x_3)=\frac{1}{4}$,试分别按最小错误概率准则与最

大似然译码准则确定译码规则，并计算相应的平均错误概率。

2. 发送端有 3 种等概率符号（x_1, x_2, x_3），$p(x_i)=1/3$，接收端收到三种符号（y_1, y_2, y_3），信道转移概率矩阵为

$$\boldsymbol{P}=\begin{bmatrix}0.5 & 0.3 & 0.2\\0.4 & 0.3 & 0.3\\0.1 & 0.9 & 0\end{bmatrix}$$

(1) 计算接收端收到一个符号后得到的信息量 $H(Y)$；

(2) 计算噪声熵 $H(Y/X)$；

(3) 计算接收端收到一个符号 y_2 的错误概率；

(4) 计算从接收端看的平均错误概率；

(5) 计算从发送端看的平均错误概率；

(6) 从转移矩阵能看出信道的好坏吗？

(7) 计算收到的 $H(X)$ 和 $H(X/Y)$。

3. 已知一(8,5)线性分组码的生成矩阵为

$$\boldsymbol{G}=\begin{bmatrix}1 & 0 & 0 & 0 & 0 & 1 & 1 & 1\\0 & 1 & 0 & 0 & 0 & 1 & 0 & 0\\0 & 0 & 1 & 0 & 0 & 0 & 1 & 0\\0 & 0 & 0 & 1 & 0 & 0 & 0 & 1\\0 & 0 & 0 & 0 & 1 & 1 & 1 & 1\end{bmatrix}$$

求：(1) 输入为 00011 和 10100 时该码的码字；

(2) 最小码距。

4. 二进制线性分组码的生成矩阵为 $\boldsymbol{G}=\begin{bmatrix}0 & 0 & 1 & 1 & 1 & 0 & 1\\0 & 1 & 0 & 0 & 1 & 1 & 1\\1 & 0 & 0 & 1 & 1 & 1 & 1\end{bmatrix}$，试求：

(1) 生成矩阵的系统形式；

(2) 给出校验矩阵 $\boldsymbol{H}$。

5. 某分组码的校验矩阵 $\boldsymbol{H}=\begin{bmatrix}0 & 1 & 1 & 1 & 0 & 0\\1 & 0 & 1 & 0 & 1 & 0\\1 & 1 & 0 & 0 & 0 & 1\end{bmatrix}$，求：

(1) 信息位 k 和码字长度 n 的值；

(2) 该码的生成矩阵；

(3) 试判断 010111 和 100011 是否是码字？并给出理由。

6. 已知一个线性分组码的校验矩阵 $\boldsymbol{H}=\begin{bmatrix}0 & 1 & 1 & 1 & 1 & 0 & 0\\1 & 0 & 1 & 1 & 0 & 1 & 0\\1 & 1 & 0 & 1 & 0 & 0 & 1\end{bmatrix}$，试给出当输入信息序列为 1101，1000，1001 时，编码器的输出码字。

7. 二进制(15,8)循环码共有多少码字？能否由一个码字循环产生所有的码字？给出理由。

8. 已知(15,7)循环码的生成多项式为 $g(x)=x^8+x^7+x^6+1$。试求出该循环码的生

成矩阵和校验矩阵，并给出其标准形式。

9. 已知(3,1,2)卷积码，生成矩阵为 $\boldsymbol{G}^0=[111]$，$\boldsymbol{G}^1=[101]$，$\boldsymbol{G}^2=[011]$。

(1) 画出该码的状态图；

(2) 画出该码的网格图；

(3) 如果输入序列为 1011，写出编码后的序列，并给出 MATLAB 实现。

10. 请简单介绍 Turbo 码和 LDPC 码的基本编/译码原理。

附录A　Turbo码编译码实现的一个MATLAB程序实例

```
clear all
L_frame = 1000;
n_frame = 20;
start = 0;
step = 2;
finish = 8;
g = [1,1,1;1,0,1];
[n,k] = size(g);
m = k - 1;
method = 1;
puncture = 0;
r = 1/(puncture + 2);
[a,Alpha] = sort(rand(1,L_frame + m));
Eb = 1;
plot_pe = [ ];
Q = 1;
niter = 100;
axis_EbN0 = start:step:finish;
for EbN0 = start:step:finish
    Liner_EbN0 = 10 ^(EbN0/10);
    pe_number = 0;
     variance = 0.5 * (Eb/Liner_EbN0)/r;
         for i = 1:1:n_frame
        x_msg  =  randint(1,L_frame,2);                                  % random bits
        x_code_msg = turbo_encode( x_msg,g,Alpha,puncture);              % coding
        x_bpsk_msg =  2 * x_code_msg - 1;                                % BPSK modulation
        rec  =  x_bpsk_msg + sqrt(variance) * randn(1,length(x_code_msg)); % AWGN transmission
        x_decode_msg = turbo_decode(rec,g,Alpha,puncture,niter,method);
        pe_number = pe_number + sum(x_msg~ = x_decode_msg);
        current_time = fix(clock);
        Q = Q + 1;
    end
    pe = pe_number/(L_frame * n_frame);
    plot_pe = [plot_pe,pe];
end
semilogy(axis_EbN0,plot_pe,'b * - ')
xlabel('Eb/N0 信号功率/噪声功率(dB)')
ylabel('BER')
title('误码率')
grid on
```

```
function x_code_msg = turbo_encode( x_msg,g,Alpha,puncture)
[n,k] = size(g);
m = k - 1;
L_info = length(x_msg);
L_total = L_info + m;
input = x_msg;
output1 = rsc_encode(g,input,1);
y(1,:) = output1(1:2:2*L_total);
y(2,:) = output1(2:2:2*L_total);
for i = 1:L_total
   input1(1,i) = y(1,Alpha(i));
end
output2 = rsc_encode(g, input1(1,1:L_total), -1 );
y(3,:) = output2(2:2:2*L_total);
if puncture > 0
   for i = 1:L_total
       for j = 1:3
           en_output(1,3*(i-1)+j) = y(j,i);
       end
   end
else
   for i = 1:L_total
       en_output(1,n*(i-1)+1) = y(1,i);
       if rem(i,2)
          en_output(1,n*i) = y(2,i);
       else
          en_output(1,n*i) = y(3,i);
       end
    end
end
x_code_msg = en_output;

function x_decode_msg = turbo_decode(rec,g,Alpha,puncture,niter,method)
          [n,k] = size(g);
          m = k - 1;
          L = length(rec);
          yk = demultiplex(rec,Alpha,puncture);
          L_e(1:1:L/(2+puncture)) = zeros(1,L/(2+puncture));
          for iter = 1:niter
              L_a(Alpha) = L_e;
              if method == 0
                  L_all = logmapo(yk(1,:),g,L_a,1);
              else
                  L_all = sova0(yk(1,:),g,L_a,1);
              end
              L_e = L_all - 2*yk(1,1:2:2*L/(2+puncture)) - L_a;
              L_a = L_e(Alpha);
              if method == 0
```

```
        L_all = logmapo(yk(2,:),g,L_a,2);
    else
        L_all = sova0(yk(2,:),g,L_a,2);
    end
    L_e = L_all - 2 * yk(2,1:2:2 * L/(2 + puncture)) - L_a;
end
x_decode_msg(Alpha) = (sign(L_all) + 1)/2;
L = length(x_decode_msg);
tmp = x_decode_msg(1:1:L - m);
x_decode_msg = tmp;
```

附录B 二进制LDPC编码校验矩阵对角化的一个MATLAB程序实例

本附录给出二进制LDPC编码校验矩阵采用高斯消元法行初等变换和列置换对角化的一个MATLAB实现。该程序输入矩阵为初始的LDPC编码校验矩阵，该矩阵可能是采用某种编码构造方法构造出来的。矩阵 **A** 经过该程序标准化之后，输出为：

DiagA：校验矩阵的对角化形式。

GT：生成矩阵的标准化形式的转置，即为 $\boldsymbol{G} \equiv [\boldsymbol{I}_k | \boldsymbol{P}]$ 的转置。

H：矩阵 **A** 在高斯消元对角化过程中每进行一次列置换，对应进行相应列置换的结果。也就是说 **H** 矩阵只是 **A** 矩阵进行了若干次列变换的结果。因此矩阵 **H** 与矩阵 **A** 的稀疏程度完全相同，其所确定的LDPC编码与原来的 **A** 矩阵确定的LDPC编码具有完全相同的汉明距离特性。一般来说，**H** 矩阵不具有标准形式。满足 $\boldsymbol{H} \cdot \boldsymbol{G}^{\mathrm{T}} = 0$。

rankA：矩阵 **A** 的秩。

```
 % function [DiagA,GT,H,rankA] = Diagonalization(A)
 % Diagonalize matrix A,mod 2
 % Output:
 % DiagA is the matrix of diagonalization
 % GT is the transpose of the generating matrix
 % H is the original matrix with its columns reordered as in the Gaussian elimination
function [DiagA,GT,H,rankA,N0,K0,M0] = Diagonalization(A)
[rows,columns] = size(A);
if(rows > columns) % invalid size of the input matrix
    DiagA = [ ];
    rankA = 0;
    GT = [ ];
    H = [ ];
    return;
end
B = A;
D = A;
minRowCol = min(rows,columns);
for u = 1:1:minRowCol
    if(0 == B(u,u))
        changeFlag = 0;
        for v = u:1:columns
            x = B(u:rows,v);
            index = find(x == 1);
            if(0 == isempty(index)) % find the position where the value is "1"
                currentRow = u + index(1) - 1;
                currentCol = v;
                changeFlag = 1;
                break;
            end
```

```
            end
            if(1 == changeFlag)
                B = ChangeRows(B,currentRow,u);
                B = ChangeColumns(B,currentCol,u);
                D = ChangeColumns(D,currentCol,u);
            end
        end
        for v = (u + 1):1:rows
            if(1 == B(v,u))
                B(v,:) = mod(B(v,:) + B(u,:),2);
            end
        end
    end
    rA = 0;
    for u = 1:1:minRowCol
        if(0 == B(u,u))
            break;
        end
        rA = rA + 1;
    end
    for u = 1:1:rA
        for v = (u + 1):1:rA
            if(1 == B(u,v))
                B(u,:) = mod(B(u,:) + B(v,:),2);
            end
        end
    end
    N0 = columns;
    M0 = rA;
    K0 = N0 - M0;
    count = 1;
    s = 1;
    flag = 0;
    while(1)
        for u = 1:1:K0
            a = N0 - (s - 1) * K0 - u + 1;
            b = N0 - s * K0 - u + 1;
            B = ChangeColumns(B,a,b);
            D = ChangeColumns(D,a,b);
            count = count + 1;
            if(count > M0)
                flag = 1;
                break;
            end
        end
        if(flag == 1)
            break;
        end
        s = s + 1;
    end
    n = columns;
```

```
m = rows;
m0 = rA;
k0 = n - m0;
P = B(1:1:m0,1:1:(n - m0));
H = D;
GT = [eye(k0);P];
DiagA = B;
rankA = rA;
```

下面给出矩阵的行交换和列交换函数：

```
% Exchange the rows u and v of the matrix A
function [OutputMatrix] = ChangeRows(A,m,n)
[u,v] = size(A);
if((m > u)|(n > u)) % No exchange
    OutputMatrix = A;
    return;
end
B = A;
B(m,:) = A(n,:);
B(n,:) = A(m,:);
OutputMatrix = B;

% Exchange the columns u and v of the matrix A
function [OutputMatrix] = ChangeColumns(A,m,n)
[u,v] = size(A);
if((m > v)|(n > v)) % No exchange
    OutputMatrix = A;
    return;
end
B = A;
B(:,m) = A(:,n);
B(:,n) = A(:,m);
OutputMatrix = B;
```

图书资源支持

感谢您一直以来对清华版图书的支持和爱护。为了配合本书的使用,本书提供配套的资源,有需求的读者请扫描下方的“书圈”微信公众号二维码,在图书专区下载,也可以拨打电话或发送电子邮件咨询。

如果您在使用本书的过程中遇到了什么问题,或者有相关图书出版计划,也请您发邮件告诉我们,以便我们更好地为您服务。

我们的联系方式:

地　　址:北京市海淀区双清路学研大厦 A 座 714

邮　　编:100084

电　　话:010-83470236　010-83470237

客服邮箱:2301891038@qq.com

QQ:2301891038(请写明您的单位和姓名)

资源下载:关注公众号“书圈”下载配套资源。

资源下载、样书申请

书圈

获取最新书目

观看课程直播